Littérature universelle

des

Sciences militaires.

Essai d'un catalogue systématique et chronologique des livres militaires, qui ont paru depuis l'invention de l'art de l'imprimerie, dans les langues principales de l'Europe,

par

H. F. Rumpf,

Lieutenant, Chevalier de la Croix de Fer.

Tome second.

A Berlin, 1825.

Imprimé et se vend

chez G. Reimer.

Allgemeine Literatur der Kriegswissenschaften.

Versuch eines systematisch-chronologischen Verzeichnisses aller seit der Erfindung der Buchdruckerkunst, in den vornehmsten europäischen Sprachen, erschienenen Bücher über sämmtliche Kriegswissenschaften,

von

H. F. Rumpf,

Königl. Preuß. Lieutenant und Ritter u. s. w.

Zweiter Band.

Berlin, 1825.

Gedruckt und verlegt

bei G. Reimer.

Nothwendig zu verbessernde Druckfehler in beiden Bänden.

Errata nécessairement à corriger dans les deux tomes.

Nr. 87. st. Stiernmann lies Sternemann.
664. " Ramusio l. Rannusio.
859. " Bocca l. Rocca.
867. " Catanco l. Cataneo
1008. " Buchröder l. Buchenröder.
1456. " Ehrenmalno l. Ehrenmalm.
1688. " Eguilez l. Equilaz.
2090. " Lauretius l. Laurentius.
2219. " Walters l. Wolters.
2230. " Columbine's l. Colombier's.
2242. " Colmbier l. Colombier.
2257. " Jos. Iyeröl l. Jos. Eyeröl.
2638. " Rüber l. Röder.
2756. " Neumann l. Naumann.
2819. " Thiroux l. Thiéroux.
2839. " Wallstein l. Wollstein.
2962. " Robinot l. Robinet.
3072. " Tuplie's l. Taplin's.
3127. " Toplin l. Taplin.
3184. " Langenbecher l. Langenbacher.
3211. " Neumann l. Naumann.
3417. " Laboessière, l. de La Boissière.
2422. " Labat l. L'Abbat.
3733. " Broue l. Noue.
3738. " Memno l. Memmo.
3859. " d'Urtubie l. d'Uturbie.
3989. " Bergfeld l. Bergold.
4144. " Maschermi l. Mascheroni.
4316. " Upey l. Ypey.
4344. " Dennan l. Demian.
4451. " Marc l. Maré.
4847. " Schleßler l. Scheßler.
5183. " Zabens l. Zaders.
5491. " Trews l. Treu.
5557. }
5559. } " La Fossé l. Fossé.
5621. }
5782. " Combronne l. Cambronne.
5970. " Coutelle l. Coutèle.
6101. " Bänsch l. Bärsch.

Nr. 6171. st. cotés lies côtes.
6326. = Bergor l. Berger.
6546. = Burgues l. Bourgues.
6552. = Bowdith l. Bowditch.
6639. = Ranzovii l. Kranzovii.
6765. = Mocenici l. Moncenici.
= cameracensis l. Cambracensis.
6911. = Mortialischer l. Martialischer.
7157. = Maibourg l. Maimbourg.
7277. = Tarreau l. Turreau.
7285. = Brune l. Brunn.
7397. = v. Cainz l. v. Caniz.
7414. = du Nyer l. du Ryer.
7438. = Venèse l. Venise.
7495. = Sanz l. Saenz.
7594. = Mozanico l. Moncenigo.
7684. = Valerio l. Valiero.
7878. = Vaudencourt l. Vaudoncourt.
8012. = Bothon-Liguri l. Borboni-Liguri.
8177. = Bourcet l. Bourguet.
8363. = Ritchif l. Ritchie.
8453. = Lilienstern l. Rühle v. Lilienstern.
8512., 8573. = Shobert l. Shoberl.
8790. = Röder l. Räder.
8836. = Riganville l. Rigauville.
8850. = Saanien d'Alguié l. Savinien d'Alquié.
9029. = edazioni l. ed azioni.
9057. = Burg l. Bury.
9141. a. (Einzuschalten) History of the life of Peter the Great, emperor of Russia, by Mottley, 3 Tom. London, 1739.
9294. st. Sayoja l. Savoja.
9342. = Aething l. Anthing.
9693. = du Bellay-Langio l. du Bellay-Langei.
Seite 339 unter Adriatique statt 3352 l. 4352.

Table systematique du tome second.

Inhalt des zweiten Bandes.

Zweiter Band.

Tome second.

Neunter Abschnitt.

Vom Seewesen.

Neuvième partie.

De la marine.

a. Folio.

6144. Pedro Medina, arte de navegar, en Venecia, 1554.

6145. Petrinonius, de arte navigandi, Conimbricae, 1573.

6146. Wagner's Spiegel der Seefahrt, 2 Theile, Amsterdam, 1589.

6147. Regimiento de navigacion y hydrografia, por de Cespedes, en Madrid, 1606.

6148. Furtenbachs architectura navalis, d. i. von dem Schiffgebäu u. s. w. Ulm, 1629.

6149. Blaeuws Zee-Spiegel, 3 Deele, Amsterdam, 1631.

6150. Hydrographie, contenant la théorie et la pratique de toutes les parties de la navigation, par le P. Fournier, à Paris. 1643. 1667. 1679.

6151. Claud. Barth. Morisoto, orbis maritimi, seu rerum in mare et litoribus gestarum, generalis historia, Divionae, 1643.

6152. Teloude en hedendaegsche Scheepsbouw en Bestier, door Nicol. Witsen, 2 Deele, tot Amsterdam, 1671.

6153. Sturmy's mariners magazine, with the art of gunnery and artificial fireworks, by Colson, London, 1679. 1684.

6154. Tarif des marchandises et ouvrages nécessaires pour les galères de S. M. 5 Tom. à Marseille, 1686—1713.

6155. Seixas y Lovera, teatro naval y hidrografia, en Madrid, 1638.

6156. Antonio Castanneta, de la navegacion, en Sevilla, 1692.

6157. Art des armées navales, ou traité des évolutions navales, et théorie de la construction des vaisseaux, par Hoste, 2 Tom. à Lyon, 1697. 1727.

6158. De Scheepsbouw-Konst, door van Yk, tot Amsterdam, 1697.

6159. Voogt's groote lightende Zee-Fakkel, Amsterdam, 1716.

6160. Sutherland's Britains glory, or art of ship-building, London, 1717. 1729.

6161. Gabriel Busca, arquitectura militar, en Milano, 1719.

6162. Lettre critique de Mr. de Barras de la Penne, au sujet d'un livre, intitulé; nouvelles découvertes, sur la guerre, avec des remarques sur les trirèmes, à Marseille, 1727.

6163. Atlas maritime, ou cartes de toutes les mers, cotes etc. par Doncker, à Amsterdam.

6164. Atlas de cartes marines, ou le Neptune français, à Paris.

6165. Venn's, military and maritime tactics, London.

6166. The english pilot, 2 parts, London, 1741.

6167. De Fontenay's Söe-Evolutioner, Kiöbenhaven, 1743.

6168. Ordres et signaux de nuit et de brume, par de la Galissonnière, à Toulon, 1756.

6169. Generale Zeinen vorr een Vloot of Esquader Orlogscheepen, Amsterdam.

6170. L'art de forger les ancres, par Réaumur et Duhamel du Monceau, à Paris, 1761.

6171. Atlas maritime, ou cartes réduites de toutes les cotés de France, par Bonne, à Paris, 1762.

6172. Essais de batir sous l'eau, faits à la construction du nouveau bassin, où des nouvelles formes à Carlscrona, par le chev. Thunberg, à Stockholm, 1766.

6173. Chapmanni architectura navalis mercatoria, navium varii generis etc. Holmiae, 1768. (Form. atl.)

6174. Tables for correcting the apparent distance of the moon and star etc. Cambridge, 1772.

6175. Traité de la construction des vaisseaux, ou architecture navale, par Chapmann, traduit du Suédois par Le Monnier, à Paris, 1779.

6176. Stalkartt's naval architecture, or the rudiments and rules of shipbuilding, 2 Tom. London, 1781. 1787.

6177. Déscription de l'art de la voilure, par Romme, à Paris, 1782.

6178. J. Hanway's proposals for county naval free-shools, London, 1783.

6179. General tables, useful for finding the longitude, London; 1787.

6180. Francisco Ciscar, reflexiones sobre las maquinas y maniobras del uso de a bordo, en Madrid, 1791.

6181. Ordenanzas generales de la armada naval, 2 Tom. en Madrid, 1793.

6182. Margett's horary tables, London.

6183. Examen maritimo teorico-practico, ó tratado de mecanica applicado á la construccion, conocimiento y manejo de los navios y demas embarcaciones, por D. Jorge Juan; edicion segunda, aumentada por D. Gabriel Ciscar, en Madrid, 1793.

6184. Tablas para varios usos de la navigacion por D. J. de Mendoza, en Madrid, 1800.

6185. Pratica giornaliera del piloto, di Edgcombe, Trieste, 1804. (nuova ediz.)

6186. Liber nauticus, and instructor in the art of marine drawing, by Serres, London, 1805.

6187. Abbildungen aller Arten Schiffe, in fast allen möglichen Stellungen in der See, von N. Truslew, Koppenhagen, 1810. 6 Hefte.

6188. Tables pour trouver la latitude, à toutes les heures de la nuit, dans l'hemisphère du nord, par une observation de l'étoile polaire, à Paris 1810

b. Quarto.

6189. Doloti liber de re navali, Lugduni Bat. 1537.

6190. Lazarus Bayfius de re navali, Basil. 1541.

6191. Bayfii tractatus de jure navali, Paris, 1549.

6192. Compendio de la effera y arte del navigar, por Cortes, en Madrid, 1551.

6193. Daye, memorials pertaining to the art of navigation, London, 1557.

6194. Ferretti liber de jure et re navali, Venetiae, 1579.

6195. Michiel Coignet, nieuwe Onderwysinghe op de principaelste Puncten der Zeevaert, Antwerpen, 1580.

6196. Hydrografia, o arte de la navegacion, por de Poça, en Bilbao, 1585.

6197. L'amiral, ou histoire nautique, par Popelinière, à Paris, 1585.

6198. Compendio dell' arte de navegar, por Çamarono, en Sevilla, 1588.

6199. Arte de verdadera navegacion, por de Syria, en Valencia, 1602.

6200. Simao Oliveira, arte de navegar, en Lisboa, 1606.

6201. Nautica mediterranea, di Crescentio nella quale si mostra la fabbrica delle gallee, galeazzi e galeoni, con tutt' i loro armamenti, uffizi ordini, ed il modo di far vogar una galea a tutt' transiti del mar etc. Roma, 1607.

6202. Bourne's Konst der Zeevaert, Amsterdam, 1609.

6203. Istruzzione appartenente al capitano di vasselli quadri, cioè arte dél navigare, da Falconi, Firenze, 1612.

6204. La conjonction des mers, par Bernard à Paris, 1613.

6205. L'armata navale, da Pantera, Roma 1614.

6206. Manuel Figueiredo, hydrografia, examen de pilotos, em Lisboa, 1614.

6207. Willebrodi Snelli a Reyen, Eratosthenes batavus de terrae ambitus vera quantitate, Lugduni Bat. 1617.

6208. L'ar't de naviger, par Pierre de Medine, traduit du Castillan par Le Soucy, à la Rochelle, 1618.

6209. Introduzione all' arte nautica, per uso de' piloti e capitani di nave, e per il migliore servizio de' commandanti sopra il mare, Venezia.

6210. Willebrodi Snelli a Reyen Tiphaeus batavus, seu Histriodomice de navium cursibus et de re navali, Lugduni Bat. 1624. 1636.

6211. Friedr. Joach. Brechtel, de Conste van Busschieten, s. Nr. 1560.

6212. Le nouveau pilote de la mer, trad. du flamand par Bardeloos, Amsterdam, 1635.

6213. Il consolato del mare, e il portolano del mare, Venezia, 1637.

6214. Hydrographie, ou examen pour la navigation, trad. du portugais de Figueiredo, par Le Bon, à Dieppe, 1640.

6215. Barreda, el marinero instruido en el arte de navegar, en Barcelona, 1640.

6216. Abraham de Graef, Beschryvinge van de nieuwe Ruyt-caert, Amsterdam, 1650.

6217. Schefferus de militia navali veterum, Upsal. 1654.

6218. Errors in navigation detected and corrected, by Wright, London, 1655.

6219. Le guidon de la navigation, à Paris, 1666.

6220. L'art de naviger, ou traité de la variation de l'aiguille aimantée par Denys, à Dieppe, 1666.

6221. Pierre Ruelle, le flambeau réluisant, ou trésor de la navigation. Traduit du flamand par Viret, à Amsterdam, 1667.

6222. L'art de naviger, par les nombres, avec les tables des sinus, par Denys, à Paris, 1668.

6223. Geometrical exercises for young seamen, by Leybourn, London, 1669.

6224. Meibomii liber de fabrica triremium, Amstelodami, 1671.

6225. Lastman, Konst der Stuer-Luyden, Amsterdam, 1675.

6226. Déscription du vaisseau: le royal Louis, par. Hayet, à Marseille, 1676.

6227. Art de naviger, demontré par principes, et confirmé par plusieurs observations, tirées de l'experience, par Dechales, à Paris, 1677.

6228. Manszon, Sjö-Book öfwer Sjöfarten i Oester-Sjön, Stockholm, 1677.

6229. Dassïé, l'architecture navale, Paris, 1678.

6230. L'art de naviger, par Denys, à Paris, 1678.

6231. Bolling's Undevüsning om Passaet-Winden, og den Wind-Mousson, Kiöbenhaven, 1678.

6232. Lazara Florez, arte de navegar, en Madrid, 1683.

6233. Le pilote expert, contenant l'explication des termes de l'art de naviger, les moyens de reduire les lieues de longitude en degrés par échelle anglaise, la variation de l'aimant etc. par Dassié, à Havre de Grace, 1683.

6234. Les cotes de France sur l'océan et sur la mer méditerranée, par de Fer, à Paris, 1690.

6235. Blondel St. Aubin, le veritable art de naviger par le quartier de reduction, à Havre de Grace, 1693.

6236. Werner von Rosenfeld, om Styrmans-Konsten, Stockholm, 1693.

6237. Voogt's Zeemans-Wegh-Wyser, Amsterdam, 1694.

6238. Nederlandsche Scheepsbouw-Konst, door Allard, met 80 Koppers, Amsterdam, 1695.

6239. L'architecture navale, contenant la manière de construire les navires, galères et chaloupes, la definition de plusieurs autres vaisseaux, et le routier des Indes, par Dassié, à Paris, 1695.

6240. van Yck's Nederlandsche Sheeps-Bow-Konst, Delft, 1697.

6241. Traité du navire, de sa construction et de ses mouvemens, par Bouguer, à Paris, 1698, augmenté 1746.

6242. Esplicazione del mezzo ritrovato per ricuperare le navi, Venezia, 1700.

6243. Seller, practical navigation, London, 1702.

6244. Teatro naval hydrografico, por de Seixas y Lovera, Paris, 1703.

6245. Hodgson, theorie of navigation, London, 1706.

6246. Whole art of navigation, by capt. D. Newhouse, London, 1708.

6247. Le Portulan de la mer méditerranée, ou le vrai guide des pilotes costiers, par Michelot, à Paris, 1709.

6248. Hardingham's accomplished ship-wright and mariner, London, 1709.

6249 Van den Brouck, Instructie der Zeevaert, Rotterdam, 1710.

6250. The ship-builders repository, or treatise on marine-architecture, London.

6251. Arte de navegar, por Man. Pimentel em Lisboa, 1712.

6252. Cedillo, compendio de la navegacion, en Sevilla, 1717.

6253. Traité des vivres pour les vaisseaux et pour les galères, à Paris, 1719.

6254. Art de batir les vaisseaux, de les garnir de leurs apparaux, les mettre en funin, les manoeuvrer etc. tiré des meilleurs auteurs hollandais, 2 Tom. à Amsterdam, 1719.

6255. Art de naviger par le quartier de réduction, par Blondel, à Paris.

6256. Trésor de la navigation, par Blondel, à Paris.

6257. Antonio Castanneta, medidas esenciales para la fabrica de navios y fregatas, en Madrid, 1720.

6258. Remarques sur la navigation, par de Radouay, à Paris, 1727.

6259. De la mâture des vaisseaux, par Bouguer, à Paris, 1727.

6260. Instruction pour les interessés au canal de Picardie, à Paris, 1728.

6261. Mémoire ou l'on examine, quelle est la meilleure manière de mâter les vaisseau, par Camus, 1728.

6262. Pedro Rivera, directorio maritimo, en Madrid, 1728.

6263. Méthode d'observer exactement sur mer la hauteur des astres, par Bouguer, à Paris, 1729.

6264. Gietermaker, Licht der Zeevaert, of de Konst der Stuerlieden, Amsterdam, 1729.

6265. Jos. Harris, treatise of navigation, London, 1730.

6266. Rajalin, om Skippens Formaestning, Tackling och Seglens Proportionerande, Carlscrona, 1730.

6267. Practical navigation, by Seller, London, 1730.

6268. De la manière d'observer en mer la déclinaison de la boussole, par Bouguer, à Paris, 1731.

6269. Théorie de la manoeuvre des vaisseaux, reduite en pratique par Pitot, à Saumur, 1731.

6270. Blas Zabala, practica de la navegacion, en Madrid, 1731.

6271. De la meilleure manière, de mésurer sur mer le chemin d'un vaisseau, par Rouillé de Mesley, à Paris, 1734.

6272. Science et pratique du pilotage, par l'abbé Valois, à Paris, 1735.

6273. Connaissance des pavillons ou bannières, que la plupart des nations arborent en mer sur leurs vaisseaux, à la Haye, 1737.

6274. Introduzione all' arte nautica, per istruzione ed esercizio de' piloti, capitani etc. Venezia, 1737.

6275. Tarif pour le décompte des officiers et équipages des vaisseaux du roi, à Paris.

6276. Theory of navigation demonstrated, by Hodgson, London, 1738.

6277. Hawksly, system of navigation, 2 Tom. London, 1744.

6278. Histoire générale de la marine, contenant son origine, ses progrès, son état actuel, et les expéditions maritimes anciennes et modernes par Boismèlé et Richebourg, 3 Tom. à Paris, 1744—58.

6279. Discours sur la manoeuvre des vaisseaux, par Savérien, à Paris, 1744.

6280. Discours sur la navigation, par Saverien, à Paris, 1744.

6281. Mansons Seebuch, oder Bericht aller und jeder rechten Coursen, Landkennungen, Einfahrten, Bänke u. s. w. der ganzen Ostsee, Lübeck, 1745.

6282. Manière de trouver l'heure en mer par observation, soit de jour, soit dans les crépuscules et surtout dans la nuit, quand on ne voit pas l'horison, à Paris, 1745.

6283. Bouguer, traité du navire, de sa construction et de ses mouvemens, à Paris, 1746.

6284. Abondio-Collina, considerazioni istoriche sobra l'origine della Bussola nautica, Faenza, 1748.

6285. Euleri scientia navalis, seu tractatus de construendis ac dirigendis navibus, 2 Tomi, Petropolis, 1749.

6286. Blanckley's naval expositor, explaining the words and terms of art belonging to rigging, shipping etc. London, 1750.

6287. Barrow, navigatio brittannica, or a complete system of navigation, London, 1750.

6288. Trattato dellas fera, e introduzzione alla navigazione, per uso de'piloti, di Pagnina, Padova, 1751.

6289. Traité complet de la navigation, contenant les pratiques et proportions de la géometrie, de la sphère et d'astronomie, etc. constructions et usages des instrumens à prendre hauteur etc. par Bouguer, à Paris, 1753; revu et corrigé par La Caille, augmenté de notes par Lalande, 1792.

6290. Murray, on ship-building, London, 1754.

6291. Kieffel, von den Vorzügen der alten nordischen Seekunst, vor der Griechen und Römer ihrer, Kiel, 1754.

6292. Principes sur la marine, tirés des depeches et ordres du roi, par de Mairobert, à Paris, 1755.

6293. Actes publics de l'école royale de marine du Croisic, par Digard, à Paris, 1757.

6294. De la manoeuvre des vaisseaux, par Bouguer, à Paris, 1757.

6295. Sheldon, de submersione navium, Upsal, 1757.

6296. Grondbeginselen van den Scheepsbouw, der Scheepstimmerkonst etc. Gravenhag, 1757.

6297. Elémens de l'architecture navale, ou traité pratique de la construction des vaisseaux, par Duhamel du Monceau, à Paris, 1758. (1ste Auflage 1752.)

6298. Juan Jorge, compendio de navegacion 2 Tom. en Cadiz, 1758. 1771.

6299. Royal astronomer and navigator, with supplement, by Heath, London, 1760.

6300. Observations sur la marine et le commerce, par Diguard de Kerguette, à Marseille, 1760.

6301. Examen maritimo, por D. J. Juan, 2 Tom. en Madrid, 1761.

6302. Cours de navigation, par Diguard de Kerguette, à Marseille, 1762.

6303. Marine militaire, ou récueil des différens vaisseaux, qui servent à la guerre, par Ozanne, à Paris, 1762.

6304. Hoste, naval evolutions, and theory of ship-building, translated from the french by O'Bryen, London, 1762.

6305. The mariner's guide, by Maskelyne, London, 1763.

6306. Robertson, elements of navigation, 2 Tom. London, 1763. 1786.

6307. Tactique navale, ou traité des signaux et des évolutions, par Morogues, à Paris, 1763.

6308. Ordonnance de Louis XIV. pour les armées navales et arsenaux de marine, de 1686, à Paris, 1764.

6309. Stenbers Vorschlag, die Meereslänge zu finden, Kopenhagen, 1764.

6310. Nouvelle pratique du pilotage par Diguard de Kerguette, à Marseille, 1764.

6311. Santiago Zuluaga, cartilla maritima en Puerto de Santa Maria, 1765.

6312. Zuluaga, tratado instructivo y practico de las maniobras de los navios, en Cadiz, 1766.

6313. The ship-builder's assistent, by Sutherland, London, 1766.

6314. Traité de la fabrique des manoeuvres pour les vaisseaux, ou l'art de la corderie perfectionné, par du Hamel du Monceau, 2 Tom. à Paris, 1769.

6315. Seamans guide, by Diston, London, 1770.

6316. Königl. Preuß. Seerecht, nebst Beilagen und Verordnungen, Königsberg, 1770.

6317. Waddington, the sea-officers companion, London, 1770.

6318. Eclaircissemens sur l'invention des nouvelles machines pour la détermination des longitudes en mer par la mesure du tems, par Berthoud à Paris, 1773. 1775. 1782.

6319. Mémoires de l'académie royale de marine, à Brest, 1773.

6320. Traité des horloges marines, par Berthoud, à Paris, 1773; le supplément 1788. 1792. 1797. 1807.

6321. Adam, the young sea-officers assistent, London, 1773.

6322. De la Croix, abstract on the mechanism of floating bodies, London, 1775.

6323. Mémoire sur l'exploitation de la mâture dans les Pyrénées, par Le Roy, à Paris, 1776.

6324. Traité de la construction des vaisseaux, par Dumaiz de Goimpy, à Paris, 1776.

6325. Complete system of navigation, founded on many years experience, by Waddington, London, 1777.

6326. Dédale, ou inventions nouvelles pour l'a vantage de la navigation, par Bergor, à Berlin, 1777.

6327. Vocabulaire des termes de marine, anglais et français, par Escallier, à Paris, 1777.

6328. Waddington, épitome of theoretical and practical navigation, London, 1777.

6329. Déscription de la mâture des vaisseaux, par Romme et Perrain, à Paris, 1778.

6330. Hutchinson, treatise on practical seamanship, London, 1778.

6331. Abrégé de l'art des armées navales, ou élémens de la tactique navale, avec un traité des évolutions et des signaux par un capitaine de vaisseau au service de France, à Amsterdam, 1779.

6332. Examen maritimo, teoretico-pratico, por Don Juan, 2 Tom. en Madrid, 1780.

6333. Colson, mariner's new calendar, London, 1780.

6334. Traité de mécanique, appliquée à la construction et à la manoeuvre des vaisseaux, par Don Juan, traduit de l'espagnol, avec des additions, par Levêque, 2 Tom. à Paris, 1781. 1792.

6335. Traité de la construction des vaisseaux, traduit du suédois de Chapmann, par Vial de Clairbois, à Paris, 1781. 1787. 1805.

6336. Bergers Dädalus, d. i. neue Erfindungen zum Vortheile der Schiffahrt überhaupt, hauptsächlich aber auf der See, Berlin. 1781.

6337. v. Gröben, Gedanken vom Seekriege, im 7ten Bde. der Kriegsbibliothek.

6338. Grondbeginselen der Zee-Tactic, door van Kinsbergen, Amsterdam, 1782. (Auch deutsch.)

6339. View of the dimension of the most approved ships of each claſs in the british navy, London, 1782.

6340. Anweisung zur Schiffahrtkunst nach mathematischen Grundsätzen, Stettin, 1783.

6341. Practice of navigation, by Rymer, London, 1784.

6342. Stibolt om Skibes Kioelbrackkelighed, Kiöbenhaven, 1784.

6343. Francisca Rivera, compendio de matematicas para el cuerpo de artilleria de marina, 2 Tom. en Cadiz, 1785.

6344. Vorschlag zu einem vollständigen Unterrichte in der Schiffahrt, Hamburg, 1786.

6345. Introduction à la tactique navale, à Brest, 1787.

6346. L'art de la marine, par Romme, à la Rochelle, 1787.

6347. de Borda, déscription et usage du cercle de réflexion, avec différentes méthodes, pour calculer les observations nautiques, à Paris, 1787.

6348. Traité élémentaire de la construction des vaisseaux, composé d'après les ordres du maréchal de Castries, par Vial de Clairbois, à Paris, 1787 1803.

6349. L'art de la guerre sur mer, ou tactique navale, assujettie à de nouveaux principes, et à un nouvel ordre de bataille, par le vicomte de Grenier, à Paris, 1787.

6350. Tratado completo da navegação, por Francisco Xavier do Rego, com estampas e mappas, em Lisboa, 1787.

6351. Tratado de navegacion por D. Joseph de Mendoza y Rios, 2 Tom. en Madrid, 1787

6352. Tactique navale, par le C. d'Amblimont, à Paris, 1788.

6353. West's naval signals, constructed on a new plan, London, 1788.

6354. Naval tactics, by Grenier, from the french, London, 1788.

6355. Seamans daily assistent, by Haselden, London, 1788.

6356. Traité élémentaire de la mâture des vaisseaux, par Forfait, à Paris, 1788.

6357. The skilful seaman, by Villehuet, London, 1788.

6358. L'arrimage des vaisseaux, par de Missiessy, à Paris, 1789.

6359. Watson, theory of the construction of vessels, London, 1790. (Ist die Uebersetzung von: Euleri scientia navalis etc.)

6360. J. Clark, essay on naval tactics, Edinburgh, 1790. 1804.

6361. Margett's longitude tables, London, 1790.

6362. The seamans assistent, by Syed, London, 1791.

6363. Traité pratique du gréement des vaisseaux et autres batimens de mer, 2 Tom. (par Lescallier) à Paris, 1791.

6364. Braubachs mathematischer Unterricht für Seefahrer, Bremen, 1791.

6365. Du Hamel du Monceau, Anweisung zur Schiffsbaukunst, a. d. Franz. von Müller, Berlin, 1791.

6366. Reflexiones sobre las maquinas y maniobras del uso de a bordo ordenadas, por D. Fr. Ciscar, en Madrid, 1791.

6367. Essai historique et méthodique sur la tactique navale, trad. de l'anglais de Clark, par Lescallier, à Paris, 1792.

6368. Extracts from treatises of such articles as relate to the duty of naval commanders, London, 1792.

6369. Abrégé de navigation par de la Lande, à Paris, 1793.

6370. Oriental navigator, or new directions for sailing to and from East-Indies, London, 1794.

6371. The elements and practice of rigging and seamanship, 2 Tom. London, 1794.

6372. Marine, faisant partie de l'encyclopédie méthodique, 4 Tom. à Paris. (dont un de 176 planches.)

6373. On navigation and seamanship, by Nichelson, London, 1796.

6374. Flintberg's Schwedisches Seerecht, mit Anmerkungen, Greifswalde, 1796.

6375. Récueil général des loix relatives à la marine, à Paris, 1798.

6376. Traité de l'installation des vaisseaux, par Bourgues-Missiessy, à Paris, 1798.

6377. Construcçào e analyse de proposiçones geometricas e experiencias, que servene de fundamento a architectura naval, traducido do Inglez por Antonio Pires da Silva Pontes, em Lisboa, 1798.

6378. Don Juan Mazaredo, instrucciones y sennales que para el regimiento y maniobras de la esquadra, en Madrid.

6379. Result of two series of experiments, towards ascertaining the relative velocity of floathing bodies, varying in form; and towards determining the form best adapted to stability, or possessing most power of resisting the force of the wind in carrying sail etc. by Charles Gore Esq. London, 1799.

6380. Signaux généraux de jour, de nuit et de brume, à l'usage des armées navales françaises, à Paris, 1799. 1801.

6381. Dalrymple, views and sketches for nautical surveying, London.

6382. Mémoires relatives à la marine, par Ant. Thévenard, à Paris, 1800.

6383. Rules for computing apparent time at sea, by H. Clarke, London, 1800.

6384. Lecciones de navegacion, ò principios necessarios a la ciencia del piloto, dispuestas por Dion. Macarte y Diaz, de la order de S. Juan, en Madrid, 1801.

6385. Observations on the winds and monsoons, by Copper, London, 1801.

6386. Mendoza's tables for facilitating the calculations of nautical astronomy, London, 1801. 1805.

6387. The trident, or national policy of naval celebration, London, 1802.

6388. Cours élémentaire de tactique navale, par Audibert Ramatuelle, 2 Tom. à Paris, 1802.

6389. Ordenanza naval para el servizio de los baxeles de S. M. En Madrid, 1802.

6390. Plan of national improvement, pointing out the means of rendering Great-Britain independent of supplies of corn from abroad; to extend the british fisheries, and augment the military and naval strength of empire, without expence or inconvenience. To which are added remarks on the several attempts to invade the british islands, and an exposition of Bonaparte's project to conquer Great-Britain etc. London, 1804.

6391. Elements and practice of naval architecture, London, 1805.

6392. Navigation to and from China, by Horsburgh, London, 1805.

6393. A treatise on naval tactics, containing a new and easy mode, whereby every evolution that can be performed by fleets and sea may be represented to the eye, by capt. F. Hamstead, London, 1808.

6394. Regulations and instructions, relating to his majesty's service at sea, London, 1808.

6395. Traité de navigation, par J. B. F. du Bourguet, à Paris, 1808.

6396. Coleccion de tablas auxiliares á la navegacion, en Palma, 1813.

6397. Corso elementare di tattica navale di Audibert Ramatuelle, trad. da Baldasarre Romano, primo professore di matematica nel real instituto di marina, Napoli, 1813.

6398. L'installation des vaisseaux, par Missiessy, à Paris, 1814.

6399. Nouvelle théorie du jaugeage des batimens de mer, par J. A. Faubert, à Paris, 1814.

6400. Ordonnances du roi, concernant la régie et l'administration générale et particulière des ports et arsenaux de marine, du 27. Septembre 1776, à Paris, 1814.

6401. Edit du roi, concernant les invalides de la marine, du mois de Juillet, 1720, à Paris, 1814.

6402. Traité sur l'art des combats de mer, par le chevalier de la Rouvraye, lieut. de vaisseau, à Paris, 1815.

6403. Tableau de l'architecture navale militaire, par Ch. Dupin, capitaine au corps du génie maritime, à Paris, 1815.

6404. Traité élémentaire de la mâture des vaisseaux, par Forfait, 2me edit. augmentée par Et. Willaume, capitaine, suivie d'un mémoire sur le système de construction des mats d'assemblage, etc. par Rolland, etc. à Paris, 1815.

6405. José Maria Dantas Pereira escritos, P. 1. Escritos maritimos, Rio de Janeiro, 1816.

6406. Nautical astronomy by night, by Parny, London, 1816.

6407. On the science of ship-building, by Blackburn, London, 1817.

6408. Tables comparatives des principales dimensions des batimens de guerre français et anglais de tous rangs, par Gicquel-des-Touches, à Paris, 1817.

6409. Avis aux capitaines navigateurs, instruction courte et médicale etc. à Nantes, 1818.

6410. Essai sur l'art de la navigation par la vapeur, par Joachim Gilbert, à Paris, 1819.

6411. Préceptes sur la chasse au plus près du vent, ou extrait d'un mémoire manuscrit sur ce sujet, déposé à la bibliothèque de la marine au port de Brest, publié avec l'approbation de S. E. le ministre de le marine, par Thomas-Marie Letourneur, lieutenant de vaisseau, à Brest, 1819.

6412. H. Braren, System der praktischen Steuermannskunde, mit den nöthigen Tafeln, zum Lehr- und

Handbuche, zweckmäßig eingerichtet, 3te Aufl. Magdeburg, 1820.

6413. J. C. Ryk, Kapitein-Luitenant ter Zee etc. Handleidning tot de Kennis van de Scheepsbouw etc. Rotterdam, 1822.

c. Octavo.

6414. a Saa, libri tres de navigatione, Paris. 1549.

6415. Deckers Beschreibung der Schiffahrt um die ganze Welt, Straßburg, 1629.

6416. Philipp, seamans-calendar, London, 1668.

6417. The safe guard of sailors or great rutter, London, 1671.

6418. Nouveau livre de déclinaison, et tables utiles aux mariniers, à la Rochelle, 1678.

6419. Traité des pratiques journalières des pilotes, par Cordier, à Paris, 1680.

6420. Renaud, théorie de la manoeuvre des vaisseaux, à Paris, 1689.

6421. Instructions des pilotes, par Cordier, à Paris, 1690.

6422. Memoirs relating to the navy of England, by Pepy, London, 1690.

6423. Construction des navires du roi, à Havre de Grace, 1691.

6424. Journal de navigation, ou l'art de la science des navigateurs, par Cordier, à Havre de Grace, 1697.

6425. George Albrecht von Langenau, zuverlässiger See-Wegweiser, Breslau, 1698.

6426. The defensive war by sea, by Park, London, 1704.

6427. Roland Park, the art of sea-fighting, London, 1706.

6428. Alkinson, epitome of the art of navigation, London, 1714.

6429. Essai d'une nouvelle théorie de la manoeuvre des vaisseaux, avec quelques lettres sur le même sujet, par Bernouilli, à Basle, 1714.

6430. Newton's (master at Christ's hospital) navigation, London, 1715.

6431. Newhouse, general art of navigation, London. 1718.

6432. Boteler, colloquia maritima.

6433. Langii introductio in notitiam legum nauticarum, et scriptorum juris reique maritimae, Lubec. 1724.

6434. La loxodromie, ou nouvelle méthode pour réduire les routes de navigation par les tables de loxodromie, par Le Mare, à Paris, 1726.

6435. Art de mésurer sur mer le sillage d'un vaisseau, avec une idée de l'état d'armement des vaisseaux de France, par Savérien, à Paris, 1730.

6436. The modern navigator's complete tutor, by Kelly, 2 Tom. London, 1733—34.

6437. Mac-Intire, military treatise on the discipline of the marine forces, when at sea; together with short instructions of detachements send to attak on shore. London.

6438. Instructions pour les mariniers, ou de la manière, de rendre l'eau de mer potable, de conserver l'eau douce, le biscuit, le bled etc. et de saler les animaux, par Hales, à la Haye, 1740.

6439. Dutôt, essai sur la marine, à Amsterdam, 1743.

6440. Pitot's theory of the working of ships, applied to practice, by Stone, London, 1743.

6441. System of navigation, by Hauxley, 2 Tom. London, 1743.

6442. Nouvelle théorie de la manoeuvre des vaisseaux, par Savérien, à Paris, 1745.

6443. La parfaite navigation par la latitude et longitude, par Mandillo, à Paris, 1746.

6444. La mâture discutée, et soumise à des nouvelles loix, par Savérien, à Paris, 1747.

6445. Pratique du pilotage, par le P. Pezénas, à Avignon. 1749.

6446. Astronomie nautique, par Maupertuis, à Paris, 1751. (2me édit.)

6447. Lettre d'un officier sur la marine Russienne, à Berlin, 1752.

6448. Traité de navigation par Bézout, à Paris, 1755.

6449. Astronomie nautique par Maupertuis, à Lyon, 1756.

6450. De Villeneuve, science de la marine, à la Haye, Francfort et Leipsic, 1757. (Auch als 12r Theil du cours de la science militaire.)

6451. Seaman's preservation in shipwreck, by Wilkinson, London, 1759.

6452. Nouveau traité de navigation, contenant la théorie et la pratique du pilotage, par Bouguer, revu et abrégé par l'abbé La Caille, à Paris, 1761.

6453. Cours de mathématique, à l'usage des gardes du pavillon et de la marine, par Bézout, 4 Tom. à Paris, 1764.

6454. Elements of navigation, by W. Robertson, 2 Tom. Edinburgh, 1764.

6455. Sir Rob. Wilson, treatise on navigation, London, 1764.

6456. Logarithmische Tabellen für Seefahrer, über den Unterschied in der Breite und Abweichung auf Minuten und Zehntheile, nebst Halley's verbesserter Tabelle über die Winde der ganzen Welt, Stockholm, 1764.

6457. Le manoeuvrier, ou essai sur la théorie et la pratique des mouvemens du navire et des évolutions navales, par Bourdet de Villehuet, à Paris, 1765. 1769. nouv. édit. augmentée, 1814.

6458. Abrégé du pilotage, par Le Monnier, à Paris, 1766.

6459. Astronomie des marins, par le P. Pozénas, à Avignon, 1766.

6460. Nautical almanack, London, 1766 etc.

6461. Tables requisite to be used with the nautical almanack, with tracts, by Maskelyne, London, 1766—1775.

6462. Crosby's navigation, by Mountaine, London, 1767.

6463. Leçons de navigation par Dulague, à Paris, 1768.

6464. Manuel Sarti, prontuario maritimo, 2 Tom. en Murcia, 1768.

6465. Théorie de la manoeuvre des vaisseaux, par le chevalier Renaud, à Paris.

6466. Marine militaire, par Ozanne, à Paris, 1770. (Une collection de gravures de divers vaisseaux de guerre, de manoeuvres etc.)

6467. System of naval tactics, in theory and practice, London.

6468. Patoun's navigation, London, 1770.

6469. W. Northcote, the marine practice of physic and surgery etc. 2 Tom. London, 1770.

6470. Astronomie nautique lunaire par Le Monnier, à Paris, 1771.

6471. Moore, the practical navigator, London, 1772.

6472. Examen des moyens les plus faciles de résoudre plusieurs questions dans l'art de navigation, à Paris, 1772.

6473. Le manuel des marins, par Bourdet de Villehuet. 2 Tom. à Paris, 1773.

6474. Euler, théorie de la construction des vaisseaux, à Petersbourg, 1773, à Paris, 1776.

6475. Wilson, elements of navigation, London, 1773.

6476. Der wohl instruirte Schiffer vor, während und nach der Reise, Hamburg, 1773.

6477. Erläuterungen über die Schiffahrt und den Seekrieg, Breslau, 1774.

6478. The british mariner's assistent, by Dunn, London, 1774.

6479. Hennert, elementa architecturae navalis et pyrotechniae, Ultraj. 1775.

6480. v. Gröben, Erläuterungen zum Verstande der Schiffahrt und des Seekrieges, nach alphabetischer Ordnung, Breslau, 1775.

6481. Essai géométrique et pratique sur l'architecture navale, à l'usage des gens de mer, par Vial de Clairbois, 2 Tom. à Brest, 1776.

6482. De Lelyveld, sur les moyens de diminuer les dangers de la mer, traduit de l'hollandais, à Amsterdam, 1776.

6483. Practical navigation, by Dunn, London, 1777.

6484. Theory and practice of the longitude at sea, by Dunn, London, 1778.

6485. Lettre d'un officier sur la marine du roi, à Brest, 1778.

6486. Lettres d'un officier de marine sur les combats des vaisseaux français et anglais, à Brest, 1779.

6487. Le guide du navigateur, ou traité de la pratique, des observations et des calculs nécessaires aux navigateurs, par Levêque, à Nantes, 1779. 1817.

6488. Hamilton Moore, the seamans complete daily assistant, London, 1779. 1791. 1796. 1812.

6489. Röhl's Anleitung zur Steuermannskunst, den Weg auf der See zu finden, und zu berichtigen, Greifswalde, 1779.

6490. Zeemans Droom, Amsterdam, 1781.

6491. Lambrechts Zeemans-Handboek, behelzende en Bericht van de Saken, die een jonge Zeeofficier nootwendig dient te weeten, vermeerterd en verbeterd door van Kinsbergen, tot Amsterdam, 1781.

6492. van Kinsbergen, Exercitie met het Geschut op het Onder- en Boven-Dek., als mede met het Handgeweer, tot Amsterdam, 1781.

6493. Elémens de la science du navigateur, par l'abbé Gara de Salagoïti, 2 Tom. à Paris, 1781.

6494. Mémoire sur le regime végétal des gens de mer, par de Courcelles, à Nantes, 1781.

6495. van Kinsbergen, de allgemeene Scheepsdienst, zo wel op een Fregat, als op een Scheep van Linie, tot Amsterdam, 1782.

6496. Extrait du journal d'un officier de marine, de l'escadre du comte d'Estaing, 1782.

6497. The mariners mirror, by B. Martin, London, 1782. (in 4 parts.)

6498. Théorie et pratique du jaugeage, par le P. Pezénas, à Lyon.

6499. Tableaux detaillés des prix de tous les ouvrages de batimens, 7 Tom. à Paris.

6500. Observations and instructions for the officers of the navy, London.

6501. Etat de la marine, année 1783, à Paris, 1783.

6502. Gordon, principles of naval architecture, London, 1784.

6503. Elements of navigation, by Robertson, London, 1786.

6504. Ordonnances, concernant la marine, à Paris, 1786.

6505. Principes de navigation, et théorie et pratique du pilotage (par Dulague), à Rouen, 1787.

6506. Traité de manoeuvre pratique, (en Turc) par Truguet, à Constantinople, 1787.

6507. Vorschläge zur Vervollkommnung der Schiffahrt, den seefahrenden Nationen gewidmet, Berlin, 1787.

6508. Tratado de navigacion, por D. Jos. de Mendoza, 2 Tom. en Madrid, 1787.

6509. Mémoire sur le jaugeage des navires, par Bellory, à Paris, 1788.

6510. Schomberg's sea-manual, London, 1789.

6511. Euler, on the construction and properties of vessels, translated by Watson, London, 1790.

6512. J. H. L. Meierotto, Exempelbuch für Seefahrende und Strandbewohner, Berlin, 1790.

6513. G. L. Graßmann, über die längere Dauer und den Widerstand des Schiffbauholzes gegen die Seewürmer, Berlin und Stettin, 1790. 2te Aufl. 1816.

6514. Collection of papers on naval architecture, from the Europeen magazine, 3 parts, London, 1791.

6515. Bellery über die Schiffsmessungen, a. d. Franz. Bremen, 1792.

6516. Recherches sur l'artillerie en général, et particulièrement sur celle de la marine, par Texier de Norbec, 2 Tom. à Paris, 1792.

6517. Rudimentos, formaciones y evoluciones de las armadas, ó sea tactica naval, por el capitan de fragata D. Josef Sólano Ortiz de Rozas, en Madrid, 1793.

6518. Théorie des vents et des ondes, par le chev. de la Coudraye, à Paris, 1763. (à Fontenay, 1786.)

6519. Projet de travail pour la perfection de la navigation.

6520. Leçons de navigation, par Dulague, à Rouen, 1793.

6521. Müller, kurzer Abriß der Seewissenschaften, Berlin, 1794.

6522. H. v. S. Erfahrungen zum Nutzen für die Offiziere vom Landetat, die zur Flotte kommandirt werden, mit einem Auszuge der Seetaktik Bourdet's de Villehuet, Hamburg, 1794.

6523. Principios de tactica naval, por Manoel do Espirito Santo Limpo, em Lisboa, 1795.

6524. Ch. K. Lous, einige Versuche und Vorschläge, betreffend die Theorie der Navigation, a. d. Dänischen, Kiel, 1795.

6525. Seamanship in theory and practice, London, 1795.

6526. L'hydrographie appliquée à toutes les parties du pilotage, par Lassalle, à Paris, 1796. 1817.

6527. Rich. Hall-Gower, treatise on the theory and practice of seamanship, London, 1796. 1808.

6528. Dissertation sur la conservation des gens de mer, par Bacheradt, à Petersbourg, 1797.

6529. The navigators assistent, containing the theory and practice of navigation, by Nicholson, London, 1798.

6530. Mémoire sur divers objets relatifs au service de la marine, par Arnaud, à Paris, 1798.

6531. Géométrie du compas, par Mascheroni, trad. de l'italien, à Paris, 1798.

6532. Notice de l'expérience faite à Copenhague pour le comte de M. de Coningk, d'un vaisseau construit en planches etc. par le Marquis Duchrest, à Copenhague, 1799.

6533. Söe-Taktiken of Snedorf, Kiöbenhaven, 1799.

6534. Bourdet de Villehuet, le manoeuvrier, ou essai sur la théorie et la pratique des mouvemens et des évolutions des navires, à Paris, 1800.

6535. Sciences de l'homme de mer, par Romme, à Paris, 1800.

6536. Bourdet de Villehuet et Groignard, principes fondamentaux de l'arrimage des vaisseaux, à Paris, 1800.

6537. Nouvelle théorie de la construction des vaisseaux, par le marquis Duchrest, à Copenhague, 1800.

6538. De la marine française, par Charles Esmangart, ancien officier de marine, à Nantes, 1800.

6539. Macquay's theory and practice of finding the longitude, 2 Tom. Aberdeen, 1801.

6540. The young midshipmans instructor, designed as a companion to Hamilton Moore's seaman's-assistent, by Morrice, London, 1801.

6541. Collection of papers on naval architecture, London, 1801.

6542. Mémoires relatives à la marine, par le contre-admiral Thévenard, 4 Tom. à Paris, 1801.

6543. Cornibert, manuel du canonier marin, à Paris, 1802.

6544. Elémens de navigation, par Duval Le Roy, à Paris, 1802.

6545. Nouvelle voilure pour les vaisseaux de toutes grandeurs, précédé des lettres à Franklin sur la marine, par Le-Roy, à Paris, 1802.

6546. Moyens de procurer aux vaisseaux des différens rangs des qualités pareilles, et une égale activité dans leurs manoeuvres et le service de l'artillerie, par Burgues de Missiessy, à Paris, 1803.

6547. Notes et additions aux trois premières sections du traité de navigation de Bézout, par Reboul, à Paris, 1803.

6548. Récueil des combats et expéditions maritimes, considérées commé exemples mémorables des progrès de l'art de la tactique et de l'art de construire les vaisseaux chez les puissances maritimes de l'Europe dans les deux derniers siècles, à Paris, 1803.

6549. Requisite nautical tables, by Norie, London, 1803.

6550. Vues nouvelles sur les courans d'eau, la navigation intérieure et la marine, par Duchrest, à Paris, 1803.

6551. Enquiry into the present condition of navy of Great-Britain and its resources etc. London, 1804.

6552. The improved practical navigator in a complete epitome of navigation, familiarly clear to every capacity etc. by N. Bowdith, 1804.

6553. Robertson's elements of navigation, by Gwynne, 2 Tom. London, 1805.

6554. Tableaux des vents, des marées et des courans, qui ont été observés sur toutes les mers du globe, etc. par Romme, 2 Tom. à Paris, 1805. 1811. 1817.

6555. The british channel-pilot, by Heather, London, 1807.

6556. American ship-master's assistent, Portland, 1807.

6557. Thellung von Courtelary, Darstellung der Marine. Ein Versuch über den Kriegsdienst zur See, 2 Bde. Zürich, 1808. 2te Aufl. 1819.

6558. Table des portées des canons et carronnades de la marine, à Paris, 1809.

6559. Bowditch's practical navigator, by Kirby, London, 1809.

6560. Hosier, the mariner's friend, London, 1809.

6561. A complete set of nautical tables, by Norie, London, 1810.

6562. The seaman's daily assistent, by Norie, London, 1811.

6563. Trattato di navigazione, contenente la teoria e la pratica del pilotaggio, di Brunacci, 2 Tom. Milano, 1811.

6564. Robertson Buchanan, on propelling vessels by steam etc. Glasgow, 1811.

6565. G. W. Sand, Versuch einer Beschreibung der vorzüglichsten bei den seefahrenden Nationen gebräuchlichen Schiffe, Erlangen, 1812.

6566. De la machine infernale maritime ou de la tactique offensive et défensive de la torpille, par Robert Fulton, trad. de l'anglais par Nunez de Taboada, à Paris, 1812.

6567. Exercices et manoeuvres des bouches à feu à bord des vaisseaux de S. Maj. imp. et roy. à Avignon, 1812. 2me édit. 1815.

6568. Stereogoniometry, also leeway and magnetic sailings, by Cole, London, 1812.

6569. Traité de navigation par Bézout, nouvelle edition par de Rossel, capitaine de vaisseau, à Paris, 1814.

6570. Le manoeuvrier, ou essai sur la théorie et la pratique des mouvemens du navire, et des évolutions navales, par Bourdet de Villehuet à Paris, 1814. (nouv. édit.)

6571. Principes fondamentaux de l'arrimage des vaisseaux, par Bourdet de Villehuet; suivi d'un mémoire sur le même sujet par Groignard, à Paris, 1814.

6572. Leçon de navigation, par Dulague, à l'usage de la marine, 7me édit. à Paris, 1814. 8me édit. 1820.

6573. Navigation, by Hamilton Moore, London, (last edition) 1814. (ninth edition, 1791.)

6574. Observations and instructions for the officers of the navy, London.

6575. System of naval tactics in theory and pratice, London.

6576. Observations et instructions à l'usage des officiers de la marine royale d'Angleterre etc. trad. de l'anglais, par Yves-Marie-Gabriel Laouenan, enseigne de vaisseau, à Paris, 1815.

6577. Prospectus du mémorial d'artillerie de la marine, redigé par le chef de bataillon Coupe; réfutation d'erreurs dangereuses, opposées aux principes judicieux du célèbre Gribeauval, à Toulon, 1815.

6578. Du gouvernail de fortune, par V. Bassière, capitaine de frégate etc, 2me édit. à Brest, 1815.

6579. Récueil de tables utiles à la navigation, trad. de l'anglais de W. Norie, précédé d'un traité de navigation pratique etc. enrichi d'un vocabulaire des termes les plus usités dans la marine etc. par A. Violaine, à Paris, 1815.

6580. Tableau des marées, pour trouver commodément l'heure de pleine mer dans les principaux ports de l'Europe, qui sont sur l'océan etc. par Labatut, lieutenant d'artillerie, à Saint-Malo, 1816.

6581. Règles de pointage à bord des vaisseaux etc. suivies de notes sur diverses branches de l'artillerie, en particulier de la marine, par Montgéry, officier de la marine, à Paris, 1816.

6582. Elémens théoriques et pratiques de la manoeuvre des vaisseaux, par Suzanne, à Paris, 1816.

6583. Mémoire sur des essais faits en 1810 et 811 dans l'isle de Java, pour remplacer le chanvre dans les usages de la navigation, par M. T. D. M. à Paris, 1816.

6584. Bain, on the variation of compass, London, 1816.

6585. Norie, complete epitome of practical navigation, London, 1817.

6586. Raport of the navy board, by Scott, London, 1817.

6587. Traité élémentaire d'hydrographie, appliqué à toutes les parties du pilotage, par Lassale, à Paris, 1817.

6588. De la bureaucratie maritime, par Royou, capitaine du génie, à Paris, 1818.

6589. Examen rapide et familier du pamphlet de Royou, à Paris, 1818.

6590. Mémoire sur quelques changemens faits à la boussole et au rapporteur, etc. par Maissiat, à Paris, 1818.

6591. Traité des manoeuvres courantes et dormantes, composant le gréement des batimens etc. suivi de plusieurs tables nécessaires à la marine, par Gicquel-des-Touches, capitaine, à Paris, 1818.

6592. Déscription du nouveau gouvernail de rechange, par T. Dussueil, capitaine de frégate, à Brest, 1819.

6593. Bases de l'administration maritime etc. par le baron Lescallier, à Paris, 1819.

6594. Mémoire sur les mines flottantes et les pétards flottans, ou machines infernales maritimes, par Montgery, officier de marine, à Paris, 1819.

6595. Le manuel du navigateur, par Pierre Caillet, professeur de l'école de navigation à Paimboeuf, à Nantes, 1819. (1818.)

6596. De la pourriture seche, qui détruit les bois employés pour la construction des vaisseaux etc. par Ambroise Bowden, extrait et trad. de l'anglais par le baron de Puymaurin, à Paris, 1819.

6597. N. P. Krohn, der kleine Seemanns-Katechismus, oder kurzer Inbegriff der praktischen Steuermannskunde, Hamburg, 1820.

6598. Steele, the shipmaster's assistent, improved by Dickinson, London, 1821.

6599. Nouvelle force maritime, ou exposé des moyens d'annuller la force des marines actuelles de haut bord, et de donner à de navires très-petits assez de puissance, pour détruire les plus grands vaisseaux de guerre, par J. H. Paixhans, chef de bat. d'artill. à Paris, 1821.

6600. Essai sur le personel militaire de la marine, par un officier du corps, à Lorient, 1821.

6601. Reflexions sur le matériel de la marine, par un officier du département, à Paris, 1821.

6602. Observations sur la marine, par L. H. ancien marin, à Paris, 1822.

6603. Navigazione pratica, di T. W. Norie, tradotta dall' idioma inglese, ed accemmodata all uso della marina italiana, da Stadler de Breitweg, Vienna, 1822.

6604. Allgemeen Signalboek, behelzende eene Verzameling van Signalen etc. door H. A. Martensen, in het Nederduitsch vertaald door J. M. Jetter, Rotterdam, 1822.

6605. Almanak ten Dienste der Zeelieden for het jaar, 1823. op last van Z. M. den Koning der Nederlanden, uitgegeven door de Commissie tot het examineeren der Zee-Officieren etc. te Amsterdam, 1823.

6606. Handbuch der Schiffahrtskunde, zum Gebrauch für Navigationsschulen u. s. w. 2te Aufl. Hamburg, 1823.

d. Minore.

6607. Nic. Parth. Giannettasii piscatoria et nautica, Neapolis, 1643. 12mo.

6608. Epitome of navigation, by Jones, London, 1705. 12mo.

6609. Traité des longitudes, ou la navigation dans son jour, par Hibert, à Paris, 1718. 12mo.

6610. Epitome of navigation by Norwood, London, 1721. 12mo.

6611. Elémens du pilotage, par le P. Pezenas, à Avignon, 1734. 12mo.

6612. Dissertation sur les tentes ou pavillons de guerre, par Beneton de Peyrins, a Paris, 1735. 12mo.

6613. Lettres sur la construction des vaisseaux, par Deslandes, à Paris, 12mo.

6614. The sailors companion, shewing the military power of the lord-admiral, and the duty of all superior and inferior officers of the royal navy etc. by Cowley, 1741. 12mo.

6615. Méthode pour pomper les mauvais airs des vaisseaux etc. par Sutton, avec une dissertation sur le scorbut par Mead, à Paris, 1749. 12mo.

6616. Description et usage d'un nouvel instrument, pour observer la latitude sur mer, appellé le nouveau quartier anglais, augmenté de la méthode pour observer par derrière, à Paris, 1751. 12mo.

6617. Considérations sur la marine militaire de France, par Secondat, à Paris, 1756. 12mo.

6618. Love's mariners jewel, London, 1757. 12mo.

6619. Eloge historique de la navigation, par Dreux du Radier, à Paris, 1757. 12mo.

6620. The seamans manual, London. 12mo.

6621. Principles of navigation, by Emerson, London, 1764. 12mo.

6622. Navigation, or the art of sailing upon the sea, London, 1764. 12mo.

6623. Tableaux de tous les pavillons, que l'on arbore sur les vaisseaux dans les quatre parties du monde, à Paris, 1770. 12mo.

6624. Puddicombe, the mariners instructor, London, 1773. 12mo.

6625. Betteswortli, system of naval mathematics, or practicas rules of the art of navigation, London, 1785. 1787. 12mo.

6626. Malham's navigation, London, 1790. 12mo.

6627. Introduction à la manière de manoeuvrer le canon nautique, par du Rosel, 1793. 18mo.

6628. The seamans narrative, by W. Spavens, London, 1796. 12mo.

6629. Wakely's mariners compass rectified, London, 1796. 12mo.

6630. Traité de la construction du scaphandre, par Mr. de la Chapelle, nouv. edit. précédée du projet de formation d'une legion nautique par La Regnie la Bruyère, à Paris, 1804. 12mo.

6631. Almanac des gens de mer, pour 1813. à Boulogne, 1813. 18mo.

6632. Hawkins, on arming merchant vessels, London, 1812. 12mo.

6633. Manuel du jeune marin, contenant l'instruction raisonnée et démontrée etc. par Noglies, à Paris, 1814. 12mo.

Zehnter Abschnitt.

Von der Strategie, von Kriegslisten u. s. w.

Dixième partie.

De la stratégie, des ruses de guerre etc.

---

a. Folio.

6634. Joh. Jac. v. Wallhausen camera militares, der Kriegskunst Schatzkammer, darin allerlei Kriegs-Stratagemata u. s. w. Frankfurth, 1621.

6635. Geheime strategische Instruktionen Friedrichs II. an seine Generalinspecteurs, mit 31 illum. Plans, Leipzig, 1800. 1815. Queer Fol. (Russisch, Petersburg, 1801.)

6636. Grundsätze der höheren Kriegskunst, und Beispiele ihrer zweckmäßigen Anwendung, für die Generale der Oesterreichischen Armee, mit 25 illum. Planen, Wien, 1807.

b. Quarto.

6637. Imprese, stratagemi, ed errori militari, con il governo della milizia, di B. Rocca, 3 Tom. Venezia, 1567—70.

6638. Entreprises et ruses de guerre, traduit de l'italien de Rocque, par Lancelot de la Popelinière, à Paris, 1571.

6639.

6639. Henr. Ranzovii commentarius bellicus, praecepta, consilia et stratagemata complectens, Francofurti, 1595.

6640. Cristoval Lechuga discurso, en que tratto del cargo de maestro de campo general, en Milano, 1603.

6641. Leorini stratagematographia, Francofurti, 1609.

6642. Reusneri stratagematographia, seu thesauros bellicus, Francofurti, 1609.

6643. Schalieri dissertatio de rebus stratagematicis, Argentorati.

6644. Le guerrier prudent et politique, de Harcourt, à Paris, 1643.

6645. L. A. Herlin, das zum Kriege gehörige Augenmerk, Dresden, 1738.

6646. Essai sur les qualités et les connaissances nécessaires à un général d'armée, à Milan, 1750.

6647. de Silva, pensées sur la tactique et la stratégique, ou vrais principes de l'art militaire, à Turin, 1778.

6648. Instructions secrètes et stratégiques de Frédéric II. à Leipsic, 1803.

c. Octavo.

6649. César renouvellé par les observations de St. Gabriel Symeon, à Paris, 1558.

6650. Facii axiomata bellica, Altenburgii, 1609.

6651. Erinnerungen und Regeln vom Kriegswesen, Jena, 1630.

6652. Winstrupii manipulus stratagematum, Amstelodami, 1632.

6653. Joh. Wilh. Neumair, J. Caesaris commentarii, in militairische Erinnerungen und Regeln gefaßt, Jena, 1637.

6654. J. W. Neumair, Traktätlein von Feldschlachten, Erfurth, 1637.

6655. Le parfait capitaine, autrement l'abrégé des commentaires de César, à Paris, 1639.

6656. Il politico soldato, da Monferino, Casal, 1640.

6657. Maugenberti practica prudentiae politicae et militaris, Francofurti, 1645.

6658. Lentuli prudentia militaris; Marburgi, 1664.

6659. P. M. S. D. C. traité de la guerre ou politique militaire, à Paris, 1667.

6660. Gruber, heutige neue vollkommene Kriegs-Politika, Frankfurth, 1699.

6661. Vaultier, observations sur l'art de faire la guerre, à Genève, 1748.

6662. Zeitvertreib im Lager, mit denen Kriegslisten der Alten, Glogau, 1760.

6663. Traité des stratagèmes permis à la guerre, ou remarques sur Polyen et Frontin, par Maizeroy, à Metz, 1765.

6664. Brandes, von Regeln und Grundsätzen des Krieges, Hannover, 1774.

6665. Des Kaisers Leo Strategie und Taktik, 5 Bde. Wien, 1777—1781.

6666. v. Sylva, Gedanken über Taktik und Strategie, Breslau, 1780.

6667. Kriegslisten und kriegswissenschaftliche Anekdoten, 2 Theile, Gotha, 1792.

6668. Vom Entwurf zu einem Kriege im Ganzen, Dresden.

6669. Gedanken über den Operationsplan für den Feldzug von 1794 in den Niederlanden, vom Freih. von Mack, Wien, 1795.

6670. Nähere Beleuchtung des von dem Freih. von Mack entworfenen Feldzugs von 1794, 3 Bde. Berlin, 1797.

6671. Geist des neuen Kriegssystems, hergeleitet aus dem Grundsatze einer Basis der Operationen von einem Preußischen Offizier (v. Bülow) Hamburg, 1798. 2te Aufl. 1805. Traduit en français par Tranchant de Lavezne, 1802.

6672. G. Venturini, Lehrbuch des deutschen Schutz- und Angriffskrieges in Westphalen gegen die batavische Republik, Schleswig, 1800. (2te Auflage.)

6673. v. Bülow, Lehrsätze des neueren Kriegs, oder reine und angewandte Strategie u. s. w. Berlin, 1805.

6674. Freih. v. Gaugreben, Beleuchtung der Lehrsätze des neueren Kriegs, Berlin, 1805.

6675. Beiträge zur Taktik und Strategie, (v. Biberstein) Glogau, 1805.

6676. C. W. Hoffmann's Kriegslisten, oder verschm'tzte Einfälle alter und neuer Feldherren, 2 Bde. Leipzig, 1805. Dritte Aufl. 1812—13. Vierte Aufl. 1820—22.

6677. Marginalien zu den Grundsätzen der höhern Kriegskunst, für die Generale der österreichischen Armee, Weimar, 1808.

6678. Altrock, kurzer Entwurf, wie hohe Offiziere sich dereinst als Feldherrn zu benehmen, Berlin, 1808.

6679. A. Wagner, Grundzüge der reinen Strategie, Amsterdam, 1808. Leipzig, 1819.

6680. Traité des grandes opérations militaires, contenant l'histoire critique des campagnes de Frédéric II. comparées à celui de l'empereur Napoléon, avec un récueil des principes généraux de l'art de la guérre, par le général baron de Jomini, 8 Tom. à Paris, 1811—1816. 3me édition 1819—22.

6681. General v. Jomini, über große militärische Operationen, a. d. Franz. 1r Bd. Tübingen, 1811. ff.

6682. Erzherzog Karl, Grundsätze der Strategie, erläutert durch die Darstellung des Feldzugs von 1796 in Deutschland, 3 Bde, Wien, 1814. (En français, à Paris, 1818.)

6683. Polt, Kriegslisten der Krieger aller Zeiten, Prag, 1815.

6684. Strategische Studien, von v. Theobald, Tübingen, 1817.

6685. Fr. v. Hauser, die Befestigung der Staaten, nach den Grundsätzen der Strategie, Wien, 1817.

6686. Principes de la stratégie, développés par la relation de la campagne de 1796 en Allemagne, ouvrage attribué à l'archiduc Charles, et traduit de l'allemand par le général Jomini, 3 Tom. à Paris, 1818.

6687. J. v. Xylander, die Strategie und ihre Anwendung, München, 1818. Neue Aufl. 1821.

6688. Thellung v. Courtelary, Versuch über Taktik und Strategie, Leipzig, 1818.

6689. Materialien zur Taktik, Strategie, und strategischen Fortifikation, Züllichau, 1819.

6690. Entwurf einer strategischen Befestigung, Leipzig, 1819.

6691. Principj di strategia, applicati alla campagna del 1796 in Germania, traduzione dell' originale tedesco. Opera attribuita al principe Carlo, 3 Tomi, Napoli, 1819—20.

6692. Joseph von Theobald, die Kunst der großen Kriegsoperationen, Stuttgard, 1820.

6693. J. G. von Scharnhorst, Handbuch für Offiziere, 4r Bd. Festungskrieg und Strategie, als Fortsetzung abgefaßt vom Gen. Maj. v. Hoyer, Hannover, 1821.

6694. Considérations sur les mouvemens stratégiques des armées françaises, dans quelques unes des campagnes de Napoléon etc. par C. Duchateau, lieutenant colonel d'état major, à Paris, 1822.

d. Minore.

6695. Vegetii et Winstrupii stratagemata, 2 Tomi Francofurti, 1602. 12mo.

6696. Maximes politiques et militaires des grands capitaines, par de Montagne, à Paris, 1610. 12mo.

6697. Stratagèmes et ruses de guerre, tirés des historiens grecs, latins et français, anciens et modernes, par de la Fé, à Paris, 1694. 12mo.

6698. Les stratagèmes de guerre, dont se sont servis les plus grands capitaines du monde, depuis plusieurs siècles jusqu'à la paix dernière, par Carlet de la Rozière, à Paris, 1756. 12mo.

6699. La politique militaire, ou traité de la guerre, par Hay du Chastelet, à Paris, 1757. 12mo.

6700. Les stratagèmes de guerre des Français, par Ray de Saint-Genies, 4 Tom. à Paris, 1769. 12mo.

6701. Collander, military maxims, London, 1782. 12mo.

6702. Kaiserer, die Kriegslisten der Alten, für Generale und Offiziere, a. d. Polyänus und Frontinus, Wien, 1805. 12mo.

Eilfter Abschnitt.

Kriegsgeschichte.

Erste Abtheilung.

Kriegsgeschichte im Allgemeinen.

Onzième partie.

Histoire militaire.

Premier chapitre.

Histoire militaire en général.

---

a. Folio.

6703. Historia de la guerra y presa de Africa, con la destruytion de la villa de Monaster, y isla del Gozo, y perdida de Tripol de Barbaria, por de Salazar, en Napoles. 1552.

6704. Sepulvedae, historia de bello in Italia per annos XV. et confecto ab Aegidio Albornatio, Bonon, 1559.

6705. Göbler, Chronika der Kriegshändel des Kaisers Maximiliani I. gegen die Venediger und Franzosen, Frankfurth, 1566.

6706. Historia de las guerras succedidas entre Christianos y Infedeles, compuesta por de Salazar, en Medina del Campo, 1590.

6707. von Suderburg, der Peurisch- und Protestirende Krieg im Jahr 1525 und Hortensii Beschreibung des protestirenden Kriegs, der sich 1547 geendet, Basel, 1573.

6708. Curionis, Saracenische Kriegsgeschichte, Basel, 1580.

6709. Bed. Varchi, istoria delle guerre della republica Fiorentina, Leide, 1590.

6710. Bernardino Mendoza, guerras de Flandes, en Madrid, 1592.

6711. Historia della Rebelion y Castigo de los Moriscos del Reyno de Grenada, por Marmol-Caravajal, en Malaga, 1600.

6712. En's, belli civilis in Belgico per quadraginta fere annos gesti historia, e Meterani et aliorum commentariis, 1610.

6713. Bongarsii gesta dei per Francos, seu historia expeditionum orientalium, 2 Tomi, Hanov. 1611.

6714. Marcos Guadalaxara, expulsion de los Moriscos, en Pamplona, 1613.

6715. Enrico Caterino Davila, guerras civiles de Francia, en Anveres, 1613.

6716. Francisco Lanario, guerras de Flandes, desde 1550 a 1609, en Madrid, 1623.

6717. Commentario de los hechos de los Espannoles, Franceses y Venecianos en Italia, y de otras republicas, principes y capitanos famosos italianos, desde el anno 1285 hasta el de 1559, por de Herrera, en Madrid, 1624.

6718. Der Nassauische Lorbeerkranz, oder Beschreibung und Abbildung aller Niederländischen Viktorien, Amsterdam, 1624.

6719. Historia de las guerras, que ha avido en los estados de Flandes, des del anno 1559 hasta el de 1609, por Carnero, en Brussellas, 1625.

6720. Belli österreichischer Lorbeerkranz, oder Kaiserliche Viktoria, Frankfurth, 1626.

6721. Histoire des guerres de Louis XIII contre les religionaires rebelles de ses états, par Bernard, à Paris, 1633.

6722. Priorato Gualdo, conte Galeazzo, storia delle rivolutioni di Francia nel regno di Luigi XIV. Venezia, 1635.

6723. Possevini historia belli monferratensis, Genevae, 1637.

6724. De Meteren, wahrhaftige Beschreibung des niederländischen Krieges, 4 Bde. Amsterdam, 1642.

6725. Claud. Barth. Morisoto, orbis maritimi, seu rerum in mare et litoribus gestarum generalis historia, Divionae, 1743.

6726. Davila, storia delle guerre civili di Francia, 2 Tom. Parigi, 1644.

6727. a Chemnitz, historia belli Sueco-Germanici, Stetini, 1648.

6728. Strada's history of the low-country wars, translated by Sir Robert Stapylton, London, 1650.

6729. Bentivoglio's history of the wars of Flanders, translated by the Earl of Monmouth, London, 1654.

6730. Commentaries on the wars in the low-countries with the Spaniards, by Sir F. Vere, London, 1657.

6731. Grotii annales et historiae de rebus belgicis, Amstelodami, 1657.

6732. Dancer, civil wars of Great-Britain and Ireland, London, 1661.

6733. Annales et histoires de la guerre des pays bas, trad. du latin de Grotius, par l'Heritier, à Amsterdam, 1662.

6734. Theatrum Europaeum, oder Beschreibung Europäischer Händel, 21 Theile, mit Kupfern, Karten und Plans, Frankfurth, 1662—1738.

6735. Ortelii und Meyers, Ungarische und Siebenbürgische Kriegshändel, von 1395—1665, 2 Bde. Nürnberg, 1665.

6736. Delle guerre d'Italia dall'anno 1613—1630, da Assarini, Torino, 1665.

6737. Merian, Beschreibung des Krieges im Königreiche Candia, von 1645—1669. Frankfurth, 1670.

6738. Galuccii historia de bello belgico ab anno 1593—1609. 2 Tomi, Romae, 1671.

6739. Palatii aquila Saxonica, Venetiae, 1673.

6740. Davila, historia de las guerras civiles de Francia, en Madrid, 1675.

6741. Historia general de las conquistas del nuevo reyno de Grenada, por Piedratrita, en Amberes, 1676.

6742. Pessinae de Czechorod, Mars moravicus, seu bella, seditiones, tumultus, praelia, turbae, quis Moravia passa fuit, Prag, 1677.

6743. Valkenier's und Müllers verwirrtes Europa, oder Beschreibung der in Europa, vornemlich in den vereinigten Niederlanden seit 1664—1682 entstandenen Kriege, Amsterdam, 1677—1683.

6744. Istoria delle guerre d'Italia, dall'anno 1635—1657. da Brussoni, Torino, 1680.

6745. Las guerras de Flandes, desde la muerte del emperador Carlos V. hasta el principio del govierno de Alexandro farnese, escrita en latin por Famiano Estrada, y traducida por el P. Melchior de Novar, 3 Tom. en Colonia, 1682.

6746. La clemenza reale, ò historia della ribellione e riaquesto di Messina, da Strada, Palermo, 1682.

6747. Passarelli bellum lusitanum, ejusque regni separatio a regno castiliensi, Lugd. Bat. 1684.

6748. Bentivoglio, guerras de Flandes, en Madrid, 1643. 1646, en Anveres, 1687.

6749. Leutholt von Frankenberg, Europäischer Herold, Frankfurth, 1688.

6750. von Paffenrode, Griechische und Römische Kriegshändel und Beschreibung der Griechischen und Römischen Landmiliz, in holländischer Sprache, Leiden, 1689.

6751. Historia de las guerras de Ungria, por Francisco Montalbo, en Palermo, 1693. 1698.

6752 Die Ottomannische Pforte, oder Ungarische und Türkische Kriegs-Chronik, von Sagredo, 2 Bde. Augsburg, 1697.

6753. Conquiste della republica di Venezia, nella Dalmazia, Epiro e Morea, durante la guerra contra Maometto IV. Imperat. de'Turchi, Venezia.

6754. v. Chemnitz, Königl. Schwedischer in Deutschland geführter Krieg, Stettin, 1703.

6755. Puffendorf de rebus Suecicis, ab expeditione Gustavi Adolphi in Germaniam ad abdicationem usque Christinae, Francofurti, 1705. (Deutsch 1688.)

6756. Clarendon, history of the rebellion and civil wars in England, 3 Tom. Oxford, 1707.

6757. Beschreibung des Spanischen Successions-Krieges, mit 56 Kupfern von Belagerungen und Batallien, Augsburg, 1714.

6758. Ostertag, Hungarisches Kriegs-Theatrum, von den vorgefallenen Schlachten, Belagerungen und Eroberungen, Regensburg, 1716.

6759. Dessins et délinéations des batailles et campemens, faits en forme des Turcs et contre eux, de même des puissances chrétiennes de la plûpart d'Europe, depuis 1660 — 1717.

6760. Beschreibung und Abbildung aller Züge und Viktorien der Staaten der vereinigten Niederlande durch Rath und That des Prinzen Moriz von Nassau, Leiden, 1718.

6761. Naval history by Burchett, London, 1720.

6762. Arlunus, de bello Veneto seculi XVI. Lugduni Batav. 1722.

6763. Facius, de bello Veneto Clodiano, Lugd. Bat. 1722.

6764. Fonticulani belli Bracciani, Aquilae gesti, fidelis narratio, Lugd. Batav, 1722.

6765. Mocenici historia belli memorabilis cameracensis adversus Venetos, Lugd. Bat. 1722.

6766. Istoria delle guerre della republica Fiorentina, successo nel tempo, che la casa de'Medici s'impadronì del governo, Leida, 1723.

6767. Georg. Florus, de bello italico et rebus Gallorum praeclare gestis, August. Vind. 1723. (Autor antiq. rom.)

6768. Etat militaire de l'empire Ottoman, par le comte Marsigli, français et italien, 2 Tom. à la Haye, 1732.

6769. Extrait des guerres du regne de Louis le Grand, par Brunet, à Paris, 1732.

6770. Istoria delle guerre civili di Francia, di Davila, 2 Tom. in Venezia, 1733.

6771. Galeria dell'onore, ove sono descritte le memorie del sagr'ordine militare di S. Stefano, opera del cavalier Georgio Viviano Marchesi Forli. 1735.

6772. Davila de bello civili gallico, seu res gestae ab Francorum regibus Francisco II. Carolo IX. Henrico III et IV. 3 Tomi, Romae, 1735.

6773. Naval history of England, by Lediard, London, 1735.

6774. Cosander (Freiherr von Göthe), durch Anweisung und Erfahrung geübter Soldat, in einer Erzählung der im verflossenem Jahrhundert vorgefallenen Kriegshandlungen, Frankfurth, 1738. 1744.

6775. v. Wrißberg, Geschichte des Schmalkaldischen Krieges, Hildesheim, 1742.

6776. Schillings Beschreibung der Burgundischen Kriege, und einiger in der Schweitz um selbige Zeit vorgefallenen Begebenheiten, Bern, 1743.

6777. Strada de bello belgico ab excessu Caroli V. usque ad annum 1589. Ratisb. 1754.

6778. Naval history of Britain, by Berkley, London, 1756.

6779. Neues Kriegstheater, oder Sammlung der merkwürdigsten Begebenheiten des Kriegs in Deutschland, von 1756—1763 mit 80 illuminirten Plans, Nürnberg, 1767—1763.

6780. Naval history by Entick, London, 1757.

6781. Marquis of Clanricardes, memoirs and letters, written when he was Lord-lieutenant of Ireland, commander in chief during the rebellion etc. London, 1757.

6782. Histoire des conquètes de Louis XV en Flandres, sur le Rhin, en Allemagne et en Italie, depuis 1744—1748. Ouvrage rempli d'estampes etc. par Dumortous, à Paris, 1759.

6783. Histoire de la guerre des Bataves et des Romains avec les planches de Vaenius, redigée par le marq. de St. Simon, à Amsterdam, 1770.

6784. Borlace history of the irish rebellion, London, 1780.

6785. Rösch, Plans von 42 Hauptschlachten, Treffen und Belagerungen des siebenjährigen Krieges, 4 Theile, 1789.

6786. Plan de la guerre de 7 ans, avec l'explication, par Roesch, à Francfort, 1790.

6787. Versuch einer tabellarischen Uebersicht der Kriegsbegebenheiten vom Münsterschen bis zum Hubertsburger Frieden, Berlin, 1792.

6788. Tableau et plans des événemens de la dernière guerre des Autrichiens et des Russes contre les Turcs, par Mechel, à Basle, 1795.

6789. Tabellarische Uebersicht des französischen Revolutionskrieges, 1792—94, Leipzig, 1795.

6790. Borreux, kurze philosophisch-geographische und militärische Uebersicht über die ganze Geschichte der Welt, mit einer großen Anzahl Karten und Pläne, queer Folio, Leipzig, 1813.

6791. Graf v. Wackerbarth, die Geschichte der großen Teutonen, Hamburg, 1821.

6792. Graf v. Wackerbarth, die Geschichte der Türken, Hamburg, 1821.

b. Quarto.

6793. Bracelli libri VI belli hispanici, Hagenoae, 1530.

8794. Niederländische Kriege, Empörungen und Zwietrachten, Basel, 1557.

6795. Paradinus de motibus Galliae, expugnato receptoque Itio Caletorum, Lugduni Bat. 1558.

6796. Montfortii libri VII de bello germanico, Basil. 1560.

6797. Le guerre d'Italia o d'altri paesi, dell'anno 1525 sino all'anno 1557, colla vita del principe Gonzago di Molfetta, da Ulloa, Venezia, 1563.

6798. Discours des guerres de la comté de Venaycin et de la Provence, par de Perrussis, à Avignon, 1563.

6799. Tom. Porcacchi, delle cagione delle guerre antiche, tratte dagli antichi Greci, Venezia, 1564.

6800. Corona delle guerre d'Italia, dell'anno 1494. sin' all'anno 1518. Venezia, 1565.

6801. Commentarj della guerra di Transilvania, da Centorio, Venezia, 1566.

6802. Istoria dell'impresa di Tripoli di Barbaria, con le cose avvenute a'Christiani nell'isola delle Zerbe, Venezia, 1566

6803. Contarini, vom Türkenkriege mit Venedig, Basel, 1573.

6804. Discorso, a chi dei maggiori guerrieri, che in sino a questo tempo sono stati, da Bocchi, Firenza, 1573.

6805. Istoria della guerra mossa da Selim Ottomanno a'Veneziani, da Contarini, Venezia, 1574.

6806. Italia travagliata, nella quale si contengono tutte le guerre, sedizioni etc. Venezia, 1575.

6807. Tymme, commentarie's of the civil wars in France and the Low-Countries, London, 1576.

6808. Ulloa vom Türkenkriege, so 1565 mit dem Römischen Reiche geführt worden, Basel, 1578.

6809. Beschreibung des unter Kaisers Maximiliani Regierung geführten Krieges, Basel, 1578.

6810 Commentarj delle guerre fatte co'Turchi, da Giovanni d'Austria, dopo che venne in Italia, scritte da Caracciolo, Firenza, 1581.

6811. Runow Historie des 13jährigen Kriegs in Polen, 1454 angefangen, Wittenberg, 1582.

6812. Winzenberger, Geschichte denkwürdiger Händel von 1500—1583. Dresden, 1583.

6813. Dinothus de bello civili belgico abanno 1555—1586. Basil. 1586.

6814. Folieta de sacro foedere in Selimum; ejusdem expeditiones variae in Africam cum obsidione Melitae, Genuae, 1787.

6815. Heidensteinii commentarii de bello Moscovitico, quod Stephanus rex Poloniae gessit. Basil. 1588.

6816. Guerra de campanna de Roma y del reyno de Napoli anno 1556 y 1557, por Andrea, en Madrid, 1589.

6817. Heidensteins Beschreibung des Kriegs Stephans Batori, Königs in Polen, wider den Großfürsten Ivan Wasilowitz, Görlitz, 1590.

6818. Istoria della guerra frà Turchi e Persiani, da Minadoi, Venezia, 1594.

6819. Erzählung von Belagerung und Eroberung der Festung Hattwan, Nürnberg, 1596.

6820. Compendio istorico delle guerre fatte in Ungheria e Transylvania sino all'anno 1597, da Campana, Vincgia, 1597.

6821. Guarnerius de bello Cyprico, Bergami, 1597.

6822. Maji polemographia belgica, d. i. Niederländische Kriegs-Beschreibung, von 1565 bis 1594.

6823. Gio. Carlo Saraceni, i fatti d'arme famosi, successi fra tutte le nazioni del mondo, 2 Tomi, Venezia, 1600.

6824. Relatio de bellis Pedemontanis et Montisferratensibus, Paris, 1606.

6825. La guerra fatta de' Francesi, e tumulti suscitati poi da San-Piero dalla Bastelica, nella Corsica, da Morello, Genova, 1607.

6826. Delle guerre di Fiandra, di Pompeo Giustiniano, Anversa, 1609.

6827. Dam. Fonseca, storia dell'expulsione dei Mori dalla Spagna, Roma, 1611.

6828. La guerra di Monferrato, da Pagani, Torino, 1613.

6929. La guerra d'Italia trà la Republica di Venezia e trà Filippo III. rè di Spagna, e Carlo Emanuele, duca di Savoja, dall' anno 1615 sino alla capitulazione di pace, da Emigliani, 1617.

6830. Turbulenze della Francia, in vita del rè Enrico il grande, di Campilla, Venezia, 1617.

6831. Neumayers bellum cipricum, oder Beschreibung des Kriegs 1570—1572 Selims wider die Venetianer, Leipzig, 1621.

6832. Delle guerre e rivolgimenti del regno di Ungheria, di Tomasi, Venezia, 1621.

6833. Lundorpii bellum sexennale civile Germanicum, ab anno 1617—1622. Francofurti, 1622.

6834. Baudartii Polemographica Auraico-Belgica, sive descriptiones proeliorum, obsidionum etc. adversus Hisp. regem in Belgiae provinciis etc. Amstelodami, 1622.

6835. Istoria dell'ultima guerra nel Friuli, da Moisesso, Venezia, 1623.

6836. Gratianus de bello Cyprico, Romae, 1624.

6837. Haarers Beschreibung des Bauernkrieges, Frankfurth, 1625.

6838. Pablo Rizo, historia de las guerras de Flandes, en Valencia, 1627.

6839. Carlos Colonna, las guerras de los estados baxos, desde el anno de 1588—1599, en Amberes, 1625. 1635; en Barcellona, 1627.

6840. Istoria delle sollevazioni seguite in Polonia gli anni 1606, 1607 e 1608 da Cilli, Pistoja, 1627.

6841. Sprecheri historia motuum et bellorum in Rhätia excitatorum, Colon. Allobrod. 1629.

6842. Bellum bohemo-germanicum, ab anno 1617—1630. 1630.

6843. C. Davila, istoria delle guerre civili de Francia, Venezia 1630. 1642. 1683. (Con annotazioni del Balduino, 2 Tom, 1733. Fol. (In 8vo. 6 Tom. Milano, 1807.)

6844. Vulturni Erzählung aller fürnehmsten Händel, so zwischen der Pfalz-Baier-Tillyschen und Kaiser-Friedländischen gegen die Königl. Dänemarksche Armada von 1625—1629 sich zugetragen, dabei mit angehänget, was zwischen Polen und Schweden fürgelaufen, 1631.

6845. Caldinal Bentivoglio, guerras de Flandes, en Napoles, 1631.

6846. Belli Beschreibung denkwürdiger Sachen und Kriegshändel von 1617—1631. Frankfurth, 1632.

6847. Historia de la conquista de la nueva Espanna, por Bern. Diaz, en Madrid, 1632. (4 Tom. in 8. 1795.)

6848. Vulturni, Schwedischer und Deutscher Krieg, d. i. Continuation aller fürnehmsten Händel u. s. w. 1632.

6849. Ales. de Noris, guerre di Germania dall' anno 1618 sino alla pace di Lubecca, 2 Tomi, Venezia, 1633.

6850. Burgi commentarius de bello Suecico, Leodii, 1633.

6851. Arlanibaei hoplophorus Sueco-Regius, h. e. descriptio rerum gestarum Gustavi Adolphi contra Ferdinandi II. exercitum in Germania, 1633.

6852. Istoria delle guerre della Germania inferiore, da Conestaggio, 1634.

6853. Simon Zapata, expulsion de los moriscos rebeldes, en Valencia, 1635.

6854. Delle guerre di Ferdinando II. e Gustavo Adolfo, di Pomo, Venezia, 1638.

6855. Istoria delle guerre e rivoluzioni di Francia, sotto i regni di Franc. I. Henrico II. Franc. II. Carolo IX. Henrico III. e IV. da Mattei, Venezia, 1638.

6856. Istoria verace delle guerre seguite trà le corone di Francia e di Spagna, di Zampini, Venezia, 1638.

6857. Guerra di Fiandra, di Strada, Roma, 1638.

6858. Istoria de movimenti d'armi successi in Italia dal 1613. sino al 1634, di Pietro Giov. Capriata, Genova, 1638. (2 Tom. 1639. 8vo.)

6859. Bentivoglio, relaciones de Flandes, en Madrid, 1638.

6860. Schwedische Kriegs-Kronik, oder Erzählung dessen, was sich mit der Königl. Maj. zu Schweden und Herrn General Thyllisch-Legistischen Armeen bis 1632 zugetragen, 1639.

6861. Le guerre di Germania, da de Noris, Bologna, 1640.

6862. Fontana de bello Rhodio, Paris. 1640.

6863. Guerra frà Enrico IV. rè di Francia, e Carlo Emmanuele, duca die Savoia, per il Marchesato di Saluzzo, dell'anno 1600 sin'all'anno 1602, per Zilioli, Venezia. 1642.

6864. Istoria delle guerre frà Ferninando II e III. e Filippo IV. rè d'Espagna, contro Gustavo rè, e Lodovico, rè di Francia, dall'anno 1630. sin'all' anno 1640, dal conte Gualdo Priorato, 2 Tom. Genova, 1642.

6865. Mémoires guerriers de ce qui s'est passé aux pays-bas, depuis 1600—1606, par Charles Alex. duc de Croy, à Anvers, 1642.

6866. De la Mare, commentarius de bello Burgundico, apud Sequanos, Divionae, 1642.

6867. Le guerre de'Genovesi contra Alfonso, rè d'Aragone, da Lenguéglia, Genova, 1643.

6868. L. Assarino, delle rivoluzione della Catalogna, Genova, 1644. Bologna, 1648.

6869. Sobiesky, commentarius Chotinensis belli, Dantisci, 1646.

6870. Relation des guerres du roi de Perse, Cha-Abbas, contre les empereurs de Turquie, par de Govea, trad. du Portugais, à Rouen, 1646.

6871. Istoria delle guerre civili d'Inghilterra, trà le due case di Lancastre e York, di Biondi, Bologna, 1647.

6872. Cabinetto istorico delle guerre d'Italia, nel quale si scorge la ragione delle guerre d'Italia dell anno 1640. etc. da Pieri, Firenze, 1648.

6873. Riccius de bello germanico ab anno 1618—1648. Venetiis, 1648.

6874. Pastorii bellum Scythico-Cosacicum, seu de conjuratione Tartarorum, Cosacorum et Russiae plebis contra regnum Poloniae, a rege Joh. Casimiro profligata, Dantisci, 1652.

6875. Istoria universale delle guerre ed'imperio de'Turchi, da Sansovino, Venezia, 1654.

6876. Majolino Bisaccioni, historia delle guerre civili, Venezia, 1655.

6877. Riccius, rerum italicarum sui temporis narrationes, quibus omnia bella, eventa etc. continentur, quae ab anno 1613—1653 in Italia acciderunt, Venetiis, 1655.

6878. d'Arcq, histoire générale des guerres, 2 Tom. à Paris, 1756—1758.

6879. Thysii historia navalis, seu celeberrimorum proeliorum, quae mari, ab antiquissimis temporibus, usque ad pacem hispaniacam, Batavi, foederatique Belgi, ut plurimum victores gesserunt, luculenta descriptio, Lugd. Bat. 1657.

6880. Diarium Europaeum vom Jahr 1657—1681. 43 Theile, Frankfurth, 1659—1683.

6881. Aulea Romana, contra peristromata Turcica expansa, sub Ferdinando III et Gallia deplorata, seu relatio de luctuoso bello regis christianissimi contra vicinos populos. Sine loco et anno.

6882. Saars ostindische Kriegsdienste, oder Beschreibung, was sich von 1644 bis 1659. zu See und zu Land, in Treffen und Belagerungen u. s. w. besonders auf der Insel Ceylon zugetragen, Nürnberg, 1662.

6883. Istoria delle guerre civili, da Bisaccione, Venezia, 1665.

6884. Barbary, von dem Kriege der Venetianer mit dem Hause Oesterreich, 1667.

6885. Bericht vom Kriege der Venetianer mit den Türken, Frankfurth, 1668.

6886. Déscription exacte de tout ce qui s'est passé dans les guerres entre le roi d'Angleterre, le roi de France, les états des provinces-unies et l'évèque de Münster, dès l'an 1664 à la paix de Breda, à Amsterdam, 1668.

6887. Compendio delle guerre universali di Europa, in cui particularmente si descrive il Sacco di Mantova, da Forti, Venezia, 1669.

6888. Beschreibung des Krieges zwischen den Venezianern und Türken in Candia, Frankfurth, 1669.

6889. Istoria delle guerre civili di Polonia, e progressi dell'arme Moscovite contro Polacchi, Venezia, 1671.

6890. Istoria d'Italia e dell' ultima guerra trà Veneziani e Turchi, Venezia, 1671.

6891. Der erschütterte und entrüstete holländische Löwe, oder Erzählung alles dessen, was sich in dem holländischen Krieg von 1671—1673 zugetragen, Frankfurth, 1673.

6892. Erlandi Dryselii lineamenta gloriae Suecicae, Vitebergae, 1673.

6893. Istoria della guerra di Fiandra, dal 1593 al 1609, da Gallucci, 2 Tom. Roma, 1673.

6894. v. Bosch, Schauplatz des Kriegs, aufgerichtet in den Niederlanden, von 1669—74. Amsterdam, 1675. (4 Bde.)

6895. Boethii triumphleuchtender Kriegshelm des Kaisers und dessen Bundesverwandten wider den türkischen Tulband, oder Bericht der Kriegsaktionen wider die Ungarischen Malkontenten und die Türken, 6 Bde. Nürnberg, 1676—1688.

6896. Pommerscher Kriegs-Postillion, oder Beschreibung der Pommerschen Unruhen, voraus der Belagerung der Festung Stettin und der Insel Rügen, 3 Bde. Leipzig, 1677. 1678.

6897. Felipe Gandara, armas y triunfos de Galicia, en Madrid, 1677.

6898. Beschreibung des Walonischen Krieges, Basel, 1678.

6899. Istoria della guerra di Candia, da Valiero, Venezia, 1679.

6900. Istoria delle guerre d'Europa, dall'anno 1643 sino all'anno 1680, da Gazzotti, Venezia, 1681.

6901. Francisco Strada, revoluciones de Mezina, en Palermo, 1682.

6902. Imhof, des Hauses Oesterreich mit den Türken geführte Kriege, Sulzbach, 1684.

6903. Beschreibung des Kaiserlichen Feldzuges in Ungarn, 1684.

6904. Francisci Adlerblick, oder Historie der Kriegs-Empörungen Ungarischer Malkontenten, Nürnberg, 1684

6905. Kochowsky, commentarius belli adversum Turcas ad Viennam et in Hungaria anno 1683 gesti, ductu Johanni III. regis Poloniae, Cracoviae, 1684.

6906. Schaarschmidts Europäischer Kriegsstaat, darinnen die denkwürdigsten Staats- und Kriegsbegebenheiten von 1601—1684. Nürnberg, 1686.

6907. Layritz de bellis inter Austriacos et Gallos historia, ad annum 1686 deducta, Baruthi, 1687.

6908. Istoria delle guerre di Portugallo, succedute per la separazione della Spagna, Venezia, 1689.

6909. Kulpisii bellum Caesaris et Ariovisti, commentatione politica illustratum, Suobaci, 1689.

6910. Duque Carpiñano, guerras de Flandes, en Madrid.

6911. Mortialischer Schauplatz des Rheinstroms, worinnen alle Kriege, Schlachten, Belagerungen u. s. w. so in diesem Jahrhundert am Rhein vorgegangen, vorgestellet werden, Nürnberg, 1690.

6912. Francisci Vorblitz des fortstrahlenden Adlerblickes, d. i. Bericht von den jetzo wüthenden Türkischen und Französischen Waffen. Nürnberg, 1691.

6913. Racconto istorico della Veneta guerra in Levante, Colonia, 1691.

6914. Feigius wunderbarer Adlerschwung, oder Beschreibung von mancherlei Staats- und Kriegs-Händeln, 2 Bde. Wien, 1693.

6915. Beschreibung des Ungarisch-Türkischen Krieges von 1683—1697. Hamburg, 1697.

6916. Beschreibung von Morea, Candia, und des Venetianischen Türkenkrieges, Hamburg, 1699.

6917. Der funfzehnjährige Türkenkrieg, der sich 1683 angefangen, und 1699 geendet, Hamburg, 1699.

6918. Sprechers Beschreibung von dem Rhätischen Kriege, Schafhausen, 1701.

6919. Istoria della guerra di Leopoldo contra il Turco, da Contarini, Venezia, 1710.

6920. Historische Einleitung zu dem jetzigen Krieg in Norden, Frankfurth, 1710.

6921. Ungarisches Kriegstheater, Leipzig, 1716.

6922. Spanisch-Italienisches Kriegs-Theatrum, 8 Stück, Leipzig, 1718.

6923. Ungarisch und Venetianisches Kriegs-Theatrum, Leipzig, 1718.

6924. Diario di tutto quello, che successe nell' ultima guerra di Sicilia fra le due armate d'Allemagna e Spagnuola, 2 Tomi, Colon. 1721.

6925. Histoire des chevaliers de Malthe, par Vertot, 5 Tom. à Paris.

6926. Histoire de la conquête de la Chine par les Tartares, traduit de l'Espagnol de Palafox, par Collé, à Amsterdam, 1723.

6927. Histoire romaine, par Catrou et Rouillé, 21 Tom. à Paris, 1725—1748.

6928. Histoire militaire du regne de Louis XIV. etc. par le Marq. de Quincy, 8 Tom. à Paris, 1726.

6929. Fr. Ottiori, istoria delle guerre in Europa, e particolarmente in Italia dal 1696 al 1725, 7 Tomi, Roma, 1728.

6930. Le parfait capitaine, ou abrégé des guerres des commentaires de César, par le duc de Rohan, à la Haye, 1729.

6931. Istoria delle guerre esterne de'Romani di Appiano Alessandrino trad. da Braccio, 2 Tom. Verona, 1730.

6932. Clodii chronicon perigrinantis, sive historia ultimi belli Persarum cum Aghwanis (Afghanis?) gesti, ex Ms. et Codd. Turcicis versum, notisque illustratum, Lipsiae, 1731.

6933. Abrégé de la carte générale de l'état militaire de France, depuis l'établissement de la monarchie jusqu'en 1734, à Paris, 1734.

6934. Memorie istoriche della guerra trà la casa d'Austria e quella di Borbone, per la successione della monarchia di Spagna, Venezia, 1734.

6935. Europäische Kriegs- und Staats-Geschichte, 2 Bde. Frankfurth, 1735. 1736.

6936. Des Grafen Montecuculi Kriegsnachrichten, Leipzig, 1736.

6937. Histoire des guerres d'Italie, par Guichardin, 3 Tom. à Londres, 1738.

6938. Histoire des révolutions de France, où l'on voit, comment cette monarchie s'est formée etc. par Mr. de la Hode, à la Haye, 1738.

6939. Histoire des revolutions de Hongrie, avec les mémoires du Prince de Rakoczi sur la guerre de Hongrie, et ceux du comte Betlem Niklos, sur les affaires de Transylvanie, 2 Tom. à la Haye, 1739.

6940. Historie des Türkischen Krieges, 1736—1739. Frankfurth, 1740.

6941. a. Turre, antiqua militaria itinera Romanorum et Graecorum illustrata, Venetiae, 1741.

6942. Nachricht, worinnen alles, was seit dem Tode Carls VI. bis zu dem Ende des 1746 Jahres in Kriegs-

und Staats-Sachen vorgegangen, beschrieben wird, Frankfurth, 1745.

6943. Historie des dermaligen Kriegs in Flandern und Brabant, seit 1743. Leipzig, 1746.

6944. Großens Burg- und Markgräflich-Brandenburgische Kriegshistorie von unterschiedlichen grausamen Kriegsverheerungen in Culmbach und Ansbach, Hof, 1748.

6945. Istoria delle guerre avvenute in Europa e particolarmente in Italia, per la successione alla monarchia della Spagna, dal conte Ottieri, 8 Tom. Venezia, 1748.

6946. Discours sur les progrès des armes Romaines, à Berlin, 1751.

6947. Histoire navale d'Angleterre, depuis 1666 jusqu'en 1734, par Lédiard, 3 Tom. à Lyon, 1751.

6948. Histoire des guerres et des négociations, qui précédèrent la paix de Westphalie, par Bougeant, 3 Tom. à Paris, 1751.

6949. Histoire des conquètes des Gaulois par D. Martin et D. Brézilac, 2 Tom. à Paris, 1752.

6950. Lettres sur l'invasion de la Saxe, 1756.

6951. Histoire générale des guerres, divisée en trois époques, par le Chevalier d'Arcq, 2 Tom. à Paris, 1756.

6952. Gespräche im Reiche der Todten während des siebenjährigen Krieges, 55 Stück, Nürnberg, 1757—1764.

6953. Istoria delle guerre avvenute in Europa per la successione alla monarchia della Spagna, di Ottieri, 6 Tom. Venezia, 1758.

6954. Mémoires de la ligue, depuis 1576, jusqu'en 1598. 6 Tom. à Paris, 1758.

6955. Geschichte des dreißigjährigen Krieges und des Westphälischen Friedens, Gotha, 1759.

6956. Geschichte des Religionskrieges, und des darauf erfolgten Religionsfriedens, Gotha, 1760.

6957. Campagnes de Jules César dans les Gaules, par Pézis, à Milan, 1760.

6958. Chronologie historique militaire, par Pinard, 4 Tom. à Paris, 1760.

6959. Adlungs pragmatische Staatsgeschichte Europens von dem Ableben Kaiser Karls VI. an, 9 Bde. Gotha, 1762—69.

6960. Velius de bello Pannonico ex Codd. Mss. Caesareis, cura Kollarii, Vindob. 1762.

6961. Seyfarts Nachrichten vom Kriege in Deutschland, in den Jahren 1756—1763. 6 Bde.

6962. History of the military transactions of the british nation in Indostan, from the year 1745. London 1763.

6963. Entwurf einer Geschichte des Kriegs von 1756—1763, 6 Bde. Nürnberg, 1757—1764.

6964. Bonamici Denkwürdigkeiten des Italienischen Kriegs von 1744—1748. a. d. Lat. nebst einer Abhandlung von diesem Kriege überhaupt, und dessen Verlauf von 1741—44. von Rohr, Breslau, 1770.

6965. Geschichte des Krieges zwischen Rußland, Polen und der Ottomannischen Pforte, 36 Bde. Nürnberg, 1771—1775.

6966. Heyne, geographisches und historisches Journal der Feldzüge von 1756—1763. 6 Stück, Freyberg, 1772. 1773.

6967. Journal de Pierre le Grand, depuis l'année 1698, jusqu'à la conclusion de la paix de Neustadt, à Berlin, 1773.

6968. Neubur, Geschichte des dreißigjährigen Krieges, Hamburg, 1774.

6969. Tielkens Beiträge zur Geschichte des siebenjährigen Krieges, 6 Bde. Freyberg, 1775.

6970. Geschichte der Kriege in und außer Europa seit dem Aufstand der Brittischen Kolonien in Amerika, 29 Bde. Nürnberg, 1776—1783.

6971. Coronini a Cronberg, bellum Petrinianum, annis 1592—1594. gestum, Goritii, 1776.

6972. Mémoires pour servir à l'art et à l'histoire de la guerre de 1756—1763, etc. par Tielke, 6 Tom. à Freyberg, 1777.

6973. Discours sur la Croisade de S. Louis, à Yverdon, 1779.

6974. Dohms Geschichte des Baierischen Erbfolge-Streits, 1779.

6975. Castruccii Bonamici, de rebus ad Velitras gestis et de bello italico, Dresdae, 1779.

6976. Willem de eerste of de grondlegging der nederlandsche vryheid, in 24 Zangen, door J. Nomsz, Amsterdam, 1779.

6977. Field of Mars, a history of the principal naval and military engagements in the world, particularly of Great-Britain, 2 Tom. London, 1781.

6978. Introduction à l'histoire de la guerre en Allemagne en 1756, par Lloyd, à Bruxelles, 1783.

6979. Historia de la conquista de Mexico, por Ant. de Solis, 2 Tom. en Madrid, 1683.

6980. Lloyds Geschichte des Kriegs in Deutschland zwischen dem König von Preußen, und der Kaiserin Königin, in den Jahren 1756. 1767. mit neuen Anmerkungen und Planen von Tempelhof, Berlin, 1783. (6 Bde.)

6981. History of the wars with America, France, Spain and Holland, 1775—1783, by Andrews, 4 Tom. London, 1785.

6982. Histoire de la dernière guerre entre l'Angleterre et les états unis de l'Amérique, la France, l'Espagne et la Hollande, à Paris, 1787.

6983. Müllers kurzgefaßte Beschreibung der drei schlesischen Kriege, Berlin, 1788.

6984. Geschichte des Kriegs zwischen Rußland, Oesterreich und der Pforte, Frankfurth, 1789.

6985. Hennert's Beiträge zur Brandenburgischen Kriegsgeschichte; aus Nachrichten im Archiv, mit Planen, Berlin, 1790.

6986. Galetti Geschichte des dreißigjährigen Kriegs, 3 Bde. Halle, 1791—92.

6987. Stedman's history of the origin, progress and termination of the Americain war, 2 Tom. London, 1794.

6988. Luis del Marmol y Carvajal, historia del rebelion y castigo de los moriscos del regno de Granada, 2 Tom. en Madrid, 1797. (segunda edicion.)

6989. Gifford, accurate, impartial and interesting history of the french revolution etc. 40 cah. London.

6990. De la supériorité des Germains sur les Romains, qui prouve, que la présente monarchie Prussienne est la patrie originaire de ces nations héroiques, par le comte de Herzberg.

6991. History of the military transactions of the british nation in Indostan, by Orme, 3 Tom. London, 1799. 1803.

6992. Memoirs of the different rebellions in Ireland from the arrival of English, with a particular detail of that, which broke out the 20. May, 1798. by Richard Musgrave, London and Dublin, 1801.

6993. Field of Mars, being an alphabetical digest of the principal naval and military engagements in Europa, Asia, Africa and America, but particularly of Great-Britain, 2 Tom. London, 1801.

6994. A history of the wars which arose out of the french revolution, from their commencement, in 1793. by Alex. Stephen's, 2 Tom. London, 1803.

6995. Turner, history of the Anglo-Saxons, 2 Tom. London, 1807.

6996, Histoire de France sous Napoléon, représentée en figures, accompagnées d'un précis historique depuis le 18. brumaire an VIII. par David, à Paris 1811—13. 24 livraisons, ensemble de 70 feuilles.

6997. Carlo de Rosmini, della storia intorno alle militari imprese ed alla vita di Trivulzio, detto il Magro, 2 Tomi, Milano, 1815.

6998. The martial achievements of Great-Britain, during the most memorable period of modern history, compiled from official documents, London, 1818.

6999. Historic, military and naval anecdotes of personal valour, bravery and particular incidents which occured to the armies of Great-Britain and her allies, in the last war, London, 1819.

7000. The naval achievements of Great-Britain etc. sequel to te foregoing work, No. 6998. London, 1820.

c. Octavo.

7001. Sigault tractatus de bello italico, Lugduni Batavorum, 1515.

7002. Aretini de bello italico adversus Gothos gesto historia, Parisiis, 1534.

7003. Sepionis libri III de Petri Moncenici Imp. gestis; item Wengeri libellus de bello inter Sigismundum et Venetos, et Coccini liber de bellis italicis, Basil. 1544.

7004. Le guerre di Napoli, da Gioviano, Venezia, 1544.

7005. Aemilius de rebus gestis Francorum, Parisiis, 1548.

7006. Commentario della guerra fatta in Germania, da Carlo V. Venezia, 1548.

7007. Commentario de la guerra de Alemanna, hecha de Carlo V. emperador Romano, por Don Avila y Çuniga, en Anversa, 1549.

7008. Avilae et Zunigae commentarii de bello germanico a Carolo V. gesto, Antverpiae, 1550.

7009. Discours de la guerre faite par le roi Henri II. pour le recouvrement du Boulognois sur mer, par Nicolay, à Lyon, 1550.

7010. Le guerre di Alemagna, da Faleti, Venezia, 1552.

7011. Capella, de bello Mediolanensi, ab anno 1521. Argentorati, 1553.

7012. Commentarii rerum a Carolo V. Imp. in Africa bello gestarum, Antverpiae, 1555.

7013. La guerra di Cambrai, fatta a'tempi nostri in Italia, da Moncenigo, Venezia, 1560.

7014. Gibonii triumphus Suecicus Caroli Gustavi, seu discursus de Polonia ac Borussia subjugata, 1563.

7015. Bredenbachii historia belli Livonici, quod magnus Moscoviae dux contra Livones gessit, anno 1558. Coloniae, 1564.

7016. Natalis, comitis, commentarii de bello Turcarum in insulam Melitam gesto, anno 1565. Venetiis, 1566.

7017. La guerra di Attila, flagello di Dio; con i fatti de'principi d'Este contra di lui, per Tomaso, Ferrara, 1568.

7018. Imprese militari, di Rocca, Vinegia, 1568.

7019. Commentaires du Sr. d'Ullöe, contenant l'histoire des troubles de Flandres, le voyage du duc d'Albe avec l'armée espagnole, la punition du comte d'Egmont, et la guerre contre le prince d'Orange, à Paris, 1570.

7020. Ulloa, Beschreibung des Niederländischen Krieges, so der Herzog von Alba wider den Prinzen von Oranien, Wilhelm, geführt, Dillingen, 1570.

7021. Bizari bellum Cyprium inter Venetos et Selymum, Turcarum imperatorem, Basil. 1573.

7022. Descriptio belli Dithmarsici Daniae regis Friderici II. anno 1559. Argentorati, 1574.

7023. Lassicii historia de ingressu Polonorum etc. vide No. 7024.

7024. Gorcoii descriptio belli Ivoniae, Voiwodae Valachiae, accessit: Lasicii historia de ingressu Polonorum in Valachiam, c. Bogdano et caede Turcarum, Francofurti, 1578.

7025. Histoire des dernières guerres advenues en Barbarie, et du succès pitoyable du roi de Portugal, Don Sebastien etc. par Bizare, à Paris, 1579.

7026. Histoire des troubles et guerres civiles des pays-bas, depuis 1559—1581. 1582.

7027. Histoire des troubles et guerres civiles de Flandres, depuis 1559—1584, à Lyon, 1584.

7028. Savoyische Historie, oder Genevische Kriegshändel, 1588.

7029. Ungarische und Siebenbürgische Kriegshändel d. J. 1502 und 1595, Frankfurth, 1596.

7030. Le guerre nel Piemonte trà l'imperatore Carlo V e Arrico II. rè di Francia, da Visconti, Lucca, 1600.

7031. Histoire véritable des guerres entre les deux maisons de France et d'Espagne, par Mathieu, à Paris, 1600.

7032. Trattato delle guerre del Piemonte e del Trento, da Visconti, Lucca, 1600.

7033. Histoire de la conquête des pays de Bresse et de Savoye, par de la Popelinière, à Lyon, 1601.

7034. Actes mémorables des Grecs, contenant leurs hauts et vaillants exploits, depuis la guerre persienne, jusqu'à ce qu'ils perdirent leur liberté sous Alexandre le Grand, par Demêtre, à Dordrecht, 1602.

7035. Historia de las guerras civiles de Grenada, en Paris, 1606.

7036. Histoire des guerres civiles de Grenade, à Paris, 1608.

7037. Balinus de bello belgico, auspiciis Spinolae et archiducis Alberti ab Austria gesto, Bruxellae, 1609.

7038. Botereji commentarii de rebus in Gallia gestis, 2 Tom. Parisiis, 1610.

7039. Le guerre di Fiandra, da. D. Lanario, Milano, 1616.

7040. Baudius de induciis belli belgici, Lugduni Batavorum, 1617.

7041. Geschichte, Schlachten und Scharmützel des Reichs Böhmen und Landes Mähren, 1619.

7042. ab Isselt, libri IV. de bello Coloniensi, Coloniae, 1620.

7043. Histoire générale de tout ce qui s'est passé entre les armées navales de France, et celles des Rochelois, à Paris, 1624.

7044. Miraeus de bello bohemico Ferdinandi II. auspiciis gesto, Coloniae, 1628.

7045. Histoire des guerres de Savoye, de Bohème, du Palatinat et des Pays-bas, depuis 1616—1627, par du Cornet, à Douay, 1628.

7046. Histoire générale des guerres de Piémont, Monferrat, Mantoue et Duché de Milan, depuis 1550—1562. 2 Tom. à Paris, 1630.

7047. Mémoires de Boyvin, baron de Villars, sur les guerres demelées tant dans le Piémont, qu'au Montferrat et duché de Milan par le maréchal de Cossé, depuis 1550—1559, à Paris, 1630.

7048. Rivii historia navalis antiqua at media, libris septem, 2 Tomi, 1633—1640.

7049. van der Haer de initiis tumultuorum belgicorum, Lovanii, 1640.

7050. Memorie istoriche delle guerre d'Italia del secolo presente, di Fossati, Bologna, 1645.

7051. Histoire générale des guerres arrivées sous le regne de Louis XIII. par Malingre, 3 Tom. à Rouen, 1645.

7052. Histoire des guerres arrivées en divers états du monde sous Louis XIV. 3 Tom. à Paris, 1647.

7053. Engelsüß, Weimarischer Feldzug, 1633—1648. Frankfurth.

7054. Lansbergii bellum germanicum Gustavi Adolphi, Roterodami, 1652.

7055. Commentaires des guerres de Suède, par de Mauvoy, à Paris, 1653.

7056. Martini, Historie von dem Tartarischen Kriege, 2 Bde. Amsterdam, 1654.

7057. Fredro, gesta Polonorum sub Henrico Valesio, Dantisci, 1660.

7058. Barlaei res gestae sub Mauritio in Brasilia, Cliv. 1660.

7059. Histoire de la guerre des Cosaques, contre la Pologne, par Chevalier, à Paris, 1663.

7060. Zimmermanns Historie des letzten Türkenkrieges, 1665.

7061. Ragguaglio delle ultime guerre di Transilvani ed Ungheria, del conte Nitri, Venezia, 1666.

7062. Moreleti bellum Sequanicum secundum, Divione, 1668.

7063. Beschreibung des zwanzigjährigen Krieges in England, Schottland und Irland, Nürnberg, 1669.

7064. Erzählung von Kandia, und der zwischen den Venetianern und Türken in Kandia gehaltenen Kriege, Frankfurth, 1669.

7065. History of the late revolution in the empire of the Great-Mogol, 2 Tom. London, 1671.

7066. Ferrari, de bello batavico, Londini, 1672.

7067. Conde Mayolino, guerras civiles de Inglaterra, en Barcelona, 1673. en Madrid, 1781.

7068. Le miroir Ottoman, et recis de tout ce qui s'est passé de considérable pendant la guerre des Turcs en Pologne, jusqu'en 1676. par le comte de la Magdeleine, à Basle, 1677.

7069. Boeckleri historia belli Sueco-Danici, Argentorati, 1679.

7070. Famiano Estrada, decadas de las guerras de Flandes, 3 Tom. en Colonia, 1681.

7071. Mémoires de la troisième guerre civile, et des derniers troubles de France, à Paris, 1681.

7072. History of the wars of the Turcs, with the Rhodians, Venetians etc. by Caoursin, London, 1683.

7073. Leipzigsche Kriegs- und Friedensgeschichte, d. h. Beschreibung aller Begebenheiten, Geschichten, Schlachten und Belagerungen, so sich bei Leipzig zugetragen, Leipzig, 1684.

7074. La conduite de Mars, avec divers événemens remarquables pendant la guerre d'Hollande, à la Haye, 1685.

7075. Bates, history of the late troubles in England, London, 1685.

7076. Ragguaglio historico per deprimer la potenza ottomanna, Venezia, 1685.

7077. Cornelli historische Beschreibung der sieghaften Waffen der Republik Venedig, was solche in Dalmatien, Epirus und Morea, zeitwährenden jetzigen Krieges wider den türkischen Kaiser Mahomet IV. erobert und eingenommen, Frankfurth, 1686.

7078. Enrique Caterino, historia de las guerras civiles de Francia, en Amberes, 1686. 1713.

7079. Bergmann, Beschreibung der tapfermüthigen Hungarisch-Polnisch-Venetianischen Kriegsthaten wider die Türken und Tartarn, von 1400 bis 1687. Frankfurth, 1687.

7080. Teatro belgico, di Leti, 2 Tom. à Amsterdam, 1690.

7081. Le Mars vénétien, à Cologne, 1697.

7082. Memoirs of the transactions in Savoy during this war etc. London, 1697.

7083. Lucas, Oraniens Triumph- und Ehrenfahne, Frankfurth, 1702.

7084. Schauplatz des Krieges in Italien und der Lombardei, Leipzig, 1702.

7085. Transactions at sea, during the war from 1788 to 1697 under Sir Cloudesley Shovell, Sir George Rooke etc. by Burchett, secretary to the Admiralty, London, 1703.

7086. Histoire des guerres des Espagnols dans les Indes, par Garcilasso de la Vega, traduit par Baudouin, 2 Tom. à Amsterdam, 1706.

7087. Schwedische und Sächsische Staats-Kanzlei, 3 Bde. Leipzig, 1708.

7088 Maier, Geschichte der Kreutzzüge, 2 Bde. Berlin, 1708.

7089 Mémoires sur les dernières revolutions de la Pologne, ou l'on justifie le retour du roi Auguste, à Rotterdam, 1710.

7090. Lettres et memoires sur la guerre et sur les negociations de paix jusqu'à la fin des conferences de Gertruydenberg, à la Haye, 1712.

7091. Benderisch-Türkische Fama, 1713.

7092. Histoire de la conquête du Mexique par Solis, trad. de l'Espagnol, 2 Tom. à Paris, 1714.

7093. Historische Nachricht vom nordischen Kriege, Freistadt, 1715—1719.

7094. Beschreibung von Pommern und Rügen, nebst nordischem Kriegs=Diario, von 1700 bis 1715. Frankfurth, 1716.

7095. Hungarisch = Venetianisch = Türkisches Kriegs= Theater, 14 Bde. Leipzig, 1716—18.

7096. History of the Turks from their origin in 755 to the year 1718. 4 Tom. London, 1719.

7097. Entretiens sur les entreprises de l'Espagne, à la Haye, 1719.

7098. Clarendon, history of the rebellion and civil-wars in Ireland, Dublin, 1720.

7099. Critical history of english sea-affairs, by Colliber, London, 1727.

7100. Memoirs of the wars of the Cevennes, begun 1685, in defence of the french protestants, by colonel Cavallier, London, 1727.

7101. Mémoires de la dernière guerre d'Italie, avec des remarques, à Cologne, 1728.

7102. Memoirs of the english naval affairs, from 1660 to 1673. written by James II. whilst duke of York, London, 1729.

7103. Der vollkommene Kapitain, oder Auszug der Kommentarien über des K. Jul. Caesaris merkwürdige Begebenheiten, a. d. Franz. 1730.

7104. Accolti, de bello a Christianis contra Barbaros gesto, libri IV. cum notis Dempsteri, Groening. 1731.

7105. Clarendon, history of the rebellion in Ireland, Oxon. 1732.

7106. Allerneuster Kriegsstaat, oder gründliche Nachrichten von den heutigen Kriegsbegebenheiten, 14 Stück, 1733—1735.

7107. Der durch die Kriegsflammen heimgesuchte Mailändische Staat, Frankfurth, 1734.

7108. History of the wars in Italie, by Sparrow, London, 1734.

7109. Histoire des révolutions d'Espagne, par d'Orleans, 4 Tom. à la Haye, 1734.

7110. Mémoires de la guerre de Hollande, 2 Tom. à Amsterdam, 1734.

7111. Staats= und Kriegs=Schaubühne des Königreichs Polen, in einem Zusammenhang der heutigen Polnischen Kriegs=Troublen, nebst dem Bericht der Belagerung von Danzig, 1734.

7112. Histoire de la guerre en Italie, sur le Rhin et en Pologne, par Massuet, à Amsterdam, 1735.

7113. Istoria della guerra incominciata l'anno 1735, e delle rivoluzioni accadute in Italia, sul Reno ed in Polonia, sino alla publicazione della pace, 2 Tom. Amsterdam, 1736.

7114. Pirkheimeri bellum Suitense seu Helveticum, cum Maximiliano Imp. atque dynastis et civitatibus Suevicis feliciter gestum, Tiguri, 1737.

7115. Histoire de la dernière guerre, et des negociations pour la paix, par Massuet, 5 Tom. à Amsterdam, 1737.

7116. Storia del anno 1736 al 1805, nella quale si contengono tutti i trattati di pace, la storia delle guerre, etc. 89 Tomi, Amsterdam, 1739 e seg.

7117. Journal du regne de Henri III et IV. par l'Etoile, 7 Tom. à la Haye, 1741.

7118. Histoire de l'empereur Charles VI. et des révolutions arrivées dans l'empire sous le règne des princes d'Autriche, depuis Rodolphe d'Habsbourg, jusqu'à présent, 2 Tom. à Amsterdam, 1741.

7119. Faßmanns allgemeines Kriegs-Protokoll, worin die merkwürdigsten Kriege, so in der Welt bis auf den heutigen geführt worden, enthalten, Rudolstadt, 1741.

7120. Strada, histoire de la guerre de Flandre, trad. par Du Ryer, à Paris 1745.

7121. Heymanns neu eröffnetes Kriegs- und Friedens-Archiv, über die nach dem Ableben Kaiser Karls VI. entstandenen Kriege, 8 Bde. Görlitz, 1744—1754.

7122. Rollins Historie alter Zeiten und Völker, a. d. Franz. 13 Bde. Dresden, 1744—1763.

7123. R. Parker, memoirs of the military transactions in Ireland and Flanders, from 1683 to 1718, London, 1747.

7124. Histoire des guerres entre les maisons de France et d'Autriche, par Rousset, 5 Tom. à Amsterdam, 1748.

7125. Guil. Dondino, guerras de Flandes, 3 Tom. en Amberes, 1749.

7126. History of the war begun in 1739 to the treaty of Aix-la-Chapelle, by Rolt, 4 Tom. London, 1749—54.

7127. Mémoires et reflexions sur les principaux événemens du regne de Louis XIV. à Amsterdam, 1746.

7128. Histoire des révolutions de l'empire des Arabes, par Marigny, 4 Tom. à Paris, 1750.

7129. Histoire des révolutions de Perse depuis le commencement de ce siècle, 3 Tom. à Paris, 1750.

7130. Histoire militaire des Suisses, par Zur-Lauben, 8 Tom. à Paris, 1751.

7131. Miniana, de bello rustico Valentino, seu de ingressu Austriacorum foederatorumque in regnum Valentiae, Hagae comitatis, 1752.

7132. Histoire des révolutions arrivées dans la république Romaine, par Vertot, à Paris, 1752. 3 Tom.

7133. Histoire des révolutions de Gènes, depuis son établissement jusqu'á la paix de 1748. 3 Tom. à Paris, 1753.

7134. Essai sur l'histoire universelle, par Voltaire, 6 Tom. à Dresde, 1754.

7135. Beiträge zur neueren Staats- und Kriegsgeschichte (die Feldzüge von 1756—1763.) 19 Bände, Danzig, 1756—1764.

7136. Voltaire, die Zeiten Ludwig XIV und XV. 4 Bde. Dresden, 1756.

7137. Voltaire, Geschichte des Russischen Reichs unter Peter dem Großen, 2 Bde. Frankfurth.

7138. Voltaire, Versuch einer allgemeinen Weltgeschichte, 4 Bde. Dresden.

7139. Mémoires pour servir à l'histoire de notre tems, ou histoire complette de la guerre de 1756—1763, avec les pièces pour et contre, 18 Tom. à Francfort, 1756—63.

7140. Military history of Europe from 1739 to 1748; with a history of the rebellion in Scotland, by Biggs, London, 1756.

7141. Gines Andrez de Hita, guerras civiles de Granada, en Barcelona, 1757.

7142. L'esprit de la présente guerre, 1758.

7143. Histoire de la guerre contre les Anglais, par Poullin de Lumina, à Paris, 1759.

7144. Le point d'appui entre les principales puissances de l'Europe, ou tableau militaire, politique et impartial de la dernière guerre, 7 Tom. à Liège, 1759—1763.

7145. Briefe des Marschalls von Belleisle an den Marschall von Contades, Frankfurth, 1759.

7146. Historie des Krieges zwischen den Oesterreichern und ihren Bundesgenossen, und den Preußen und ihren Bundesgenossen, 2 Bde. Nürnberg, 1759.

7147. Rollins römische Historie, von Erbauung Roms, bis auf die Schlacht bei Actium, 16 Bde. Breslau, 1759—1763.

7148. Denis poetische Bilder der kriegerischen Vorgänge in Europa, seit 1756. Wien, 1760.

7149. Bibliothèque militaire historique et politique, 3 Tom. à Paris, 1760.

7150. Naval chronicle; or voyages, expeditions and atchievements of english navigators and commanders, 3 Tom. London, 1760.

7151. Histoire de la dernière guerre, commencée l'an 1756, finie par la paix d'Hubertsbourg en 1763. Cosmopolis.

7152. Toppeltini revolutiones Transylvanorum, Viennae, 1763.

7153. Entick general history of the late war, with plans, maps and cuts, 5 Tom. London, 1763.

7154. Neue Denkwürdigkeiten der gegenwärtigen Geschichte von Europa, 2 Bde. Frankfurth 1764—1765.

7155. v. Schröter, Kriegsgeschichte der Preußen, vom Jahr 1655 bis 1763, fortgesetzt von Seyfarth, Leipzig, 1764.

7156. Histoire des guerres des Indes, ou des événemens militaires arrivés dans l'Indostan depuis 1745, traduit de l'anglais, 2 Tom. à Amsterdam, 1765.

7157. Maibourg, historia de las guerras cruzadas, en Madrid, 1765.

7158. Mendoza, guerras de Granada, en Valencia, 1766.

7159. Briefe über der Krone Frankreich Eroberung von Korsika, Frankfurth, 1770.

7160. Istoria della guerra presente trà la Russia e la Porta Ottomanna, 7 Tom. Venezia, 1770.

7161. Rousset, Geschichte der Kriege zwischen Frankreich und Oesterreich, a. d. Franz. 2 Bde. Mietau, 1770—72.

7162. Lettres sécretes, touchant la derrière guerre, de main de maitre, 3 Tom, à Francfort, 1771.

7163. Mémoires historiques, politiques et militaires sur la Russie, par le général de Manstein, à Leipsic, 1771.

7164. Histoire des révolutions de Corse, par de Germanes, 3 Tom. à Paris, 1771.

7165. Memorie del Maresciallo Veterani, da 1683 sino all'anno 1694, concernenti l'operazioni in Ungharia, Venezia, 1771.

7166. Des General Mansteins historisch-politisch-militairische Nachrichten von Rußland, Leipzig, 1771.

7167. Des Marschalls Veterani Denkwürdigkeiten der Kriege in Ungarn von 1683 — 1694. Wien, 1771.

7168. Beiträge zur Geschichte des gegenwärtigen Krieges zwischen dem Russischen und Türkischen Reiche, Breslau, 1771.

7169. Geschichte des gegenwärtigen Polnischen Krieges, Augsburg, 1772.

7170. Beitrag zur Geschichte des dreißigjährigen Krieges, in sofern er Pommern betrifft, Stralsund, 1772.

7171. Schauplatz des gegenwärtigen Krieges zwischen Rußland und der Pforte, 3 Bde. Hamburg, 1774.

7172. Histoire des révolutions de Florence sous les Médicis, trad. du Toscan de Varchi, par Requier, 3 Tom. à Paris, 1775.

7173. Histoire des troubles de la Pologne depuis la mort d'Elisabeth Petrowna, jusqu'à la paix entre la Russie et la Porte Ottomanne, 2 Tom. à Paris, 1775.

7174. Observations sur la campagne de Jules César dans la Gaule, à Paris, 1777.

7175. Russische und Türkische Staats- und Kriegsgeschichte, 2 Bde. Mühlhausen, 1777.

7176. Kants See- und Handlungs-Geschichte von England, Leipzig, 1777.

7177. Bemerkungen über den letzten Krieg wider die Türken, Glogau, 1777.

7178. Staats- und Kriegs-Geschichte des Russischen und Türkischen Reichs, 2 Bde. Leipzig, 1777.

7179. Histoire des grandes querelles entre l'Empereur Charles V. et François I. de France, avec une introduction contenant l'état de la milice, et la déscription de l'art de guerre avant et sous le regne de ces deux monarques, 2 Tom. à Paris, 1777.

7180. Burke, Geschichte der neusten Weltbegebenheiten im Großen; a. d. Engl. 17 Bde. 1778—1790.

7181. Sammlung von Staatsschriften zum Behuf der Baierischen Geschichte, nach Absterben Maximilians III. 5 Bde. Leipzig, 1778. 1779.

7182. Materialien und Abhandlungen zum neusten deutschen Staatsrecht und zur Reichgeschichte des Jahres 1778. 6 Bde. Berlin, 1778—1780.

7183. Keralio, Geschichte des letztern Krieges zwischen den Russen und Türken, a. d. Franz. 2 Bde. Leipzig, 1778.

7184. Des Marschalls von Noailles Nachrichten von den merkwürdigsten politischen und Kriegs-Begebenheiten unter Ludwig XIV. und XV. A. d. Franz. 6 Bde. Leipzig, 1778.

7185. Military und naval history of Great-Britain, 2 Tom. London, 1778.

7186. Mémoires historiques et géographiques de la Valachie, avec un prospectus d'un atlas géographique et militaire de la dernière guerre, par le général de Bauer, à Francfort, 1778.

7187. Mémoires du comte de S. Germain, à Amsterdam, 1779.

7188. Histoire de mon tems, par Frédéric II. 6 Vol. à Berlin, 1779. 1789.

7189. Ramsays military memoirs of Great-Britain, or a history of the war from 1756 till 1763. Edinburgh, 1779.

7190. Bonamici commentarii de rebus ad Velitras gestis, et de bello italico, Dresdae, 1779.

7191. Briefe über die Bairischen Angelegenheiten, nebst 27 Fortsetzungen, Berlin, 1779.

7192. Briefe des Ferdinand Cortez, an Kaiser Karl V. über die Eroberung von Mexiko, 2 Bde. Bern, 1779.

7193. De la Croix, Geschichte der Kriege, welche die Türken mit den Polen, Moskau und Ungarn geführt haben, a. d. Franz. 2 Bde. Leipzig, 1779.

7194. Histoire de la guerre des Russes contre les Turcs, par de Keralio, 2 Tom. à Paris, 1780.

7195. Impartial history of the war in America between Great-Britain, and her Colonies, London, 1780.

7196. Commentaires sur les mémoires du comte de S. Germain, à Amsterdam, 1780.

7197. Reflexions générales, politiques et particulières sur la guerre de 1778, par R. à Amsterdam, 1780.

7198. Le siècle de Louis XIV. et XV. par Voltaire, 4 Tom. à Dresde, 1780.

7199. Vicente Rustant, xpediciones y conquistas de los Arabes, en Madrid, 1780.

7200. Geschichte des Kriegs zwischen Großbrittannien und den vereinigten Bourbonischen Mächten und Nordamerikanischen Kolonien, Leipzig, 1780.

7201. Geschichte der neusten Weltbegebenheiten im Großen, von Burke, a. d. Engl. von Benzler, 6 Bde. Leipzig, 1780—1783.

7202. Roques, Briefe an einen Freund, während des Aufenthalts der Französischen Truppen in Zelle, 1757. 1758. A. d. Franz. Braunschweig, 1780.

7203. Geschichte des englisch-französisch-spanischen Krieges, aus Veranlassung des Aufstandes der englischen Kolonien in Nordamerika, Salzburg, 1781.

7204. Die Geschichte von Europa auf das Jahr 1758 und 1759. a. d. Engl. von einem fränkischen Offizier, 2 Bde. Nürnberg, 1781.

7205. Hervey, Geschichte der Schiffahrt und Seemacht Großbrittanniens, a. d. Engl. 3 Bde. Leipzig, 1781.

7206. Versuch einer militairischen Geschichte des baierischen Erbfolgekrieges im Jahr 1778, im Gesichtspunkt der Wahrheit betrachtet von einem Königl. Preuß. Offizier, 3 Bde. Königsberg, 1781.

7207. Révolution de l'Amerique, par l'Abbé Raynal, 1781.

7208. Considérations sur l'esprit militaire des Germains, per Segrais, à Paris, 1781.

7209. Krause, Lehrbuch der Geschichte des dreißigjährigen Krieges und des Westphälischen Friedens, Halle, 1782.

7210. Ausführliche Geschichte der Kreutzzüge, oder der zur Wiedereroberung des gelobten Landes geführten Kriege, a. d. Franz. 2 Bde. Leipzig, 1782.

7211. Hayne, Abhandlung von der Kriegskunst der Türken, von ihren Märschen, Lägern, Schlachten und Belagerungen, nebst einer Militair-Geschichte der drei letzten Türkenkriege in Ungarn, 2 Bde. Berlin, 1783.

7212. Storia delle rivoluzioni della republica romana, di Vertot, tradotta in italiano, 3 Tom. Napoli.

7213. Kleine Berichtigungen des Versuchs einer militairischen Geschichte des baierischen Erbfolgekrieges, (s. Nr. 7206.) von einem K. K. Offizier, Frankfurth, 1784.

7214. Mémoires concernant le général d'Erlach, pour servir à l'histoire de la guerre de 30 ans, 4 Tom. à Yverdon, 1784.

7215. Table de la guerre de la pragmatique sanction en Allemagne et en Italie, 2 Tom. à Berne, 1784.

7216. v. Warnery, sammtliche militärische Schriften, a. d. Franz. 6 Bde. Hannover, 1785 – 1791.

7217. Geschichte des dreißigjährigen Krieges, Nürnberg, 1786.

7218. Fäsch, Geschichte des österreichischen Erbfolgekrieges von 1740 bis 1748. 2 Bde. Dresden, 1787.

7219. Histoire de la révolution d'Amérique par Ramsay, trad. de l'anglais, 2 Tom. à Londres, 1787.

7220. Histoire militaire de la Suisse et celle des Suisses dans les différentes services de l'Europe, par May, 8 Tom. à Lausanne, 1788.

7221. Histoire des révolutions d'Espagne pandant la déstruction de l'empire par les Goths, jusqu'à la réunion des royaumes de Castille et d'Arragon, par le père d'Orléans, 5 Tom. à Paris, 1788.

7222. Considérations sur la guerre entre les Russes et les Turcs, et remarques sur la tactique de Guibert, par Sylva, 2 Tom. à Turin.

7223. Examen du livre précédent, à Amsterdam, 1788.

7224. Mémoires du général Prussien de la Motte-Fouquet, 2 Tom. à Berlin, 1788.

7225. Mémoires d'un gentilhomme Suédois (du général de Hordt), à Berlin, 1788.

7226. Schiller, Geschichte des Abfalls der vereinigten Niederlande von der Spanischen Regierung, Leipzig, 1788.

7227. Geschichte des Kriegs zwischen Oesterreich, Rußland und der Pforte, 2 Bde. Wien, 1788.

7228. Geständnisse eines österreichischen Veterans in politisch-militairischer Hinsicht auf die Verhältnisse zwischen Oesterreich und Preußen, (von Cognazzo) 4 Bde. Breslau, 1788—91.

7229. Beitrag zur Geschichte des amerikanischen Krieges, Augsburg, 1788.

7230. Bourscheid, über die Oesterreichisch-Russisch-Türkischen Kriegsbegebenheiten, 5 Bde. Gräz, 1789.

7231. Geschichte des Kriegs zwischen Oesterreich und der Pforte, von 1683—1718. 2 Bde. Wien, 1789.

7232. Beiträge zur Geschichte der Türkenkriege, Augsburg, 1789.

7233. Histoire des conquêtes de Gustave Adolphe en Allemagne, par le général Grimoard, 3 Tom. à Neufchatel, 1789.

7234. Mémoires secrets du comte de Paradis, pour servir à l'histoire de la dernière guerre, à Paris, 1789.

7235. Memoirs of the war in Asia from 1780—1784, by Baillie, London, 1789.

7236. Lettres de Gustave Adolphe et de ses généraux sur les guerres des Suédois, à Paris, 1790.

7237. Tableau des révolutions de l'Europe dans le moyen age, par Koch, 2 Tom. à Paris et à Strasbourg, 1790.

7238. Beck, neuere Kriegsgeschichte der Hessen, Marburg, 1790.

7239. Schiller, Geschichte des dreißigjährigen Krieges, 3 Bde. 1791. Französisch, Bern, 1794. auch von Champfen, Paris, 1804. Englisch, 1799.

7240. Examen historique et militaire de la principale cause des succès ou des disgraces à la guerre, depuis Cyrus jusqu'á Frédéric, par d'Ecrameville, 3 Tom. à Paris, 1791.

7241. Storia della rivoluzione di Francia, dall' epoca dell'assemblea de notabili, incominciata nell' anno 1787 sino al tempo presente, 2 Tom. 1791.

7242. Correspondence militaire du duc de Richelieu, en 1756—1758, à Paris, 1792.

7243. Correspondence militaire du comte de S. Germain avec le ministre de la guerre, 2 Tom. à Paris, 1792.

7244. Mémoires historiques sur la guerre que les Français ont soutenu en Allemagne depuis 1757—1762, par Bourguet, 3 Tom. à Paris, 1792.

7245. Geschichte des Kriegs zwischen Rußland, Oesterreich und der Pforte, Leipzig, 1792.

7246. v. Archenholz, Geschichte des siebenjährigen Krieges, 2 Bde. Berlin, 1793.

7247. Sörgel, Geschichte der europäischen Kriege des 18ten Jahrhunderts, 3 Bde. Altenburg, 1793.

7248. Mémoires militaires du général Doppet, 1793.

7249. History of the french revolution, by Rabut, London, 1793.

7250. Impartial history of the french revolution, by John Moore, London, 1794.

7251. State-papers relative to the war with France, 2 Tom. London, 1794.

7252. Histoire de la guerre de Charles de Bourgogne contre les Suisses, à Lausanne, 1794.

7253. Histoire de la guerre de 30 ans, par Schiller, traduit de l'allemand par Arnex, à Berne, 1794.

7254. Lettres et mémoires choisies parmi les papiers originaux du maréchal de Saxe, 5 Tom. à Paris, 1794.

7255. Mémoires posthumes du général Custine, par un de ses aides-de-camp, 2 Tom. à Hambourg, 1791.

7256. Mémoires du général Dumouriez, 2 Tom. à Hambourg, 1794.

7257. Réfutation des mémoires du général Dumouriez, appuyée de pièces justificatives, 2 Tom. 1794.

7258. Courtes reflexions sur les mémoires du comte de S. Germain, par Boisdeffre, 1794.

7259. Des Generals Miranda Briefwechsel mit Pache, Dumouriez und Bournonville, Gratz, 1794.

7260. Betrachtungen über den jetzigen Krieg gegen Frankreich, Berlin, 1794.

7261. v. Archenholz Geschichte des Kriegs in der Vendee, Leipzig, 1794.

7262. Bourdon, Heldenthaten der fränkischen Republikaner, 5 Hefte, Strasburg, 1795.

7263. Lobethan, Schauplatz der merkwürdigen Kriege des achtzehnten Jahrhunderts, 4 Bde. Leipzig, 1795.

7264. Magazin der neusten Kriegsbegebenheiten, 7 Bde. Frankfurth, 1795—1797.

7265. Revolutionskriege der Schweizer, Frankfurth, 1795.

7266. Sartorius, Geschichte des deutschen Bauernkrieges zu Anfang des 16ten Jahrhunderts, Berlin, 1795.

7267. Correspondance du général Miranda avec Dumouriez, Pache et Bournonville, à Paris, 1795.

7268. Mémoires sur les campagnes du prince Louis de Bade, en Hongrie et sur le Rhin, par le prince de Ligne, 2 Tom. à Dresde, 1795.

7269. Betrachtungen über die Feldzüge Oesterreichs und Preußens gegen Frankreich, 1792 bis 1794. 1796.

7270. Versuch einer Geschichte der letzten Polnischen Revolution, 2 Bde. Zürich, 1796.

7271. F. Becattini istoria politica, ecclesiastica e militare del secolo XVIII. dal anno 1750 in poi, 8 Tom. Milano, 1796.

7272. Carré, Panoplie, ou réunion de tout ce qui a trait à la guerre, an III.

7273. Mémoires sur les campagnes du comte de Rabutin, au service de l'empéreur, en Hongrie, avec des notes par le prince de Ligne, à Dresde, 1796.

7274. Mémoires sur la guerre des Turcs, sur le maréchal de Lascy, et sur Frédéric II. par le prince de Ligne, à Dresde, 1796.

7275. L'observateur impartial aux armées de la Moselle, des Ardennes, de Sambre et Meuse, et de Rhin-Moselle, depuis 1792—1796, par Le Comte, à Paris, 1797.

7276. Marche et resultat de la guerre soutenue par les Français depuis 1792—1797, en forme de tableau, à Paris, 1797.

7277. Mémoires pour servir, à l'histoire de la guerre de la Vendée, par le général Tarreau, à Evreux, 1797.

7278. Rau, Geschichte der Deutschen in Frankreich, und der Franzosen in Deutschland, 5 Bde. Frankfurth, 1797.

7279. Histoire de la révolution de France, par Montjoye, 2 Tom. à Paris, 1797.

7280. Volney, über den Türkenkrieg, Leipzig, 1798.

7281. Tableau nouveau speculatif de l'Europe, par Dumouriez, à Hambourg, 1798.

7282. Précis historique des principales descentes qui ont été faites dans la Grande-Bretagne depuis Jules César, jusqu'à l'an V. de la république, à Paris, 1798.

7283. Précis historique des campagnes de l'armée du Rhin et Moselle, pendant l'an IV et V. à Paris.

7284. Edward, Geschichte des Revolutionskrieges in St. Domingo; a. d. Engl. 2 Bde. Leipzig, 1798.

7285. Authentische Geschichte des Kriegs wegen der pragmatischen Sanction Kaiser Karl VI. in Deutschland und Italien (vom Obrist Power, Adjutanten des Infanten Don Philipp.) A. d. Fr. von F. L. Brune, Berlin, 1798.

7286. Sörgel, Geschichte der Europäischen Kriege des 18ten Jahrhunderts, 2 Bde. Leipzig, 1798.

7287. Campagnes des Français en Italie, ou histoire militaire et politique de la révolution, par Desjardins, 5 Tom. à Paris, 1798.

7288. Histoire des descentes, qui ont eu lieu en Angleterre, Ecosse, Jrlande, et Isles adjacentes, suivie d'observations sur le climat etc. par Ch. Millon, à Paris, 1798.

7289. Mémoires sur la révolution française par le Marq. de Bouillé, 2 Tom. à Londres, 1798. (à Paris, 1790.) Deutsch, Hamburg, 1798.

7290. Notice historique des descentes, qui ont été faites dans les isles britanniques, depuis Guillaume le conquérant, jusqu'à l'an VI. de la republique, à Paris, 1798.

7291. Histoire générale des descentes faites tant en Angleterre, qu'en France, depuis Jules César, jusqu'à nos jours, par Poncet de Lagrave, à Paris, 1799. (2 Vol. cartes et estampes.)

7292. Précis des évenemens militaires, 9 Num. à Hambourg, 1799. (Auch englisch und deutsch.)

7293. Boreux, Schilderung der Hauptbegebenheiten des jetzigen Kriegs und der Veränderungen in gerographischen und politischen Abtheilung von Europa, Leipzig, 1799.

7294. Mémoires politiques et militaires, pour servir à l'histoire secrète de la revolution française 2 Tom. à Paris, an VII.

7295. Schiller's history of the thirty-years war etc. translated by capt. Blaquiere, 2 Tom. London, 1799.

7296. Précis des opérations de l'armée du Danube sous les ordres du général Jourdan, extrait des mémoires manuscrits de ce général, à Paris, an VIII. Englisch, 1799.

7297. Geschichte des siebenjährigen Kriegs, ein Gemälde für ächte Preußen, Quedlinburg, 1799. 1809.

7298. Ehrmann, Geschichte der Revolutionen in Korsika, Hamburg, 1799.

7299. Geschichte des französischen Revolutionskrieges, Stuttgard, 1799.

7300. Schiller, unpartheiische Geschichte des französischen Revolutionskrieges, 2 Bde. Wien, 1799.

7301. Versuch einer pragmatischen Geschichte des Reichskrieges, Manheim, 1799.

7302. Histoire des principaux événemens du regne de Frédéric Guillaume II et tableau politique de l'Europe depuis 1786—1796. par Ségur l'ainé, 3 Tom. à Paris, 1800.

7303. Copies of original lettres from the french army in Egypt in english translat. London, 1800.

7304. A history of the present war, from its commencement in 1792. 40 Nros. Edinburgh, 1800.

7305. Storia politico-militare dell'attual guerra contro la Francia, Venezia, 1800. (von einem K. K. Ingenieur-Offizier.)

7306. Histoire de la rivalité de la France et de l'Angleterre, XI. Tom. par Gaillard.

7307. Naval chronology, or an historical summary of naval and military events, from the time of Romans, to the peace of 1802. by Isaac Schomberg, capit. in the royal navy, 1802.

7308. Musgrave, history of the irish rebellion, 2 Tom. London, 1802.

7309. Political and military memoirs of Europe, from 1798 to 1802, by Ritchie, 3 Tom. London, 1802.

7310. Young, history of the war between Great-Britain and France, which began in 1793, and was ended 1801. 2 Tom. London, 1802.

7311. Rivalité de la France et de l'Angleterre, depuis la conquête de Guillaume, duc de Normandie en 1066, jusqu'à la rupture du traité d'Amiens par l'Angleterre, par Viénot Vaublanc, à Paris, 1803.

7312. Brieven en Negotiatien van M. L. P. van de Spiegel, ald Raad Pensionaris van Holland, gedvurende den jongsten Orlog van dezen Staat met de frensche Republik, Amsterdam, 1803.

7313. C. Denina, rivoluzioni d'Italia, 6 Tomi, Venezia, 1803.

7314. Desodoards, compendio cronologico sulla riveluzione di Francia, 6 Tomi, Venezia, 1803.

7315. Facts and illustrations relative to the military preparations carried on in France, between the conclusion of the treaty of Amiens, and the commencement of the present war, from the french of Sr. Fr. Ivernois, London, 1804.

7316. La guerre de 30 ans par Schiller, traduit de l'allemand, par Mr. Champfen, 2 Tom. à Paris, 1804.

7317. Ritchie, political, historial and military memoirs of Europe, during the year 1799. London, 1800. (En français, par Henri, 1804.)

7318. Macleod, a series of letters on the importance of the present war, London, 1804.

7319. Observations on the propriety of effectually employing our present military forces against France, and remarks on the threatened invasion, London, 1804.

7320. Ab. C. Denina, rivoluzioni della Germania, 8 Tomi, Firenza, 1804—1807.

7321. Naval and military memoirs of Great-Britain, from 1727 to 1783, by Beatson, 6 Tom. London, 1804.

7322. Card, history of the revolutions of Russia, London, 1804.

7323. Histoire des guerres des Gaulois et des Français en Italie, par Aug. Jubé et Jos. Servan, 7 Tom. à Paris, 1805.

7324. Naval anecdotes, illustrating the character of british seamen, and recording the most impressive examples of their skill, fortitude etc. London, 1806.

7325. Histoire de la guerre des Vendéens et des Chouans, depuis son origine jusqu'à la paix de 1800, par Beauchamp, 3 Tom. à Paris, 1807.

7326. Davila, istoria delle guerre civili di Francia, 8 Tomi. Milano, 1807.

7327. Lichtstrahlen, Beiträge zur Geschichte der Jahre 1805. 1806 und 1807. Zeitschrift, Hamburg, 1808.

7328. Das wichtigste Jahr der Preußischen Monarchie, aus offiziellen Berichten mit historischer Treue dargestellt, von einem Neutralen, Berlin, 1808. 2 Bde.

7329. Lissabon und seine Umgebungen, historisch-statistisch-topographische Beschreibung, Dessau, 1808.

7330. Materialien zur Geschichte der Jahre 1805, 1806 und 1807. seinen Landsleuten zugeeignet von einem Preußen, Berlin, 1808.

7331. v. Massenbach, Betrachtungen über die Ereignisse der Jahre 1805 und 1806, und neuste Aufschlüsse über den Feldzug 1806 zu dem 1sten Bande der Lichtstrahlen, Hamburg und Leipzig, 1808.

7332. v. Massenbach, historische Denkwürdigkeiten zur Geschichte des Verfalls des Preußischen Staats seit 1794, nebst einem Tagebuche des Feldzugs 1806. Amsterdam, 1808.

7333. Histoire de la conquête et des révolutions du Perou, par Alphonse de Beauchamp, 2 Tom. à Paris, 1808.

7334. Naval chronicle, from its commencement to December 1809. 22 Tom. London.

7335. Gemälde der Kreutzzuge nach Palästina, zur Befreiung des heiligen Grabes, von L. Haken, in 6 Bänden, 1r 2r Bd. 1809—10 3r Bd. 1820. Frankfurth, a. O.

7336. Précis de la révolution française et des guerres que la France a soutenue depuis cet événement, jusqu'au 1er Avril 1810. 2de Edit. 1810.

7337. Bornschein, Geschichte der merkwürdigsten Ereignisse, 1806—1810; oder Napoleon an der Weichsel, dem Tajo und Inn, Eisenberg, 1810.

7338. Chronik des neunzehnten Jahrhunderts von Dr. Carl Venturini, herausgegeben von G. G. Bredow, 20 Bde. Altona, 1810—23.

7339. Friederike Sophie Wilhelmine, Prinzessinn von Preußen, Markgräfinn von Baireuth, Memoiren zur Geschichte von Preußen in den Jahren 1699 bis 1733, von ihr selbst. Tübingen, 1810. (Französisch, Paris, 1811.)

7340. Oesterreichischer Kriegsschauplatz, oder Geschichte der Kriege zwischen Frankreich und Oesterreich, Halle, 1810.

7341. Louis, Abriß der Geschichte, der Entstehung und Führung des jetzigen Krieges zwischen Frankreich, seinen Verbündeten und Oesterreich, Hamburg, 1810.

7342. Preußens sieben Feldzüge gegen Oesterreich. Mit auf die neuste Zeitgeschichte Bezug habenden Aufsätzen, von J. G. Dycke, Leipzig, 1810.

7343. Geschichte des dreißigjährigen Krieges, nach ungedruckten Papieren, von C. W. F. Breyer, 1r Bd. München, 1811.

7344. Vertraute Briefe eines schwedischen Offiziers an seinen Freund in Wien. Als ein Beitrag zur Geschichte damaliger Zeiten, und der Feldzüge Karls XII. geschrieben in den Jahren 1698—1740. Aus der lateinischen noch ungedruckten Handschrift übersetzt, 2 Bde. Görlitz, 1811.

7345. Histoire de la guerre de l'indépendance des états unis d'Amérique, par Charles Botta, trad. de l'italien par M. L. de Sevelinges, 4 Tom. à Paris, 1812—13.

7346. Tableau des révolutions de l'Europe depuis le bouleversement de l'empire romain en occident, jusqu'à nos jours, par Koch, 4 Tom. à Paris, 1813.

7347. Histoire des croisades, par Michaud, 3 Tom. à Paris, 1813. 1817.

7348. Histoire militaire des Français, depuis Pharamond jusques et compris le règne de Louis XVI etc. 3 Tom. à Paris, 1813.

7349. Histoire de St. Domingue, depuis 1789—1794, trad. de l'anglais d'Edouard Bryand, à Paris, 1813.

7350. J. A. Eisenmann, Kriegsgeschichte der Baiern, von den ältesten bis auf die gegenwärtigen Zeiten, München, 1813.

7351. Oesterreichs Waffenruhm älterer und neuerer Zeit, von J. B. H. Wien, 1814.

7352. Das streitbare Böhmen, eine Darstellung von den vorzüglichsten Kriegen, welche die Böhmische Nation seit ihrer Niederlassung im Vaterlande eben so tapfer als rühmlich geführt hat, Prag, 1814.

7353. Der kriegerische Geist der Böhmen. Ein Beitrag zur Kriegsgeschichte dieser Nation, Prag, 1814.

7354. Mémoires pour servir à l'histoire de France sous le gouvernement de Napoléon, etc. par J. B. Salgues, Tom. I. à Paris, 1814.

7355. Histoire de la révolution de France, par l'abbé Papon, 6 Tom. à Paris, 1815.

7356. Tableau historique de la révolution, jusqu'à la fin de l'assembléé constituante, par L. D'Escherny, 2 Tom. à Paris, 1815.

7357. Mémoires historiques sur la révolution d'Espagne, par de Pradt, à Paris, 1816. 3me édit. En espagnol, à Bayonne, 1816.

7358. Les chevaliers normands en Italie et en Sicile, et considérations générales sur l'histoire de la chevalerie, et particulièrement sur celle de la chevalerie de France, par Madame V. de C....., à Paris, 1816.

7359. Beatson's naval and military memoirs of Great-Britain, 6 tom. London, 1816.

7360. M. S. Frantz, biblische Militair-Geschichte, zur Bildung der Kriegszöglinge, Prag, 1817.

7361. K. Stein, Geschichte aller englisch französischen Kriege, vom 11ten bis in das 19te Jahrhundert, Berlin, 1817.

7362. Narrative of naval occurrences between Great-Britain and America, by James, London, 1817.

7363. J. Campbell's, the naval history of Great-Britain, including the history and lifes of the british admirals, 8 tom. London, 1818.

7364. Mémoires pour servir a l'histoire des évé nemens de la fin du 18. siècle jusqu'en 1810, par Georgel, à Paris, 6 Tom. 1818—20.

7365. His oire de la rivalité de la France et de l'Angleterre, par Gaillard, 6 Tom. à Paris, 1818—20.

7366. Histoire des révolutions de Norwège, par Catteau Calleville, à Paris, 1818 (2 Tom.)

7367. Die historischen Hülfswissenschaften im Grundrisse, oder kurze und faßliche Darstellung der Kronologie, Genealogie, Diplomatik und Sphragistik, Heraldik, Numismatik; dann der Toponomie, historisch-politischen Rechenkunde, Epigraphik, Hieroglyphik, Mythologie und Mythographie und historischen Kritik, Wien, 1818.

7368. J. B. Schels, militärisch-politische Geschichte der Länder des Oesterreichischen Kaiserthums, 1r Band, Wien, 1819. ff.

7369. Storia di Suli e di Parga, continente la lore cronologia, le loro guerre e specialmente quelle de'Sulioti con Aly Pascia etc. scritta in greco volgare, tradotta in lingua italiana dal Ragionieri Carlo Gherardini, Milano, 1819.

7370. Révolutions de l'Amérique espagnole etc. trad. de l'anglais, par Delamarche, à Paris, 1819. 2me édit.

7371. Précis historique sur la révolution des provinces unies de l'Amérique du sud, etc. par A. F...., à Paris, 1819.

7372. Précis historique de la révolntion de St. Domingue etc. par L. J. Clausson, à Paris, 1819.

7373. Storia della rivoluzione di Spagna, tradotta dall'originale inglese, di G. Elliot, 5 Tom. Pisa.

7374. Storia delle crociati di Michaud, recato in lingua italiana per cura dal cavalier Luigi Rossi, 6 Tom. Milano, 1819.

7375. Geschichte des preußischen Staats vom Frieden zu Hubertsburg, bis zur zweiten Pariser Abkunft (vom Dr. Manso) 3 Bde. Frankfurth, 1820.

7376. Des Abbé Papon, vollständige Geschichte der französischen Revolution, von ihrem Ausbruch im J. 1789. bis zum zweiten Pariser Frieden, 1815. A. d. Franz. 4 Bde. in 8 Theilen, Pesth, 1820.

7377. Beiträge zur Geschichte der spanischen Revolution, im J. 1820. Nr. I. Leipzig, 1821 ff.

7378. Histoire navale de la Grande Bretagne, depuis 1793—1817, par William James, en 4 Tom. à Londres, 1820. etc.

7379. Histoire des révolutions et des guerres de la Grèce et de l'Asie, depuis Cyrus, jusqu'aux successeurs d'Alexandre, par Delagrave, à Paris, Tom. 1er 1820.

7380. Histoire de la révolution, qui renversa la république romaine, et qui amena l'établissement de l'empire, par Nougarède baron de Fayet, 2 Tom. à Paris, 1820.

7381. De la révolution actuelle de l'Espagne, et de ses suites, par de Pradt, à Paris, 1820.

7382. Histoire de la révolution d'Espagne en 1820 etc. par C. Laumier, à Paris, 1820. 2me édition.

7383. Histoire de la guerre de trente ans par Schiller, et de la paix de Westphalie par C. L. de Woltmann, trad. de l'allemand par A. Mailher de Chassat, 2 Tom. à Paris, 1820.

7384. Zeitschrift für Kriegsgeschichte der Vorzeit. In Verbindung mit mehreren herausgegeben von F. W. Benicken, 1r Bd. Erfurth, 1821.

7385. Trophées des armées françaises etc. de 1792 à 1815. 6 Tom. à Paris, 1821.

7386. Précis, ou histoire abrégée des guerres de la révolution française depuis 1792 jusqu'à 1815, par une société de militaires, sous la direction de M. Tissot, Tom. 1 — 2, à Paris, 1821.

7387. Victoires, conquêtes, desastres, revers et guerres civiles des Français, de 1792 à 1816 etc. 27 Tom. à Paris, 1821 — 22.

7388. Voyages et campagnes dans les mers des Indes et à l'Océan Pacifique, depuis 1805—1811, par le chevalier de la Troupliniére, 3 Tom. à Paris, 1822—23.

7389. Mémoires pour servir à l'histoire de France sous Napoléon, écrits à St. Helène, par les généraux qui ont partagé sa captivité etc. Mémoires par Gourgaud, 3 tom. Melanges par Montholon, 6 tom. à Paris et à Berlin, 1822—23.

7390. Dr. E. Münch, die Heerzüge des christlichen Europas wider die Osmannen, und die Versuche der Griechen zur Freiheit u. s. w. 2 Bde. Basel, 1822.

7391. Kurze Uebersicht der spanischen Geschichte, als Vorbereitung der Geschichte des span. Revolutionskrieges, von einem k. Pr. Offiz. der einige Feldzüge mit den spanischen Armeen gemacht hat, Berlin, 1822.

7392. Beiträge zur näheren Kenntniß von Neapel in militairischer Beziehung, und Geschichte der neapolitanischen Kriege bis auf die neuste Zeit, Berlin und Posen, 1822.

7393. Die Geschichte der Türken, von ihrem ersten Erscheinen, bis auf die jetzigen Zeiten, Neustadt a. d. O. 1822.

7394. Geschichte des Preuß. Staats unter Friedr. Wilhelm III. Berlin, 1822.

7395. Fr. Ciriacy, Beiträge zur nähern Kenntniß von Neapel in militärischer Beziehung, und Geschichte der neapolitanischen Kriege bis auf die neuste Zeit, Berlin und Posen, 1822.

7396. Denkwürdigkeiten zur Geschichte Frankreichs unter Napoleon, von ihm zu St. Helena den Generalen diktirt u. s. w. nach der von ihm eigenhändig verbesserten Handschrift. Memoiren, niedergeschr. durch Gourgaud, 3 Bde. Anmerkungen und vermischte Aufsätze, durch Montholon, 5 Bde. A. d. Franz. Berlin, 1822. 1823.

7397. v. Cainß, Nachrichten und Betrachtungen über die Thaten und Schicksale der Reiterei in den Feldzügen Friedrichs II. und der neueren Zeit, 1r Bd. von 1740—1806. Berlin, 1823.

7398. Kern, geschichtliche Darstellung des Vertheidigungszustandes und der Kriegsbegebenheiten der Stadt Augsburg, seit Kaiser Augusts Zeiten, Augsburg, 1823.

7399. v. Brandt, über Spanien, mit besonderer Hinsicht auf einen etwanigen Krieg, Berlin, 1823.

d. Minore.

7400. **Königshofii** res gestae et expeditiones imperatorum Turcarum contra Christianos, Basil. 1577. 12mo.

7401. **Martinii** de bello tartarico historia, Coloniae, 1634. 12mo.

7402. Istoria delle guerre della Germania inferiore, di Jer. Conestaggio, Colonia, 1634. 12mo.

7403. Burgi Mars Sueco-Germanicus, seu de rebus Ferdinandi imperatoris et Gustavi Adolphi, Coloniae, 1644. 12mo.

7404. Wassenbergii commentarii de bello inter imperatores Ferdinandos II et III et Fridericum Palatinum, Gabrielem Bethlenum, Daniae, Sueciae, Franciae reges, et Georg. Ragozky, Francofurti, 1648. 12mo.

7405. Histoire de la guerre des Tartares contre la Chine, trad. du latin de Martini, à Paris, 1654. 12mo.

7406. Abrégé de l'histoire des fameuses guerres de Flandres, par de Clumes, 2 Tom. à Paris, 1655. 12mo.

7407. a Zosen, leo belgicus, Amsterdami, 1660. 12mo.

7408. Brittanischer Maccabäus, oder des englischen Generals Fairfax Kriegsexpeditionen. 12mo. sine anno et loco.

7409. Histoire des guerres des Huguenots, faites en France sous Louis XIII, avec les plans des villes, qui ont été assiégées, 2 Tom. à Paris, 1665. 12mo.

7410. Histoire de la guerre des Gots en Italie, par Arretin, à Paris, 1667. 12mo.

7411. Mémoires des troubles arrivés en France, sous les regnes de Charles IX, Henri III et IV. par de Villegomblain, 2 Tom. à Paris, 1666. 1668. 12mo.

7412. Istoria della ribellione d'Ungheria di Bontempi, Dresda, 1672. 12mo.

7413. Origine du soulevement des Cosaques contre la Pologne, par Linage, à Paris, 1674. 12mo.

7414. Histoire de la guerre de Flandres, trad. du latin de Famianus Strada, par du Nyer, 6 Tom. à Lyon, 1676. 12mo.

7415. Mémoires de la guerre de Transylvanie et de Hongrie, 2 Tom. à Amsterdam, 1680. 12mo.

7416. Histoire des croisades par Meimbourg, 4 Tom. à Paris, 1682.

7417. Abrégé historique des guerres des provinces unies, à Amsterdam, 1682. 12mo.

7418. Lysimachi epistola, in qua tectae Gallorum pacis billivo artes, ac cum Turcis et seditiosis Hungaris conspirationes reteguntur, 1683. 12mo.

7419. Der scharfsichtige holländische Kaiser-Adler, oder vorgestellte Kaiserliche Handlungen gegen die Ungarischen Malkontenten und das Türkische Kriegsheer, 2 Bde. 1683—84. 12mo.

7420. P. Luigi Maimburgo, istoria delle crociate per la liberazione di Terra Santa, 4 Tom. Piazzola, 1684. 12mo.

7421. Histoire des conquètes des Venitiens depuis 1684, à Bruxelles, 1688. 12mo.

7422. Das verunruhigte Europa, seit Anfang des gegenwärtigen französischen Krieges, Leipzig, 1689. 12mo.

7423. La guerre des Turcs avec la Pologne, la Moscovie et la Hongrie, par La Croix, à la Haye, 1689. 12mo.

7424. Histoire de la guerre de Hollande depuis 1672—1677, par de Courtils, 2 Tom. à la Haye, 1689. 12mo.

7425. Histoire des troubles d'Hongrie et de Transylvanie, par Fumée, 4 Tom. à Amsterdam, 1691. 12mo.

7426. Histoire de la guerre de Guyenne en 1651—1693, à Bruxelles, 1694, 12mo.

7427. Lorbeerkranz der hohen Alliirten, in unterschiedlichen Kriegs-Actionen des 1695sten Jahres, Frankfurth, 1695. 12mo.

7428. Mémoires de tout ce qui s'est passé de plus considérable pendant la guerre depuis 1688—1698, par de Massiac, à Paris, 1698. 12mo.

7429. Histoire de la conquête d'Angleterre, par Guillaume II. duc de Normandie, par Baudot de Jully, à Paris, 1701. 12mo.

7430. Histoire des guerres civiles d'Angleterre, depuis 1641 jusqu'au retablissement de Charles II. par le comte de Clarendon, 6 Tom. à ia Haye, 1704—9. 12mo.

7431. Schauplatz des Krieges der R. Kais. Maj. und derer hohen Alliirten am Rhein, in Brabant und Flandern, u. s. w. 2 Bde. Frankfurth, 1703—1707. 12mo.

7432. Schauplatz von Spanien und Portugal, worinnen die Staats und Kriegsgeschichte, und die Beschreibung aller darinnen befindlichen Festungen und Plätze, Amsterdam, 1704. 12mo.

7433. Schauplatz des blutigen Krieges, und sonderlich in den Niederlanden, von den Allirten wider Frankreich, u. s. w. Rothenburg, 1706. 12mo.

7434. Histoire de la conquête des isles Moluques, par Argensola, trad. de l'espagnol, 3 Tom. à Amsterdam, 1709. 12mo.

7435. La guerre d'Italie, ou mémoires du Comte de ****, à Cologne, 1707. 12mo,

7436. Mémoires de la guerre de Bavière et d'Italie, à la Haye, 1707 12mo.

7437. La guerre d'Espagne, de Flandres, de Bavière, de Savoye, de l'Empire et de France, 2 Tom. à Cologne, 1708. 12mo.

7438. Histoire de le ligue, faite à Cambray contre la république de Venèse, 2 Tom. à Paris, 1709. 12mo.

7439. Histoire des guerres des deux maisons d'Espagne et de France, à Paris, 1711. 12mo.

7440. Histoire de la guerre des Romains contre Jugurtha, roi de Numidie, à Paris, 1714. 12mo.

7441. Histoire des révolutions d'Angleterre, depuis le commencement de la monarchie etc. par le père d'Orléans, 3 Tom. à Amsterdam, 1714. 12mo.

7442. Histoire des troubles d'Hongrie, 4 Tom. à Paris, 1722. 12mo.

7443. Histoire des révolutions des Pays-bas, depuis 1559 jusqu'en 1584, 2 Tom. à Paris, 1727. 12mo.

7444. Mémoires du marquis de Montglat, contenant la guerre entra la France et L'Autriche, 4 Tom. à Amsterdam, 1728. 12mo.

7445. Aless. Giraffi, le rivoluzioni di Napoli, Venezia, 1733. 12mo.

7446. Mémoires des expéditions militaires en Hollande, Allemagne et ailleurs, depuis le traité d'Aix la Chapelle jusqu'à celui de Nimvègue, par un officier de distinction, 2 Tom. à Amsterdam, 1734. 12mo.

7447. Histoire de la guerre présente, contenant ce que s'est passé en Italie, sur le Rhin, en Pologne etc. par Massuet, à Amsterdam, 1735. 12mo.

7448. Histoire des révolutions de Pologne, par Desfontaines, 2 Tom. à Paris, 1735. 12mo.

7449. History of the wars with Angria the pirate, by Downing, London, 1737. 12mo.

7450. Storia delle rivoluzioni di Polonia, di Fontaines, 2 Tom. Venezia, 1737. 12mo.

7451. Mémoires de Mr. de la Colonie, maréchal de camp de l'électeur de Bavière, contenant les événemens de la guerre depuis le siége de Namur 1692, jusqu'à la bataille de Belgrade, en 1717. 2 Tom. à Utrecht, 1738. 12mo.

7452. Histoire ancienne, par Rollin, 13 Tom. 12mo.

7453. Campagnes philosophiques, ou mémoires de Montcal, contenant l'histoire de la guerre d'Irlande, 2 Tom. à Amsterdam, 1742.

7454. Histoire mémorable des guerres entre la maison de France et d'Autriche, par Rousset, 6 Tom. à Amsterdam, 1742. 12mo.

7455. Dialogues entre Charles VI et Frédéric Guillaume, roi de Prusse, 2 Tom. à Cologne, 1742. 12mo.

7456. Histoire de la guerre de Réné II. duc de Lorraine, contre Charles le Hardi, duc de Bourgogne, par Roland, à Lyon, 1742. 12mo.

7457. Histoire romaine, depuis la fondation de Rome, jusqu'à la bataille d'Actium, par Rollin, 16 Tom. 12mo.

7458. Considérations sur la guerre actuelle des Turcs, par Peyssonnel, à Paris, 12mo.

7459. Histoire de la présente guerre, par Morenas, à Paris, 1744. 12mo.

7460. Histoire des guerres entre les maisons d'Autriche et de France, par Rousset, 6 Tom. à Paris, 1748. 12mo.

7461. Histoire des révolutions de l'empire des Arabes, par Marigny, 4 Tom. à Paris, 1750. 12mo.

7462. Histoire de révolutions de Constantinople, par Burigny, 3 Tom. à Paris, 1750. 12mo.

7463. Histoire des révolutions de Gènes, par Brequigny, 3 Tom. à Paris, 1750. 12mo.

7464. Histoire des révolutions de Perse, par Clairac, 3 Tom. à Paris, 1750. 12mo.

7465. Histoire des révolutions du royaume de Suéde, par Vertot, 2 Tom. à Paris, 1751. 12mo.

7466. Histoire des révolutions arrivées dans le gouvernement de la république romaine, par Vertot, 3 Tom. à Paris, 1751. 12mo.

7467. Histoire des révolutions du royaume de Portugal, par Vertot, à Paris, 1751. 12mo.

7468. Histoire des croisades, à Paris, 1753. 12mo.

7469. Victoires mémorables des Français, depuis le commencement de la monarchie, jusqu'à la fin du regne de Louis XIV. 2 Tom. à Paris, 1754. 12mo.

7470. Histoire militaire du regne de Louis XIII. par Ray de S. Génies, 2 Tom. à Paris, 1755. 12mo.

7471. Histoire militaire du regne de Louis XIV. par Ray de S. Génies, 2 Tom. à Paris, 1755. 12mo.

7472. Histoire interessante, ou relation des guerres du Nord et de l'Hongrie, au commencement de ce siécle, 2 Tom. à Paris, 1756. 12mo.

7473. Mémoires de Montécuculi, contenant l'art militaire en général, la guerre contre le Turc, la relation de la campagne de 1664, à Amsterdam, 1756. 12mo.

7474. Histoire des révolutions de Florence sous les Médicis, trad. du Toscan de Varchi, par Recquier, 3 Tom. à Paris, 1756. 12mo.

7475. Collection historique, ou mémoires pour servir à l'histoire de la guerre, terminée par la paix d'Aix la Chapelle, en 1748, par de Querlon, à Paris, 1757. 12mo.

7476. Naval history of Great-Britain, 4 Tom. London, 1758. 12mo.

7477. Histoire des conjurations, conspirations et révolutions célèbres, tant anciennes, que modernes, par Duport du Tertre et Desormeaux, 10 Tom. à Paris, 1759. 12mo.

7478. Mémoires sur l'ancienne chevalerie, considérée comme un établissement militaire et politique, par Curne de S. Palaye, 2 Tom. à Paris, 1759. 12mo.

7479. Histoire des troubles des Cévennes, ou de la guerre des Camisards, sous le regne de Louis

XIV. par Court de Gébelin, 3 Tom. à Villefranche, 1760. 12mo.

7480. Histoire des révolutions de l'empire de Russie, par Lacombe, à Paris, 1760. 12mo.

7481. General history of sieges and battles by sea and land, 11 Tom. London, 1762. 12mo.

7482. Martial review, or history of the late wars, London, 1763. 12mo.

7483. Histoire des guerres de l'Inde depuis 1745, trad. de l'Anglais, 2 Tom. à Amsterd. 1765. 12mo.

7484. Histoire des guerres de l'Inde, ou des événemens militaires, arrivés dans l'Indostan depuis l'année 1745, par Targé, 2 Tom. à Paris, 1765. 12mo.

7485. Histoire des révolutions de l'empire romain, par Linguet, 2 Tom. à Paris, 1766. 12mo.

7486. Histoire des révolutions de la haute-Allemagne, contenant les ligues et les guerres de la Suisse, 2 Tom. à Paris, 1766. 12mo.

7487. Histoire des révolutions d'Angleterre, par d'Orléans, 4 Tom. à Paris, 1767. 12mo.

7488. L'indicateur fidèle pour la guerre des Polonais, des Russes et des Turcs, par Cadiot, à Paris, 1769. 12mo.

7489. Lettre du comte Algarotti sur la Russie, avec l'histoire de la guerre contre les Turcs, en 1735. à Paris, 1769. 12mo.

7490. Histoire des guerres et des ligues de la Suisse, à Lausanne, 12mo.

7491. Histoire des guerres de Flandres, par Bentivoglio, trad. de l'italien par Loiseau, 4 Tom. à Paris, 1770. 12mo.

7492. Histoire des révolutions de Corse, par Germanes, 2 Tom. à Paris, 1771. 12mo.

7493. Histoire des révolutions d'Italie, par Denina, 8 Tom. à Paris, 1771. 12mo.

7494. Esprit de la Ligue, ou histoire des troubles de la France, pendant le XIV et XV siècle, par Anquetil, 3 Tom. à Paris, 1771. 12mo.

7495. L'honneur français, ou histoire des vertus et des exploits de la nation, par de Sacy, 8 Tomes, à Paris, 1772. 12mo.

7496. Histoire militaire des Suisses, jusqu'en 1771. par May, 2 Tom. à Paris, 1772. 12mo.

7497. Esprit de la Fronde, ou histoire politique et militaire des troubles de France, pendant la minorité de Louis XIV, par de Mailly, 5 Tom. à Paris, 1773. 12mo.

7498. Considérations sur l'esprit militaire des Gaulois, par de Sigrais, à Paris, 1774. 12mo.

7499. Lettres écrites à un ami pendant le séjour des troupes françaises à Zelle, par Rocques, à Maestric, 1775. 12mo.

7500. Mémoires politiques et militaires, pour servir à l'histoire des Louis XIV et XV. par l'abbé Millot, 4 Tom. à Paris, 1777. 12mo.

7501. Fastes militaires, ou annales des chevaliers des ordres militaires et royaux de France, leurs actions guerrières etc. par de la Fortelle, 2 Tom. à Paris, 1778. 12mo.

7502. Histoire des révolutions de la république romaine, par l'abbé Vertot, 2 Tom. à Lille, 1780. 12mo.

7503. Esprit des croisades, ou histoire politique et militaire des guerres, entreprises par les Chrétiens contre les Mahométans, par Mailly, 4 Tom. à Paris, 1780. 12mo.

7504. Considérations sur l'esprit militaire des Germains, depuis l'an de Rome 640, jusqu'à l'an 476 d'après J. Christ, par de Sigrais, à Paris, 1781. 12mo.

7505. Mémoires sur la dernière guerre de l'Amérique septentrionale entre la France et l'Angleterre, par Bouchot, 3 Tom. à Yverdon, 1781.

7506. Histoire des progrès de la puissance navale de l'Angleterre, 2 Tom. à Yverdon, 1782. 12mo.

7507. Histoire des guerres des deux Bourgognes sous Louis XIII. et XIV. par Beguillet, 2 Tom. à Dijon, 1783. 12mo.

7508. Histoire des événemens militaires et politiques de la dernière guerre, dans les quatre parties du monde, par de L...., 3 Tom. à Paris, 1785. 12mo.

7509. Lawrie, history of the wars in Scotland, London, 1785. 12mo.

7510. Ecole historique et morale du soldat, 3 Tom. à Paris, 1788.

7511. Mémoires sur les guerres de la mai on d'Autriche avec les Turcs, par de la Colonie, 12mo. (s. a.)

7512. Impartial history of the french revolution 2 Tom. London, 1795. 12mo.

7513. Poncet la Grave, storia generale delle discese fatte tanto in Inghilterra che in Francia, da G. Cesare sino a'nostri giorni, volgarizzata da L. Marini, 2 Tom. Milano, 1803. 12mo.

7514. Invasions as they were, an historical account of all the invasions and invasive attempts, that have been made upon Great-Britain etc. London, 1804. 12mo.

7515. History of shipwrecks, by J. S. Clarke, 2 Tom. London, 1806. 12mo.

7516. Beautés de l'histoire militaire, ancienne et moderne, par de Propiac, à Paris, 12mo.

7517. Fr. Buchholz, Geschichte der Europäischen Staaten seit dem Frieden von Wien, 11 Bde. Berlin, 1810 — 1824. 16mo.

7518. Révolutions de Portugal, par l'abbé de Vertot, nouv. édit. à Toulouse, 1812. 12mo.

7519. La France militaire sous les quatres dynasties etc. par V····, 2 Tom. à Paris, 1812. 18mo.

7520. De rebus bellicis illustrium francorum praeterquam regum, ab anno 715 ad annum 1574, auctore J. Frion, Parisiis, 1813, 12mo.

7521. Histoire des invasions faites en France, depuis le commencement de la monarchie, jusqu'à nos jours, par Henri Lemaire, à Paris, 1814. 12mo.

7522. Ferd. Argenti, il militare in guerra, ossia raccolta d'esempj e massime tolte dalla storia romana e greca, Milano, 1817. 12mo.

Zweite Abtheilung.

Feldzüge, Schlachten, Belagerungen u. s. w.

Deuxième chapitre.

Campagnes, batailles, sièges etc.

a. Folio.

7523. L. Aretinus de bello italico adversus Gothos, Fulgini, 1470.

7524. Thomas Rocha, gesta militum Hispaniae contra communitates et contra Gallos in Navarra, Burgis, 1523.

7525. La grande et merveilleuse oppugnation de la cité de Rhodes, par Batard de Bourbon, à Paris, 1527.

7526. Pedro Salazar, guerra de Alemania, en Napoles, 1548.

7527. Christobal Arcos, conquista de Rodas, en Valladolid, 1549.

7528. Francolini res gestae intra et extra moenia munitissimae civitatis Viennensis, pedestri et equestri proelio, terra et aqua, anno 1560. Viennae.

7529. Antonio Herrera, historia de la guerra entre Turcos y Persas, en Madrid, 1586.

7530. Antonio Carnero, guerras de Flandes, Bruselas, 1625.

7531. Julii, belli laurea austriaca, seu commentarii de bello germanico, Francofurti, 1627

7532. Grotii obsidio Gollae, cum annexis, anno 1627. Amstelodami, 1629.

7533. Hugonis Grotii obsidio Bredana, Antverp. 1629.

7534. Prempart, Beschreibung der Belagerung von Herzogenbusch, Amsterdam, 1630.

7535. Déscription du siège de Bois-le-Duc, par Prempart, à Leuwarde, 1630.

7536. Histoire du siège de Bol-Duc, par Heinsius, traduit du latin, à Leide, 1631.

7537. Heinsii, rerum ad Sylvam Ducis, atque alibi in Belgia aut a Belgis anno 1629 gestarum historia, Lugd. Batav. 1631.

7538. Geronimo Mascareñas, campaña de Portugal por la parte de Extremadura, en Madrid, 1633.

7539. de Ville, obsidio Corbejensis, Paris. 1637.

7540. Petricii historia rerum in Polonia, ac praecipue belli cum Osmanno, Turcarum Imperatore, gesti finitique anno 1620 et 1621. Cracoviae, 1637.

7541. Le siège de Hesdin, par de Ville, à Lyon, 1639.

7542. Le siège de Casal, et son siège levé, et autres expéditions de cette mémorable journée, à Paris, 1640.

7543. Sant-Omero assediato da'Francesi, e liberato dai principe Francesco Tomaso di Savoya, nell' anno 1638, di Tesauro, en Torino, 1640.

7544. Relacion de los successos en Rosselon e de Salsas, en l'anno 1639 y 1640, enque entrò el exercito francese en el, por Tobar, Barcellona, 1640.

7545. Boxhornii, historia obsidionis Bredae, et rerum anni 1637. Lugduni Bat. 1640.

7546. Relation de la bataille de Rocroy, gagnée par Louis de Bourbon, duc d'Enghien, à Paris, 1643.

7547. La bataille de Lens, à Paris, 1649.

7548. History of the late warres in Denmark, by Manley, London, 1670.

7549. Les glorieuses conquêtes de Louis le Grand, par Beaulieu, 2 Tom. à Paris, 1676.

7550. Suttinger, Entsatz der Stadt Wien, Dresden, 1688.

7551. Guerra de Alemania, con la palinodia de los Turcos, en Madrid.

7552. Relation du siége de Namur, avec le plan des attaques, à Paris, 1692.

7553. Relation de la campagne de Flandre et du siège de Namur en 1695. à la Haye, 1696.

7554. Beschreibung von Wien, nebst Bericht von derselben Belagerung, 1683. Wien, 1702.

7555. Beschreibung von der Belagerung der Festung Belgrad, Wien, 1717.

7556. Journal du siège de Philipsbourg en 1734. à la Haye, 1734.

7557. Histoire militaire de Flandre, de 1690—1690, par Beaurain, 5 Tom. à Paris, 1756.

7558. Détails de la guerre, ou histoire circonstanciée de la guerre entre la France et l'Angleterre et ses Alliés, en 1757 et 1759, par le comte de Bünau, 2 Tom. (Le tout gravé) Auch deutsch.

7559. Campagne de Hollande en 1672, sous le maréchal duc de Luxembourg, à la Haye, 1759.

7560. Histoire des conquêtes de Louis XV. par P. du Mortous, à Paris, 1759.

7561. Camps topographiques de la campagne de 1757 en Westphalie, avec le journal des opérations, par du Bois, à la Haye, 1760.

7562. Tableaux des actions mémorables de la guerre de 1756—1763 etc. en 9 grandes planches, format d'atlas, Amsterdam.

7563. Plans des campagnes du duc de Brunswick, de 1757—1762, gravés par J. Schley, à la Haye, 1765.

7564. Histoire de la guerre des Alpes, ou campagne de 1744. par le Marq. de St. Simon, à Amsterdam, 1769.

7565. Historia de la conquista de Mexico, etc. por D. Antonio Solis, en Amberes, 1774.

7566. Histoire de la campagne du prince de Condé en Flandres, en 1674. Ouvrage fait sur mémoires et lettres manuscrites du pr. de Condé, par le Chev. de Beaurain, à Paris, 1774.

7567. Relation détaillée et plan de la bataille de Siptiz, près Torgau, par Aster, à Dresde, 1776.

7568. Situations=Karte der Operationen des Prinzen Heinrich von Preußen, in Böhmen und Sachsen, im Jahr 1777. 1780—83.

7569. Collection des lettres et mémoires de Turenne, recueillis par de Grimoard, 2 Tom. à Paris, 1782.

7570. Histoire des campagnes de Turenne en 1672—1675, d'après les originaux du maréchal etc. par Grimoard et Beaurain, 2 Tom. à Paris, 1782.

7571. Rösch, 42 plans de la guerre de sept ans, avec l'explication, 4 parties, à Francfort, 1790. (Auch deutsch ebendas.)

7572. Versuch eines tabellarischen Verzeichnisses der Kriegsbegebenheiten vom Münsterschen bis zum Hubertsburger Frieden, Berlin, 1792.

7573. Récueil de combats et d'expéditions maritimes, avec le texte explicatif de chaque sujet, à Paris, 1797.

7574. Voyage dans la basse et la haute Egypte, pendant les campagnes de Bonaparte. Par Vinant Denon, an X. avec 150 estampes. (Deutsch, Hamburg, 2 Bde.)

7575. Relation de la bataille de Marengo, par le maréchal Berthier, à Paris, an XII. (aussi en 4to.)

7576. East-India papers relative to the Marhatta-war in 1803, London, 1804.

7577. Tableaux historiques des campagnes d'Italie, depuis l'an IV. jusqu'à la bataille de Marengo, à Paris, 1806.

7578. Grundriß von Koppenhagen, mit allen Batterien der Engländer, 1807, von Krebs und Angelo, Koppenhagen, 1808.

7579. Proceedings upon the inquiry relative to the armistice in Portugal, 1808. London, 1809.

7580. Campaigns of field-marshall Arthur duke of Wellington, prince of Waterloo, duke of Ciudad-Rodrigo and Vittoria, count of Vimiera, viscount of Talavera, marquis of Torres-Vedras and of the Douro etc. 2 Tom. Paris, 1816.

7581. Campagnes du maréchal Wellington, à Paris, 1818.

7582. Beitrag zur Geschichte der Feldzüge von 1814 und 1815 in Frankreich, in besonderer Beziehung auf das Commando des Kronprinzen von Würtemberg, herausg. von den Offizieren des K. Würtemb. Gen. Quart. M. Stabes, 1tes und 2tes Heft. 1818. 3tes Heft. 1819.

7583. Smyth, colonel of the royal engeneers, plans of the attaks upon Antverp, Bergen-op-Zoom, Cambray, Peronne, Maubeuge etc. by the british and prussian armies of 1814 and 1815. London, 1818.

7584. Graf v. Wackerbarth, der erste Feldzug der Osmannischen Türken auf Europäischem Boden, Hamburg, 1819.

7585. Histoire de la campagne de Waterloo, ouvrage enrichi d'estampes en couleur, etc. à Strasbourg et à Londres, 1819

7586. Revue historique et chronologique des événemens mémorables de la guerre dans la Péninsule etc. avec 64 planches color. à Paris, à Strasbourg et à Londres, 1819.

7587. Le temple de la gloire, ou les fastes militaires de la France, depuis le règne de Louis XIV. jusqu'à nos jours, par le général Auguste Jubé, baron de Laperelle, à Paris. 1—6 livraison 1819; 5 livraisons 1820 etc.

7588. Graf v. Wackerbarth, die Geschichte der letzten großen Revolution von China, im Jahr 1644. Hamburg, 1821.

b. Quarto.

7589. Carvasini descriptio obsidionis Rhodiae urbis, Ulmae, 1496.

7590. Diaria de bello Carolino, ab Alex. Benedicto, 1497.

7591. La prise de Rhodes par le Grand-Turc, à Paris, 1525.

7592. Neue Zeitung aus Frankreich, von Kaiserlicher Majestät Eroberung, Plünderung Schleifung des Gschloß und Stadt S. Paul, der Stadt Monterol und St. Ricklr, samt der Belagerung der Stadt Terruana. 1537.

7593. Zeitung des Kriegs und Zugs zwischen dem Kaiser und König von Frankreich, von Cambray aus, mit Herr Jorg von Regenspurg Regiment, auf das Land Lücelburg, Lüttringen und Frankreich.

7594. Andrea Mozanico, le guerre fatte a nostri tempi in Italia, Venezia, 1544.

7595. Besselmayers Historie und Beschreibung des Magdeburger Krieges und Belagerung, 1550. 1551. Basel, 1552.

7596. Luis Avila y Zuñiga, guerra de Alemania, en Sevilla, 1552.

7597. Histoire du siège de Metz en 1552, par Salignac, à Paris, 1553.

7598. Le siège de Poitiers, en 1569, par Liberge, à Poitiers, 1570.

7599. Commentarj della guerra del duca d'Alba, contra Guglielmo di Nassau, principe di Oranges, l'anno 1568, da Ulloa, Venezia, 1570.

7600. Guerra de campaña de Roma y del reyno de Napoli, anno 1556 y 1557, por Andrea, en Madrid, 1589.

7601. Gio. Gioviano Pontano, istoria della guerra di Napoli fatta sotto Ferdinando I. traduzione dal latino di Giacomo Mauro, Napoli, 1590.

7602. Fil. Pigafetta, relazione dell'assedio di Parigi, Roma, 1591.

7603. Del assedio d'Anversa, Vicenza, 1595.

7604. Le siège de Rouen, par le Maitre, à Nantes, 1585.

7605. Relation vom Türkenkriege, der von 1592 bis 1596 gewährt, Frankfurth, 1596.

7606. Merkels Bericht von Kaiser Karl V. Belagerung der Stadt Magdeburg, 1550, Magdeburg, 1596.

7607. Bellum Sabaudicum, seu narratio belli ab Henrico IV contra Emanuelem Carolum, Sabaudiae ducem, annis 1600 et 1601, cum tractatu paci Lugdunensis, Paris, 1602.

7608. Franciscl Bericht der Belagerung von Stettin, Ostende u. s. w. Nürnberg, 1604.

7609. Paolo Rannusio, della guerra di Costantinopoli, Venezia, 1604.

7610. Bericht von der feindseligen Behandlung der Stadt Braunschweig im Jahr 1605. Braunschweig, 1606.

7611. Bartol. Argensola, conquista de las islas Malucas, en Madrid, 1609.

7612. Guglielmo, (Arciv. di Tiro) storia della guerra sacra di Gerusaleme, volgarizzata da Gius. Orologgi, Venezia, 1610.

7613. J. P. de Alexandro, Hierosolymae eversae libri X. Neapoli, 1613.

7614. La nouvelle Troye, ou mémorable histoire du siège d'Ostende, le plus signalé, qu'on ait vu en Europe, etc. par Haestens, à Leide, 1615.

7615. Relazione de' successi trà le due armate di Spagna e Savoja dopo l'anno 1616, sin che fù conclusa la pace, Torino, 1615.

7616. Déscription des sièges, batailles, rencontres etc. durant les guerres des Pays-Bas, par Baudard, à Amsterdam, 1616.

7617. Mémoire de ce qui s'est passé au siège de Soissons, par de Fabry, ingenieur, à Paris, 1617.

7618. Vittoria navale ottenuta dalla republica Veneziana contra Federigo I. Imper. da Bardi, Venezia, 1619.

7619. Candidi Eblani libellus de proelio Pragensi, anno 1620. Pragae.

7620. Relazione delle città e fortezze, prese da Luigi XIII. rè di Francia, á gli Ughonotti, Ferrara, 1621.

7621. Bericht, was sich in Belagerung der Stadt Budissin von dem Schwedischen Kriegsvolke, in und außerhalb der Stadt zugetragen, Breslau, 1621.

7622. Histoire de la guerre des Hugnenots, sous Louis XIII en 1621. 1622.

7623. Pomarii Beschreibung der Belagerung der Stadt Magdeburg, Magdeburg, 1622.

7624. Espedicion de los Catalanes y Arragoneses contra Turcos y Griegos, por de Moncada, en Barcelona, 1623.

7625. Bergen sur le Zoom assiégée et désassiégée, en 1622, à Middelbourg, 1623.

7626. Sammarthani expeditio Valtelinea, auspiciis Ludovici justi suspecta, Parisiis, 1625.

7627. Flemmingii obsidio Ostendae, Hag. Comit. 1626.

7628. Herman Hugo, sitio y rendicion de Breda, en Antverpia, 1627.

7629. Le mémorable siège d'Ostende, par de Bonours, à Bruxelles, 1628.

7630. Déscription du siège d'Ostende, par Bononi, à Bruxelles, 1628.

7631. Isnard, arcis San-Martinianae obsidio, et fuga Anglorum a Rea Insula, Paris, 1629.

7632. Bericht von etzlichen Schwedischen Treffen und Scharmützeln mit den Kaiserlichen, dabei auch zwei große Schlachten in Italien zwischen Frankreich und dem Kaiser. 1630.

7633. Relation de ce qui s'est passé au Piémont, depuis le commencement de la trève, jusqu'à la paix de Casal, entre les armées du roi et du duc de Savoye, par le maréchal de Schomberg, à Paris, 1630.

7634. Récueil de diverses relations des guerres d'Italie, des années 1628—1631, à Bourg en Bresse, 1632.

7635. Relazione della battaglia di Thionville, trà l'armata imperiale e l'armata di Francia, Milano, 1633.

7636. Expeditio suedica, d. i. historische Beschreibung des gewaltigen Zugs, welchen der tapfere Gustav Adolph im J. 1630 in Deutschland gethan, 1633.

7637. Relation de la prise du fort et de la ville de Spire, en 1635, à Paris, 1635.

7638. Successos y victorias de las catholicas armas de Espannas y del Imperio en Francia, nel anno 1636. Sevilla.

7639. Trois victoires obtenues par le cardinal de la Valette, sur le général Gallas, en 1635, à Paris, 1636.

7640. Le siège et la bataille de Leucate, à Tolose, 1637.

7641. Grolieri historia expugnatae et direptae urbis Romae, per exercitum Caroli V. imp. anno 1527. Paris, 1737.

7642. Journal du siège de Dole, capitale de Franche-Comté, par Boyvin, à Anvers, 1638.

7643. Strada, della guerra di Fiandra, 2 Tom. Roma, 1638.

7644. Historia del sitio y soccorso de Fuentarabia, y successos de l'anno 1638, por Mendoça, en Madrid, 1639.

7645. Relation envoyée au roi, de ce qui s'est passé dans l'armée de Roussillon, depuis le siège mis devant Saluces par les Espagnols, à Paris, 1639.

7646. Heckels Beschreibung der Belagerung von Pirna, 1639.

7647. Relation de tout ce que s'est passé au siège de Turin, 1640.

7648. Relation du siège et de la reddition d'Arras, à Paris, 1640.

7649. Epitome de los principios y progressos de la guerras de Catalunna en los annos de 1640 y 1641, por Sala, Barcelona, 1641.

7650.

7650. Remarques journalières des actions militaires les plus signalées, durant les deux sièges d'Aire, à Douay, 1641.

7651. Relacion do la bataglia, que huvo entre Franceses e Espannoles, sobre el soccorso de Perpignan, em Lisboa, 1642.

7652. Abrégé du commencement et des progrès de la guerre de Catalogne des années 1640 et 1641, trad. de l'espagnol, à Rouen, 1642.

7653. Memorie istoriche delle mossa d'armi di Gostavo-Adolfo, rè di Suecia, in Germania, l'anno 1630, da Bisaccioni, Venezia, 1642.

7654. Apiani, Schwedischer Abzug von der Stadt Freiberg, 1643. Freiberg, 1643.

7655. La prise de douze places en Allemagne, avec le siège de Philippsbourg, à Paris, 1644.

7656. Hometii bellum septimestre, seu Aria (Aire) a Gallis obsessa et capta, moxque ab Hispano exercitu recuperata, anno 1641. Audomari, 1644.

7657. Relation de ce qui s'est passé de plus mémorable en Catalogne au siège de Lerida, à Paris, 1644.

7658. Les sièges et batailles du prince d'Enghien, en 1644—47, par de la Serre, à Paris, 1647.

7659. Relation du siège de Cremone, à Paris, 1648.

7660. Le siège de Tortose en Catalogne, à Paris, 1648.

7661. Histoire du siège de Dunkerque, par Sarrazin, à Paris, 1651.

7662. Sièges, batailles, victoires et triomphes du prince de Condé, à Paris, 1651.

7663. Priorato Gualdo, storia delle guerre di Spagna contro Adolfo di Svezia e Luigi XIII. di Francia, successe dal 1630 al 1636, 5 Tom. Venezia, 1653.

7664. Josephus Moretus de obsidione Fontirabiae, Madriti, 1655.

7665. Pavia assediata da Francesco I. l'anno 1524, con la sua prigione seguita 1528, da Ballada, Pavia, 1655.

7666. Déscription des choses plus memorables, arrivées pendant le siège de Valenciennes, par l'armée de France, par de Rentré, à Valenciennes, 1656.

7667. Journal des particularités de la campagne de l'année 1656, avec la prise de la ville de Valence sur le Pô, récueilli par de Beaubrun, à Turin, 1657.

7668. Relation der Belagerung der Stadt Riga, 1657.

7669. Relation der Schwedischen Victorie wider die Holländer im Sund, 1658.

7670. Kobierczyky, obsidium Clari-Montis, Czestochoviensis, Dei-para imagine a divo Luca depicta celeberrimi, Dantisci, 1659.

7671. Bericht von der Belagerung und Eroberung der Hauptschanze in der Danziger Nehrung, 1659. Danzig, 1661.

7672. Diarium von der Belagerung der Festung Canistha, 1694.

7673. Le siège de Metz en 1552, par Fénélon, à Metz, 1664.

7674. Der Holländischen Merkurius, oder Erzählung dessen, was durch die französischen und alliirten Waffen 1673 verrichtet worden, Amsterdam, 1673.

7575. Bericht Torstensonscher Belagerung der Stadt Freiberg, 1642. Freiberg, 1674.

7676. Le siège et la prise de Condé, de Bouchain et d'Aire, à Paris, 1676.

7677. Journal du siége de Mastric, par un officier de la garnison, à Paris, 1676.

7678. Relation du siège et de la prise de la ville de Fribourg, à Paris, 1677.

7679. Journal du siège de Cambray, à Cambray, 1677.

7680. Journal du siège et de la prise de Valenciennes, à Paris, 1677.

7681. La prise de la ville de Puycerda, par le maréchal de Navaille, à Paris, 1678.

7682. Diarium obsidionis Stetinensis, oder Bericht alles dessen, was in der von dem Kurfürsten zu Brandenburg, 1677 belagerten Stadt Alten-Stettin sich von Tage zu Tage zugetragen, 1678.

7683. Bericht von der Eroberung der Festung Stralsund, 1678 den 10ten Oktober. Stralsund, 1679.

7684. Valerio, istoria della guerra de Candia, Venezia, 1679.

7685. Journées mémorables des Français, ou sont décrites leurs grandes batailles et victoires, par Girard, à Paris, 1682.

7686. Franciscl, Bericht der Belagerung von Wien, Nürnberg, 1683.

7687. Diarium dessen, was seit währender Türkischer Belagerung der Stadt Wien vorgegangen, 1683.

7688. Aufrichtige unpartheiische Relation von der Victoria der Christen bei dem Entsatz der Stadt Wien, zur Vertheidigung der Sächsischen Tapferkeit, welche fast in allen Relationen mit Stillschweigen übergangen worden, 1683.

7689. a Vaelskeren, Vienna a Turcis obsessa, sive diarium obsidionis Viennensis, Viennae, 1683.

7690. Siberus de obsidione Viennensi, anni 1519, cum nupera comparata, Vittebergae, 1684.

7691. Journal du siège de Luxembourg, 3 parties, à Paris, 1684.

7692. Ofens Glücks und Unglücksfälle, 1684.

7693. Fabro, floro historico de la guerra de los Turcos, 5 Tom. en Madrid, 1684.

7694. Neuste Kriegs- und Staatshändel, oder Vorstellung der eroberten Festung Luxemburg, der Eroberung der Türkischen Festung S. Maura, der beängstigten Stadt Genua, der Eroberung der Festung Viergrad und der Belagerung der Stadt Ofen, Nürnberg, 1684.

7695. Felgius Adlerskraft, oder ausführliche Beschreibung der Tapferkeit, welche Helden, Ritter und Soldaten erwiesen, als Wien von den Türken belagert ward, Wien, 1685.

7696. Beschreibung und Diarium der Belagerung von Ofen, 1686.

7697. Diary of the expedition of the prince of Orange, (William III.) from the Hague to London, 1689.

7698. Le siège de Bourges en 1562, décrit par Catherinot, à Bourges, 1689

7699. History of the capaign of William III. in the Spanish Netherlands, by d'Auvergne, 4 Tom. 1693—1696.

7700. Mannsfeldische Historie, Schlacht und herrliche Victoria in Ungarn, 1695.

7701. Antonio de Solis, istoria della conquista del Messico, Firenze, 1699.

7702. Diego Villarroel, conquisto del reyno de Napoles, en Madrid.

7703. Relation von der zweimaligen Belagerung der Festung Landau, 1704.

7704. Das große Hochstädsche Blutbad, Leipzig, 1704.

7705. Das sich zu den Füßen des Römischen Königs submittirende Landau, Leipzig, 1705.

7706. Das erlöste Brabant, und das besiegte Spanische Flandern, d. h. Erzählung der Schlacht bei Ramelins, den 23sten Mai, 1706. Frankfurth.

7707. Histoire du siège de Toulon, par de Vizé, à Paris, 1707.

7708. Beschreibung von Rissel, wie solches von Prinz Eugen und Herzog von Marlborough den 14ten Aug. 1708 erobert worden, Leipzig, 1708.

7709. Bartensteinii distriba de bello imperat. Caroli V. et Mauritii Saxoniae electoris, Argentorati, 1710.

7710. Crophii Erzählung von Belagerung der Stadt Augsburg, Augsburg, 1710.

7711. Récueil de lettres et mémoires, contenant une relation exacte de l'affaire de Denain, à la Haye, 1713.

7712. Große Thaten des Prinzen Eugen von Savoyen wider die Türken in Ungarn, im J. 1717, nebst einem Plan von der Belagerung von Belgrad, Wien, 1717.

7713. Vorstellung des zweiten und dritten Feldzuges auf dem Ungarischen und Venetianischen Kriegstheatro, 17 Auftritte, Leipzig, 1717.

7714. Nachricht von den Begebenheiten, welche sich 1716 in Groß-Polen zwischen den Königl. Churfürstl. Sächsischen Truppen und den Conföderirten bei Szrim ereignet, Dresden, 1718.

7715. Relazione di progressi dell'arme Spagnuole in Messina e suo distretto, fatti sotto la direzione di Franc. de Bette, Messina, 1718.

7716. Sicilien, oder Nachricht von dessen Staatsveränderung, besonders der 1718 durch die Spanier auf dasselbe vorgenommenen Expedition, Hamburg, 1720.

7717. Saint Simon, histoire de la guerre des Alpes de 1744, à Amsterdam, 1720.

7718. Abdruck des von dem Kommandanten der Festung Tönningen, Zach. Wolf, gehaltenen Journals von 1713—1714. 1724.

7719. Comentarios de la guerra de España, é historia de su re Felipe V. por el Marques de San Felipe, 2 Tom. en Genova, Pamplona, y en Madrid, 1725.

7720. Calvisii Historie der Belagerung und Zerstörung von Magdeburg, 1631, Magdeburg, 1727.

7721. Journal des Lust-Campements bei Mühlberg, 1730. Magdeburg, 1730.

7722. Plans et journaux des siéges de la dernière guerre de Flandres (par Funk et d'Illens), 1730.

7723. Kurze Beschreibung der Belagerung von Danzig, Leipzig, 1734.

7724. Nachricht von der Russischen und Sächsischen Belagerung der Stadt Danzig, 2 Bde. Köln, 1735.

7725. Wahrmund, Journal der Belagerung von Danzig, Langfuhr, 1735.

7726. Memorie istoriche della guerra tra la casa d'Austria e la casa di Borbone per gli stati della Spagna, Venezia, 1736.

7727. Scharfenstein, Diarium der kaiserlichen Armee in Ungarn, Nürnberg, 1737.

7728. Relation de la dernière campagne, et de l'affaire de Denain en 1712, avec une carte de tous les mouvemens des Français, à la Haye, 1739.

7729. Beschreibung, was während der Wiener Belagerung vorgefallen, von Hocken, Wien, 1740.

7730. Théatre de la guerre en Allemagne, en 1733 – 1735, par Le Rouge, à Paris, 1741.

7731. Diarium der Königl. Ungarischen Armee vor Prag, und der Kaiserl. Besatzung in Prag, 1742.

7732. Relation der Belagerung von Prag, 1742.

7733. Nachricht von der Belagerung der Stadt Freyberg im Jahr 1642. Freiberg, 1743.

7734. Ausführliche Beschreibung der Belagerung und Eroberung der Stadt Prag, Prag, 1744.

7735. Diarium von der letzten Belagerung von Prag, Nürnberg, 1744.

7736. Military transactions in Indostan, by Orme, 3 Tom. London, 1745.

7737. Campagnes du roi en 1744, 1745, contenant les victoires et conquêtes dn S. M. et celles de ses alliés en Flandre, en Allemagne, en Silésie, en Italie, par Rousseau, à Paris, 1745.

7738. Mémoires, contenant un récit militaire et historique, de ce qui est arrivé en Saxe vers la fin de 1745, à Cologne, 1747.

7739. Plans et journaux de la dernière guerre de Flandres, par Mrs. d'Illens et Funk, capitaines étrangers au service de France, à Strasbourg, 1750. (Deutsch ebendas.)

7740. Journal de ce qui s'est passé au camp de Richemont, par Vallier, à Paris, 1755.

7741. Paalzow Versuch eines Tagebuchs des dritten Schlesischen Krieges, 5 Bde. Magdeburg, 1756—1759.

7742. Précis de la retraite de l'armée saxonne de son camp de Pirna, 1756.

7743. Seyffarth, Nachrichten vom Kriege in Deutschland, in den Jahren 1756—1663. 6 Bde.

7744. Kapitulation der Kursächsischen Armee 1756, nebst andern dazu dienenden Schriften.

7745. Lettres sur l'invasion de la Saxe en 1756.

7746. Relation de la campagne de 1756 tant en Bohème, qu'en Silésie et en Saxe, de main de Maitre, 1757. (Deutsch, 1756.)

7747. Schreiben eines holländischen Volontairs bei der Königl. Preuß. Armee in Böhmen. Nr. I — VII. Berlin, 1757.

7748. Geschichte des im Jahr 1756 in Deutschland und dessen angrenzenden Ländern geführten Krieges, mit Kupf. und Abrissen der Belagerungen und Schlachten, 6 Bde. Augsburg 1757—1763.

7749. Geschichte des 1758 und 1759 in Deutschland geführten Kriegs, 6 Bde. Leipzig, 1758—1763.

7750. Ausführliche Nachricht von der Schlacht bei Zorndorf, nebst einem accuraten Plan, Breslau, 1758.

7751. Diarium der Belagerung von Breslau, Berlin, 1758.

7752. Geschichte des dritten schlesischen Krieges, entworfen von F.... 6 Bde. Breslau, 1759—63.

7753. Journal von der russisch-kaiserlichen Armee, Regensburg, 1759.

7754. Account of the expedition against Martinico and Guadeloupe, by capt. Gardiner, London, 1759. (french, 1762.)

7755. Ausführliche Relation der von dem Prinzen Heinrich gegen die Reichsarmee im Monat Mai 1759 ausgeführten glücklichen Expedition in Franken, mit 8 Karten.

7756. Nachricht von der Aufführung der Russischen Armee vor Cüstrin, Neumark, 1759.

7757. Relation de la bataille navale de 1759, par Dauthville, à Paris, 1760.

7758. Cambridge, account of the war in India between the english and french on the coast of Coromandel, from 1750—1760. London, 1760.

7759. du Bois, camps topographiques de la campagne de 1757 en Westphalie, à la Haye, 1760.

7760. Journal de la campagne de 1760, entre l'armée du roi aux ordres de M. de Broglio, et celle des alliés, commandée par le prince Ferdinand, ou l'on a joint les opérations des deux armées, à Francfort, 1761.

7761. Mémoire abrégé de ce qui s'est passé au siège de Cassel, en 1761, par le comte de Schaumburg Lippe, 1762.

7762. Orme, history of the military transactions of the british nation in Indostan from the year 1745. London, 1763.

7763. Schauplatz des Kriegs in Deutschland von 1756—1763, mit 160 Planen, und einer kurzen Geschichte, 6 Bde. Nürnberg, 1764.

7764. Summarische Auszüge der neueren Kriegsgeschichte von 1756—1763, in chronologischen Tabellen, Frankfurth, 1764.

7765. The history of the late war in Germany between the king of Prussia and the emperour of Germany etc. by general Lloyd, 2 Tom, London, 1766.

7766. Alessandro Andrea, della guerra di campagna di Roma et del regno di Napoli, l'anno 1556—1557. Ragionamenti tre, dati in luce da Gir. Ruscelli, Napoli, 1769.

7767. Journal des opérations militaires, faites par l'armée brittanique et alliée, depuis le 24. Juin 1762, jusqu'au 31. Août, à Cassel, 1769.

7768. Auszug der im vorigen und jetzigen Sekulo angegriffenen und vertheidigten Städte, von Clair, 2 Th. Berlin, 1770—71.

7769. Dr. Simon, histoire de la guerre des Alpes en 1744, à Amsterdam, 1770.

7770. Journal de la défense de Cassel par le comte de Broglie en 1761, à Francfort.

7771. Histoire des dernières campagnes de Gustave Adolphe, en Allemagne, trad. de l'italien de de Priorato, par Francheville, avec les plans levés sur le terrein, par un officier prussien, à Berlin, 1771.

7772. Heyne, geographisches und historisches Journal der Feldzüge von 1757—62. Freiberg, 1772—73.

7773. Mante, history of the late war in America and the islands of the West-Indies, including the campaigns of 1763 and 1764 against the Indian ennemies, London, 1773.

7774. Histoire des campagnes de Mr. de Maillebois, en Italie, pendant les années 1745 et 1749, par le marq. de Pezay, 3 Tom. et un volume, format d'atlas, contenant les cartes, plans etc. à Paris, 1775—1776.

7775. Tielke, Beiträge zu Geschichte des siebenjährigen Krieges, 6 Bde. Freiberg, 1775—1786.

7776. Histoire des campagnes de Mr. le maréchal de Maillebois en Italie, en 1745 et 1746, 3 Tom. à Paris, 1775.

7777. Mendoza, guerra de Granada, que hizo Felipe II. contra los Moriscos, en Valencia, 1776.

7778. Aster, ausführlicher Bericht von der Schlacht bei Siptitz, ohnweit Torgau, den 3ten Nov. 1760. Dresden, 1776. (En français ibid.)

7779. Nachricht von der die Stadt Görlitz 1641 betroffenen Belagerung, Görlitz, 1777.

7780. L'affaire de Maxen, par Tielke, à Freyberg, 1777.

7781. Mémoires pour servir à l'art et l'histoire de la guerre de 1756 à 1763, par Tielke, 1777.

7782. Journal du siège de Schweidnitz, en 1762, par Le Febvre, à Mastric, 1778.

7783. Schauplatz des Bairischen Erbfolgekrieges, 6 Stück, Leipzig, 1778. 1779.

7784. Tagebuch der wichtigsten Vorfälle bei den Preußisch-Sächsischen und Kaiserlichen Armeen, 5 Stück, Berlin, 1778.

7785. v. Zanthier, Feldzüge des Vicomte Türenne, aus ächten Urkunden, Leipzig, 1779.

7786. Goddard's march from Calpee to Surat in 1778, London, 1779.

7787. Mémoires raisonnés sur la campagne de 1778 en Bohème, par le comte de Schmettau, à Berlin.

7788. v. Zurlauben, Feldzug des Prinzen Ludwig von Condé von 1674 und Schlacht bei Almonza, a. d. Franz. im 5ten Bd. der Kriegsbibliothek.

7789. La Roziere, Feldzug des Marschalls von Crequi in Lothringen und im Elsaß im Jahr 1677, a. d. Franz. im 7ten Bde. der Kriegsbibliothek.

7790. La Roziere, Feldzug des Kurfürsten von Baiern Maximilian Emanuel, und des Marschalls von Villers, im Jahr 1703, in Deutschland, a. d. Franz. im 8ten Bde. der Kriegsbibliothek.

7791. Histoire militaire de Flandre, ou extrait des campagnes du maréchal de Luxembourg. Première campagne, avec 16 plans, et des notes tactiques, par un officier prussien, à Potsdam, 1783. (Deutsch, Berlin).

7792. D. Antonio Solis historia de la conquista de Mexico, 2 Tom. en Madrid, 1783.

7793. v. Surbec Bericht der Belagerung von Staffarde im Jahr 1690. A. d. Franz. Im 8ten Bde. der Kriegsbibliothek.

7794. Tagebuch der Belagerung von Cassel im Jahr 1760 unter Kommando des Prinzen Friedrich August von Braunschweig. Im 7ten Bd. der Kriegsbibliothek.

7795. Tarducci, Lager des Grafen von Basta bei Welzen, im Jahr 1579 gegen die Türken, nebst der Beschreibung der allda vorgefallenen Gefechte. A. d. Ital. im 9ten Bde. der Kriegsbibliothek.

7796. Tarducci Kriegsbegebenheiten in Siebenbürgen, zwischen dem Wallachischen Woiwoden Michael und dem Kaiserl. General Grafen Basta, im Jahr 1600. A. d. Ital. im 10ten Bde. der Kriegsbibliothek.

7797. Burgoyne, state of the expedition from Canada, and orders respecting the principal movements and operations of the army, to the raising of the siege of Ticonderago, London, 1780.

7798. Howe, narrative of his conduct during his late command of tho kings troops in North-America, London, 1780.

7799. L'loyd's history of the war in Germany (in 1757), 2 Tom. London, 1781.

7800. Histoire militaire de Flandres, ou les campagnes du duc de Luxembourg, depuis l'année 1692—94. 2 Tom. à Potsdam, 1782.

7801. Feldzüge des Marschalls von Luxemburg, oder Militairgeschichte in Flandern. A. d. Franz. des R. Beaurain, 4 Bde. Potsdam, 1783—1786.

7802. Positiones der unter dem unmittelbaren Befehl des Königs von Preußen im J. 1778 sich befundenen Armee in Schlesien und Böhmen, nebst einer kurzen Geschichte solches Feldzugs, mit 19 Plänen, Altenburg, 1784.

7803. Mémoires militaires du général L'loyd, à Londres, 1784.

7804. Lettres sur la campagne de 1778, par Wighton, á Vienne, 1784.

7805. Carter, detail of the several engagements, positions etc. of the royal americain armies, during the years 1767—1776. London, 1784.

7806. Relation of the battle of Maxen, translated from an officer, London, 1785.

7807. History of the late siege of Gibraltar, by Drinkwater, London, 1786.

7808. General Tarleton, history of the compaigns of 1780 and 1781 in the soulthern provinces of North-America, London, 1787.

7809. L. Müller, Beschreibung der drei letzten schlesischen Kriege, u. s. w. Berlin, 1788. 1802.

7810. Tableau des guerres de Frédéric le Grand, par Müller, traduit par de Laveaux, à Potsdam, 1788.

7811. Déscription des retranchements faits en 1786 aux environs d'Amsterdam, et des attaques des Prussiens et des inondations autour de cette ville, par de Pfau, à Berlin, 1789.

7812. Mémoire sur la campagne de 1778 en Bohème, par les Prussiens, par le comte de Schmettau, à Berlin, 1789.

7813. v. Schmettau, über den Feldzug der Preußischen Armee in Böhmen, 1778. Berlin, 1789.

7814. Histoire de la campagne des Prussiens en Hollande, en 1787, par de Pfau, à Berlin, 1789.

7815. Munro, narrative of the military operations on the Coromandel-Coast, against the French, Dutch and Hyder-Aly, from 1780 to 1784. London, 1789.

7816. Mémoires sur la campagne de 1778 en Bohème, par l'armée prussienne aux ordres du roi, et sur plusieurs objets, concernants l'art pratique de la guerre, par le comte de Schmettau, à Berlin, 1789.

7817. Relacion historica de la famosa invasion del exercito y armada de Francia en Cataluna, en 1285, y de la valerosa resistencia, que los Catalanes etc. hicieron á los enemigos, etc. por Bernardo Desclot, caballero Catalan, testigo de vista, en Madrid, 1793.

7818. Sketch of the war with Tippoo Sultaun, by Mackenzie, 2 Tom. Calcutta, 1793.

7819. Narrative of the campaign in India, 1792, by Dirom, major, London, 1793.

7820. Belagerung und Eroberung der Festung Mainz im Jahre 1689. Frankfurth, 1793.

7821. Narrative of the operations of capt. Little's detachment and of the Mahratta army, against Tippoo Sultaun, by Moor, London, 1794.

7822. History of the american war, by Stedman, 2 Tom. London, 1794.

7823. Geschichte der Preußen und Sachsen während des Feldzugs 1793 zwischen dem Rhein und der Saar, Dresden, 1795.

7824. Narrative of Lord Howe's victory etc. London, 1796.

7825. Account of the campaign in the W. Indies, in 1794, by Willyams, London, 1796.

7826. An historical journal of the british compaigns on the continent in the year 1794, with the retreat through Holland in 1795, by the capt. Jones, London, 1797.

7827. Grawerts ausführliche Beschreibung der Schlacht von Pirmasenz, 1793, nebst einem Bataillenplan, und dazu gehörigen General-Karten, Potsdam, 1797.

7828. Beschreibung der Festung Mantua, nebst gedrängter Erzählung der daselbst vorgefallenen kriegerischen Ereignisse, Frankfurth, 1797.

7829. Pièces relatives à la marche des troupes détachées de l'armée de Sambre et Meuse, pour se rendre à Brest, à Francfort, 1798.

7830. Campagne des Austro-Russes en Italie sous Souwarof, à Leipsic, 1799. 1800.

7831. Copies and extracts of advices relative to the war with Tippo Sultaun, London, 1800.

7832. Narrative of the expedition to Holland in the autumn of the year 1799, by E. Walsh, London, 1800 (Deutsch von Menu, Berlin, 1810.)

7833. Review of the origin, progres's and result of the late decisive war in Mysore, in a lettre from a officer in India, with notes and an appendix by M. Wood, London, 1800.

7834. A view of the origin and conduct of the war with the late Tippo Sult. London. 1800.

7835. Field of Mars, being an account of naval and military engagements, 2 Tom. London, 1801.

7836. Journal of the expedition under Sir Ralph Abercrombie, in Egypt; with an account of Malta, by Anderson, lieut. 40th. regt. London, 1802.

7837. A historical account of the british expedition to Egypt, in which are notes on general Reyniers publication, some importants facts relative to Gen. Bonaparte etc. by lieut. col. Sir Rob. Wilson, 1802.

7838. A journal of the forces, which soiled from the Dorons in April 1802 on a secret expedition undre the commend of lieut. Gen. Pigot, till their arrival in Minorca etc. untill the complete evacuation of Egypt by the french, by lieut. Aeneas Anderson, 1803.

7839. Journal of the british campaign in Egypt, by Walsh, London, 1803. 1808.

7840. Bulletins de l'armée française pendant la campagne contre les Prussiens et les Russes, en langue turque, à Paris, 1807.

7841. Notes of the transactions in the Mahratta empire, dated Fort William 15. Decbr. 1803. Printed uniformly with Beatsons campaigns in India, 1804.

7842. Relations des principaux siéges faits ou soutenus en Europe par les armées françaises depuis 1792, par Musset-Pathay, 2 Tom. à Paris, 2 Tom. à Paris, 1806.

7843. v. Both, Beleuchtung der Schlacht von Pultusk, 1806. Französisch und Deutsch, Berlin.

7844. Topographisch-historische Ansicht der Belagerung von Koppenhagen im J. 1807. Koppenhagen, 1807. (von Lohde; 2te Aufl. 1808.)

7845. Bericht über das Gefecht von Saalfeld, Dresden, 1807. (von Gablenz)

7846. Uebersicht der Operationen der Französischen und Russischen Armeen vom 5ten Juni 1807 bis zum Waffenstillstande von Tilsit, nebst den Schlachten von Eylau und Friedland, Weimar, 1807.

7847. Sammlung der Plane und Nachrichten von den drei Hauptschlachten des letzten Krieges zwischen Frankreich, Preußen und Rußland, 1806—1807. Weimar, 1807

7848. v. Both, Relation der Schlacht von Heilsberg, 1807. Französisch und Deutsch, Berlin.

7849. Der Feldzug der Franzosen und alliirten nordischen Völker im Jahr 1806 und 7, vom Verf. der vertrauten Briefe, Leipzig, 1808. (Auch französisch.)

7850. Tableau historique de la guerre de la révolution de France, depuis son commencement 1792 jusqu'à la fin de 1794, (par de Grimoard) 3 Tom. à Strasbourg et à Paris, 1808. (avec un atlas militaire.)

7851. Nachricht von der Schlacht bei Preußisch-Eylau, am 8ten Febr. 1807. 2te Aufl. Weimar. 1808.

7852. Bericht über die Schlacht von Marengo, a. d. Franz. von Wiedemann, Tübingen, 1809.

7853. Nachricht von der Schlacht bei Eßlingen und Groß-Aspern, den 21 und 22sten Mai 1809. Weimar, 1809.

7854. Sammlung der Plane und Nachrichten der Schlachten von Aspern und Wagram, Weimar, 1809.

7855. James Moore's, narrative of the campaign of the british army in Spain, under the command of lieut. Sir James Moore, London, 1809.

7856. Offizielle Berichte von der Schlacht von Enzersdorf und deutsch-Wagram, am 5ten und 6ten July 1809. 2te Aufl. Weimar, 1810.

7857. Historische Darstellung der Streifzüge des Herzoglich Braunschweigischen und des Schillschen Korps, 1809. Meißen, 1810.

7858. Die Schlachten der Alten, von Jeckel, Tübingen, 1810.

7859. Relationen der Schlachten bei Aspern, Wagram und Znaim im J. 1809. Wien, 1810.

7860. History of the russian campaigns in Poland, 1806 and 1807, by Sir R. Wilson, London, 1811.

7861. Notes on the Mahratta-war, by Marquis Wellesley, London.

7862. Uebersicht des Feldzugs der K. K. Französischen und K. K. Russischen und Preußischen Armeen im J. 1813; 1ste und 2te Abtheil. bis zum Waffenstillstande, Weimar, 1813.

7863. Waffenstillstand zwischen den Französischen und combinirten Russischen und Preußischen Armeen, Deutsch und Französisch, Weimar, 1813.

7864. Narrative of the campaign in Russia, during 1812, by Sir R. K. Porter, London, 1813.

7865. Uebersicht des Feldzugs von 1813. 3 Abtheilungen, Weimar, 1814.

7866. Relations des siéges de Saragosse et de Tortose par les Français, dans la dernière guerre d'Espagne, par le baron de Rogniat, à Paris, 1814.

7867. Spain and Portugal, in french and english, with a chronological register of military events, from the embarkation of the portuguese royal family, to the marq. of Wellington's etablishment on the french frontier, by Bradford, London, 1814.

7868. Mémoires pour servir à l'histoire de la guerre entre la France et la Russie en 1812, par Guillaume de Vaudoncourt, 2 Tom. à Londres, 1816; à Paris et à Munic, 1819.

7869. Versuch einer militairisch-historischen Darstellung des großen Befreiungskrieges, 1813.

7870. Versuch einer Darstellung der merkwürdigen Schlachten von Ligny und Belle-Alliance, 1815, Weimar, 1815.

7871. Historical account of the battle of Waterloo, by Mudford, London, 1816.

7872. Ueberblick des merkwürdigen und für Deutschland so glorreichen Feldzugs Sr. Königl. Hoheit des Prinzen August von Preußen in Frankreich, in welchem die Preußen in 12 Wochen 17 Festungen eingenommen haben, Halle, 1816.

7873. Erinnerungsbuch für Alle, welchen in den Jahren 1813—1815 Theil genommen haben an dem heiligen Kampfe um Selbstständigkeit und Freiheit, Halle, 1817. 1822.

7874. Die Schlacht von Großbeeren am 23sten August, 1813. Halle, 1817.

7875. Mémoires pour servir à l'histoire de la guerre de 1812. 2 Tom. à Paris, 1817.

7876. Mémoires pour servir à l'histoire de la guerre entre la France et la Russie en 1812, par un officier de l'état major, 2 Tom. avec un atlas militaire, à Paris, 1817.

7877. Tableau de la campagne d'automne de 1813 en Allemagne, par un officier russe, à Paris, 1817.

7878. Histoire des campagnes d'Italie en 1813 et 1814, par Guillaume de Vaudencourt, 2 Tom. à Londres, 1817.

7879. Campagne de S. A. R. le duc d'Angoulême dans le midi de la France, en 1815, par Th. Licquet, à Rouen, 1818.

7880. Histoire de la guerre d'Allemagne en 1813, par le général Guillaume de Vaudoncourt, 2 Tom. à Paris, 1818—19.

7881. Tagebuch der Feldzüge gegen Frankreich von 1792—1796, von Fr. Jos. Gr. D. Colmar, 1819.

7882. Der Krieg der Verbündeten gegen Frankreich in den Jahren 1813. 14 und 15, als Erläuterung der beiden Tableaus, welche die Schlachtenpläne jener Kriege vorstellen, entworfen von den Königl. Preuß. Kapitains von Rau und Hänel von Cronenthal, herausgegeben von Karl Vetter, 1r Bd. Berlin, 1822. (Französisch ebendaselbst.)

7883. L. Müller, Ingen. Major, Abriß und Beschreibung des Kriegs Friedrich des Großen, oder Darstellung aller Schlachten und Hauptgefechte, welche in den drei Schlesischen Kriegen geführt wurden u. s. w. Fünfte Auflage, Berlin, 1822. (Ibidem en Français sous le titre: Tableau des guerres de Frédéric le grand, ou plans figurés de vingt-six batailles rangées etc.)

7884. Southey's, history of the late war in Spain and Portugal, 3 Tom. London, 1822—1823.

7885. Plane der Schlachten und Treffen welche von der Preuß. Armee in den Jahren 1813—15 geliefert worden, mit historischen Erläuterungen, 2 Hefte, Berlin, 1822. Die Plane im Imp. Fol. (Auch in franz. Uebersetzung.)

c. Octavo.

7886. Aretino, il libro della guerra de'Ghothi, trad. dal latino da Lod. Petroni, Venezia, 1542.

7887. Aretino, libro della prima guerra de li Carthaginesi con li Romani, Venezia, 1544. 1545.

7888. Discours de la guerre de l'an 1542 et 1543 trad. du latin de Paradin, à Paris, 1544.

7889. Etrobii commentarius, seu diarium expeditionis Tunicae a Carolo V. Imp. susceptae, anno 1535. Lovanii, 1547.

7890. Commentaire de la guerre d'Allemagne, faite par Charles V. en 1546 et 1547. traduit de l'espagnol d'Avila, par Vaulchier, à Anvers, 1550.

7891. Histoire de la ville de Sancerre, contenant les entreprises, siége, approches, batteries, assaults et autres efforts des assiégeans, les resistences et la delivrance des assigés, par de Lery, 1554.

7892. Histoire de la bataille navale, faite par les Dieppois et les Flamands, et de la victoire remportée sur ces derniers, en 1555, à Paris, 1555.

7893. Marchetti narratio de Morini, quod Terovanam vocant, atque Hedini expugnatione, deque proelio apud Rentiacum, Antverpiae, 1555.

7894. La prise de Thionville en 1555, écrite par de la Chastre, maréchal da France, à Paris, 1558.

7895. Trattato del successo della potentissima armata del Turco Ottoman Solimano, venuta sopra l'isola di Malta, l'anno 1565.

7896. Discours du succès des affaires, passées au siège de Poitiers, le 15. Juillet 1569, jusqu'au 21. Sept. à Rouen, 1569.

7897. Discours de la prise de la ville de Gothe en 1567, à Paris, 1570.

7898. Cilicii descriptio belli Dithmarsici, a rege Daniae, Friderico II. et Holsatiae ducibus, Joanne et Adolpho, 1559 gesti, Basil. 1570.

7899. Conquista y cruenta batalla di Rodas, nuevamento sacada del latin en lengua castellana por el Bachiller Cristobal de Arcos, en Medina del Campo, 1571.

7900. Commentaires sur le fait des dernières guerres en la Gaule belgique, entre Henri II. et l'empereur Charles V. depuis 1551 jusqu'en 1562, par Rabutin, à Paris, 1574.

7901. Discours des choses mémorables advenues durant le siège de Lusignan, en 1574, à Paris, 1575.

7902. Discours du siège de la ville d'Yssoire en Auvergne, par le duc d'Anjou, à Paris, 1577.

7903. Histoire des deux siéges de la ville de Sommiéres en Languedoc, en 1572 et 1577, par Giry, à Lyon, 1578.

7904. Discours du passage et de l'arrivée des ducs de Montpensier et maréchal de Biron et de leur armée dans les pays-bas, ensemble de tout ce qui s'y est fait depuis, à Paris, 1583.

7905. Histoire, contenant les plus mémorables faits advenus en 1587, tant en l'armée commandée par le duc de Guise, qu'en celle des Huguenots, commandée par le duc de Bouillon (par le Maréchal de la Châtre) à Paris, 1588.

7906. Relazione dell'assedio di Parigi, nell' anno 1090, di Pigafetta, Bologna, 1591.

7907. Discours du siège et desassiègement de la ville de Rouen en 1591, par Valdory, à Rouen, 1592.

7908. Histoire des guerres d'Italie, par Guichardin, avec les observations politiques et militaires du Sieur de la Noue, 2 Tom. à Genève, 1593.

7909. Discours de ce qui s'est passé dans la guerre de Savoye et en la prise du chateau de Montmélian, à Paris, 1600.

7910. Histoire de ce qui s'est passé au siége d'Ostende, à Paris, 1604.

7911. Journal du siége d'Ostende etc. par l'Archiduc Albert, 1604.

7912. Histoire de la surprise de la forteresse d'Alarache en Afrique, en 1610, à Bruxelles, 1611.

7913. Discurs über Kaiser Karls V. und Königs Franzisci Schlacht vor Pavia, a. d. Franz Amberg, 1613.

7914. Histoire des choses plus mémorables advenues aux derniers troubles de Moldavie, ou sont décrites plusieurs batailles, gagnées tant par les princes Polonais, que par les Turcs et les Barbares, à Paris, 1620.

7915. Vittoria roportata da Signore di Ghiza ed altri Francesi, contra i rebelli del rè di Francia, nell' assedio di S. Giovanni d'Angely, in Lione, 1621.

7916. Relation véritable de ce qui s'est passé en l'armée du roi, étant en Italie, commandée par le connétable de Lesdiguières, à Paris, 1624.

7917. Histoire particulière des plus mémorables choses, qui se sont passées au siège de Montauban, en forme de journal, à Leide, 1624.

7918. Histoire des exploits généreux, faits par les armées, tant du roi, que de Son Altesse, en Piémont, sur les terres de Gènes, le siège de Verrue etc. sous le connétable de Lesdiguières, à Grenoble, 1626. (par Bouchet.)

7919. Histoire générale des exploits de guerre, faits au siège de la Rochelle, et de l'isle de Ré, contenant la fuite des Anglais et la division des habitans de la Rochelle, à Paris, 1627.

7920. Relation de la déscente des Anglais dans l'isle de Ré, du siége mis par eux au fort et à la citadelle de S. Martin etc. à Paris, 1628.

7921. Discours su le succès des armes du roi en la prise de la Rochelle, à Paris, 1629.

7922. Mémoires des choses passées en Guyenne, en 1621 et 1622, sous les ducs de Mayenne et d'Elbeuf, par de Vignoles la Hire, maréchal de Camp, à la Rochelle, 1629.

7923. Sammarthani expeditio Rupellana, Parisiis, 1629.

7924. Recit de la prise de Vezel, et de ce qui s'est passé au siége de Bolduc, à Paris, 1629.

7925. Histoire des deux derniers siéges de la Rochelle, sous les regnes de Carles IX et de Louis XIII. à Paris, 1630.

7926. Histoire journalière de tout ce qui s'est passé dans le Montferrat, pour la protection du duc de Mantone, jusqu'à l'évènement du siège de Casal, à Paris, 1631.

7927. Relation de ce qui s'est passé en Italie l'an 1630 entre les armées de France, et celles de l'empéreur, du roi d'Espagne et du duc de Savoye, à Paris, 1631.

7928. Des Carneaux, libri IV. de obsidione urbis Rupellae, Parisiis, 1631.

7929. Relation envoyée par le maréchal de Schomberg, du combat entre son armée et celle de Monsieur, près de Castelnaudari, à Paris, 1632.

7930. La sommation, le siège et la prise de Trèves, par le maréchal d'Estrées, à Paris, 1632.

7931. La prise de la ville du Quesnoy près de Cambray, et l'histoire du siége de l'importable place de la ville de Landrecy, par l'armée du roi, à Paris, 1637.

7932. Description du siège de Dole, par Boyvin, à Anvers, 1638.

7933. Le soldat piémontois, revenant du camp de Turin, et racontant tout ce qui s'est passé en la campagne d'Italie de l'année 1640, par Baudier, à Paris, 1641.

7934. Revellus, de Rupella ter obsessa, dedita demum, capta, subacta, Amstelodami, 1649.

7935. Herberti expeditio ducis de Buckingham, in Ream insulam 1623. Londini, 1656.

7936. Campagnes de Louis XIV. ou les années françaises, par Cériziers, à Paris, 1658.

7937. Histoire mémorable de ce qui s'est passé de jour en jour, tant dans la ville de la Rochelle, qu'à l'armée du comte de Soissons, à Paris, 1662.

7938. Guido della Colonna, storia della guerra di Troja, trad. in italiano, Napoli 1665.

7939. Zielenicwicii, memorabilis victoria de Szerometho, exercitus Moscorum duce, armis Jo. Casimiri, ad Cudnoviam 1660 reportata, Cracoviae, 1668.

7940. Journal du siége de Candie, à Lyon, 1669.

7941. A relation of the siege of Candia, London, 1670.

7942. Relations de guerre, contenant les secours d'Arras en 1654, le siége de Valence en 1656, et le siége de Dunkerque en 1658, par de la Mesnardière, à Paris, 1674.

7943. Le siége de Mastricht et son plan, à Amsterdam, 1674.

7944. Relation unterschiedlicher in dem Krieg von 1670—16 9 vorgegangener Begebenheiten.

7945. Rueß, Relation von der Belagerung von Wien, 1683. mit Kupf.

7946. Relazione dell'assedio di Vienna, 1683. Venezia, 1684.

7947. Diario delle campagne nel'Ungheria, Bologna, 1684.

7948. Beschreibung alter und neuer Wiener Belagerungen, nebst einem Abriß des Türkischen Feldlagers, 1684.

7949. Beschreibung der Belagerung von Neuhäusel, Nürnberg, 1685.

7950. Histoire de la guerre de Chypre, par Gratiani, à Lyon, 1686.

7951. History of the war of Cyprus, by Midgley, London, 1687.

7952. Relation von der Eroberung der Festung Griechisch-Weißenburg, 1688.

7953. La campagne de Namur, ou relation fidèle, de ce qui s'est passé de plus mémorable pendant la prise de cette place, avec les divers mouvemens des armées confédérées, et ceux de l'armée de France dans les pays-bas, à la Haye, 1695.

7954. Vertot's history of the revolutions in Sweden, translated from the french, London, 1696.

7955. Relation de l'expédition de Carthagène en 1697, par Pointis, avec plans, à Amsterdam, 1698.

7956. Schauplatz des Kriegs in der Lombardey, Leipzig, 1702.

7957. D. Antonio Solis, conquista de Nueva Espana, 3 Tom. en Bruselas, 1704. 1741; en Madrid, 1748; en Barcelona, 1774.

7958. Grimaret, Feldzüge Karls XII. 3 Bde. 1707.

7959. Account of the Earl of Peterborow's conduct at the siege of Barcelona in 1706. London, 1708.

7960. Le triomphe et la levée du siége de Bruxelles, par l'armée de France en 1708, à Nancy, 1709.

7961. La levée du siége de Bruxelles, à Nancy, 1709.

7962. Journal du siège de Lille, à la Haye, 1709.

7963. Relation de la campagne des alliés aux Pays-bas en 1709. Amsterdam, 1710.

7964. Memoirs of the british fleets in the Mediterraean, under Sir John Leake, in 1708 — 1709, by Taubman, London, 1710.

7965. Relation de la campagne de 1710, contenant un journal de tout ce qui s'est passé aux siéges de Donay, Bethune, S. Venant et S. Aire, à la Haye, 1711.

7966. La conduite du duc de Marlborough dans la presente guerre, traduit de l'anglais, à Amsterdam, 1712.

7967. Relation de la campagne en 1711, en Flandres, à la Haye, 1712.

7968. History of the war in the Netherlands, under Eugene and Marlborough, by Brodrick, London, 1713.

7969. Relation der Schlacht bei Pultawa, 1716.

7970. Entwurf der 15jährigen Campagnen Karls XII. Königs von Schweden, Lund, 1716.

7971. Huhns Beschreibung der Belagerung von Wien, 1683. Breslau, 1717.

7972. History of the late rebellion, by Patten, London, 1717.

7973. Die Belagerung und Zerstörung der Stadt Magdeburg, Magdeburg, 1719.

7974. Journal of the expedition to Canada in 1711, by admiral Walker, London, 1720.

7975. Ag. Umicalia, guerra tra Carlo VI. imperatore, e Acmet III. Gran Signore de' Turchi, Venezia, 1724.

7976. Colliber's, critical history of english sea-affairs, London, 1727.

7977. Memoirs of the english naval affairs from 1660 to 1673, written by James II. whilst duke of York, London, 1729.

7978. D. Diego Mendoza, guerra de Granada, en Valencia, 1730. 1766. (1776. 4to.)

7979. Campagnes de Louis XIV. avec la comparaison de François I. avec Charles V. par Pellisson, à Paris, 1730.

7980. Histoire de la conquête de Floride, par Garcilasso de la Vega, traduit par Richelet, 2 Tom. à Leyde, 1731.

7981. Relation du camp d'Osterhout, à la Haye, 1732.

7982. Journal of the battles, sieges etc. of the armies under the duke of Marlborough, by Miller, London, 1733.

7983. Journal of his Polish Majesty's camp at Radewitz in Saxony, 1730, by Wm. Proctor, London, 1733.

7984. Diego Torres, conquista de Napoles, en Madrid, 1735.

7985. Maximilians, des Prinzen von Würtemberg, Kampagnen unter Karl XII. Stuttgardt, 1739.

7986. Account of the expedition to Sicily, under admiral Byng, in 1718—1730, London, 1739.

7987. Account of the taking of Carthagena in 1697, by Pointis, translated from the french, London, 1740.

7988. Journal des marches, campemens, batailles, siéges et mouvemens des armées du roi en Flandres, et de celles des alliés, en 1690—1694, par Vaultrier, à Paris, 1740.

7989. Relation de l'expedition de la flotte anglaise en 1718—20, à la Haye, 1741.

7990. G. M. Mecatti, guerra di Genova, 2 Tom. Napoli, 1741.

7991. Histoire de la prise d'Auxerre, par les Huguenots, par l'abbé Lebeuf, à Paris, 1743.

7992. Relation of the siege of Prague, by the Austrians, London, 1743.

7993. Histoire de la présente guerre, par Morenas, à Paris, 1744.

7994. Tracts on the engagement of admiral Matthews with the fleets of France and Spain, in 1744, London, 1744. 1746.

7995. Wichtige Nachrichten von denen Kriegs-Begebenheiten 1744—1745, Berlin, 1745.

7996. Histoire de la dernière guerre de Bohème, 6 Tom. à Amsterdam 1745 (par Mauvillon) à Frankfort, 1745—1747.

7997. Mémoires pour servir à l'histoire des années 1744 et 1745, à Berlin, 1746.

7998. Nachrichten von den Kriegshandlungen, welche gegen Ende des 1745sten Jahres in Sachsen sich zugetragen haben, Hamburg, 1746. (von Thier, Adjut. des Grafen Rutowsky.)

7999. Guis. M. Mecatti, diario della guerra d'Italia tra i Borboni Liguri ed i Sardi Austriaci, 2 Tom. Napoli, 1748.

8000. Relation de la campagne en Brabant de 1747, à la Haye, 1747.

8001. Relation de ce qui s'est passé de plus considérable sous le commendement du prince d'Orange, dans la campagne de 1674, où l'on trouve un détail de la bataille de Senef, à Leide, 1747.

8002. Histoire des différens siéges de Bergopzoom, par Genet, à Paris, 1747.

8003. Journal historique de la dernière campagne de l'armée du roi, en 1746, à la Haye, 1747.

8004. Relation de la campagne en Brabant et en Flandres, de l'an 1745 et 1746, par le chevalier d'Espagne, à la Haye, 1748.

8005. History of the rebellion 1745 and 1765, by And. Henderson, London, 1748.

8006. History of the war 1739 to 1748, by Rich. Rolt, 2 Tom. London, 1749.

8007. Journal du siége de Berg-op-Zoom en 1747, redigé par un lieut-colonel-ingenieur de l'armée des assiégeans, à Amsterdam, 1750.

8008. Journal des siéges de la campagne en 1746 dans les Pays-bas, par J. Rud. Faesch, à Amsterdam, 1750.

8009. Eggers Beschreibung der Kriegsverrichtungen bei der Belagerung von Bergopzoom, Leipzig, 1750.

8010. Castruccii Bonamici commentarii de bello italico, 3 Tom. Lugd. Bat. (Genuae) 1750.

8011. Journal von den Belagerungen in den Niederlanden, 1746, Amsterdam, 1751.

8012. Diario della guerra trà i Bothon – Liguri, ed i Sardi Austriaci, da Mecatti, 2 Tom. Napoli, 1751.

8013. Commentaries of the wars in Italy, 1744 to 1748, by Buonamici, London, 1753.

8014. Francisco Leon, conquista de la nueva Espanna, en Madrid, 1755.

8015. Histoire de la guerre de 1741, 2 Tom. à Paris, 1755.

8016. Beiträge zur neusten Staats- und Kriegsgeschichte, die Feldzüge von 1756—1763 betreffend, 19 Bde. Danzig, 1756—1764.

8017. Nordamerikanische Kriegsgeschichte zwischen England und Frankreich, Frankfurth, 1756.

8018. Histoire de la guerre de 1741, par Voltaire, à Genève 1756; à la Haye, 1756.

8019. Journal de la conquête de Port-Mahon, par Goudard, à Paris, 1756.

8020. Mémoires pour servir à l'histoire de notre tems, ou histoire complete de la guerre depuis 1756—1763. 18 Tom. à Francfort, 1756—63.

8021. Kriegsthaten, oder Sammlung der merkwürdigsten Begebenheiten des Kriegs in Deutschland, 1756—63, mit 80 illum. Planen, Nürnberg, 1757—63.

8022. Beiträge zu der am 5ten November 1757 bei Roßbach vorgefallenen Schlacht, nebst accuratem Plan, 1757.

8023. Geschichte des 1756 entstandenen Krieges, 3 Theile, Bautzen, 1757—1759.

8024. Nachrichten und Urkunden, den im J. 1756 entstandenen Krieg betreffend, 48 Stück, Frankfurth, 1757—1759.

8025. The campaigns of William III. and the duke of Marlborough, with his system of camp discipline, by Kane, London, 1757.

8026. Les faits mémorables de Frédéric le grand, à Londres, 1757.

8027. Histoire de la campagne de 1758, en Hannovre, par Chevrier, 5 Tom. à Francfort, 1758.

8028. Histoire de la campagne de 1757, à Francfort, 1758.

8029. Rizzi Zannoni Vorstellung der gegenwärtigen Kriegsbegebenheiten in Deutschland, 2 Bde. Frankfurth, 1758. 1759. 1760. (En français par Drouet, à Paris, 1761.)

8030. Mémoires pour servir à l'histoire de la campagne des troupes françaises, depuis la convention de Closter-Seven, en 1757, à Francfort, 1758.

8031. Eclaircissemens présentés au roi, par le maréchal d'Etrées, à Paris, 1758.

8032. Mémoires pour servir à l'histoire de la guerre de 1758, par l'observateur hollandais, 2 Tom. à Frankfort, 1658.

8033. Geschichte des dritten Schlesischen Krieges von 1756—1762, 6 Theile, Erfurth, 1759—1762.

8034. Lettre sur la bataille de Bergen en 1759, par D. B.... 1759.

8035. Journal des opérations de l'armée de Soubise en 1758, à Amsterdam, 1759.

8036. Le point d'appui entre les principales puissances, ou tableau militaire, politique et impartial de la dernière guerre, 7 Tom. à Liège, 1759—63.

8037. Thurot, journal historique de la campagne sur les cotes d'Ecosse et d'Irlande, en 1757 et 1758, à Dunquerque, 1760.

8038. Istoria delle operazioni militare delle armati belligeranti, che contiene quanto è successo dal principio della guerra dell'anno 1757, 6 Tom. Amsterdam, 1760.

F. 8039. Feldzüge der Preußen wider die Sachsen, Oesterreicher, Franzosen, Reichstruppen, Russen und Schweden, von 1756—1761. 6 Bände, Leipzig, 1760—1763.

8040. Camps topographiques de la campagne de 1757, en Westphalie, par du Bois, à la Haye, 1760.

7041. Considerations sur la guerre d'Allemagne, à Strasbourg, 1761.

7042. Campagne du maréchal de Broglio, à Frankfort, 1761.

8043. Journal du camp de Compiegne en 1739, par Le Rouge, à Paris, 1761.

8044. Nicolas Labarre, historia de las operaciones militares de los exercitos de las potencias beligerantes, 5 Tom. en Barcelona, 1761.

8045. Chronological annals of the war 1755—1762, by Dobson, Oxford, 1762.

8046. Die beiden letzten Feldzüge des Marschalls von Turenne, in den Jahren 1674 und 1675, a. d. Französ. Leipzig, 1762.

8047. Mémoirs of the war of succession, in Spain, Flandres etc. from 1702 to 1707, by the marquis de Hautefort, London, 1763.

8048. Théatre de la dernière guerre en Allemagne, par Heulland, 6 Tom. à Paris, 1763.

8049. Fatti politici e militari, avenuti nell' anno 1762 e 1763. Amsterdam, 1763.

8050. Denkwürdigkeiten der drei Belagerungen von Kolberg durch die Russen, 1758, 1760, 1761, Kolberg, 1763.

8051. Journal de la défense de Cassel en 1762, par de Vareilles, à Paris, 1763.

8052. Campagne du prince Condé en Flandres, en 1674, par de Rozière, à Paris, 1764.

8053. Campagnes du maréchal de Crequi en Lorraine et en Alsace, par Rozière, à Paris, 1764.

8054. History of the wars between England, France, Spain, Germany etc. from 1754 to 1763, 2 Tom. London, 1764.

8055. History of the late war, 5 Tom. London, 1765.

8056. Voltaire's history of the seven-years-war, translated from the french, London, 1765.

8057. Vicente Rustant, decadas de la guerra de Prusia, 10 Tom. en Madrid, 1765.

8058. Mémoires pour servir a l'histoire de la campagne en Hesse et en Westphalie, de Mrs. les comtes de Broglie et de la Lippe-Bückebourg en 1761. 3 Tom. à la Haye.

8059. Campagne du roi de Prusse, avec des reflexions sur les causes des principaux évènemens, 2 Tom, à Amsterdam, 1767 (par le général de Stille) Auch Deutsch.

8060. Mémoires militaires et voyages du P. Singlande, ancien aumonier des armées du roi, contenant le détail des principaux événemens militaires, auxquels il a assisté dans la guerre de 1741 et les années suivantes, en Allemagne, en Flandres, en Italie et en Corse, 2 Tom. à Paris, 1766.

8061. Die Historie des Krieges zwischen den Preußen und ihren Bundesgenossen und den Oesterreichern u. s. w. von Simeon Ben. Jochei, 2 Bde. (In jüdischem Dialekt.)

8062. Relation historique de l'expédition contre les Indiens de l'Ohio en 1764, commandée par le chev. du Bousquet, et mémoires militaires, contenant des refléxions sur la guerre avec les sauvages, à Amsterdam, 1769.

8063. Journal des opérations de l'armée alliée en 1762. à Cassel, 1769.

8064. Eroberung von Peru und Mexiko durch die spanischen Waffen, Bamberg, 1770.

8065. Campagnes du maréchal de Coigny en Allemagne en 1743 et 1744. 8 Tom. à Amsterdam, 1771—73.

8066. Mémoires secretes de la guerre d'Hongrie, pendant les campagnes de 1737, 1738, 1739, avec des reflexions critiques, par le comte de Schmettau, 1771.

8067. Précis historique des deux siéges de la ville de Maduré dans l'Inde, defendue par le chevalier Marchand, capitaine de cavalerie, à Paris, 1771.

8068. Lettres secretes touchant la dernière guerre, divisées en trois parties, à Amsterdam, 1772. (Deutsch, Frankfurth, 1771.

8069. Recueil de lettres du roi de Prusse, pour servir à l'histoire de la dernière guerre etc. 3 Tom. à Leipzic, 1772. (Autre édition du précédent.)

8070. Journal du siége de Cracovie, par M. de G...., à Paris, 1772.

8071. Geheime Nachrichten vom Krieg in Ungarn, in den Feldzügen, 1737—1739. Leipzig, 1772.

8072. Campagnes du maréchal de Maillebois en Westphalie, l'an 1741 et 1742, à Amsterdam, 1772.

8073. Campagnes des maréchaux de Broglio et de Belleisle en Bohême et en Bavière, en 1741—43. 8 Tom. à Amsterdam, 1772—73.

8074. Bemerkungen über den letzten Krieg wider die Türken, als eine Erläuterung zum jetzigen, Glogau, 1772.

8075. Histoire de la guerre entre la Russie et la Turquie, en 1769, avec cartes, à Petersbourg, 1773.

8076. Tagebuch Peters des Großen vom Jahr 1698 bis zum Schluß des Neustädter Friedens. A. d. Russischen, Berlin, 1773.

8077. La Louisiane ensanglantée, avec toutes les particularités de cette terrible catastrophe, par Champigny, à Londres, 1773.

8078. Histoire de la guerre entre la Russie et la Turquie, et particulièrement de la campagne en 1769, avec un atlas, à Petersbourg, 1773.

8079. Die Belagerung der Festung Schweidnitz, nebst Grundrissen, Hannover, 1774.

8080. Erzählung der Belagerung von Grave und Mainz, a. d. Franz. übers. von Schneller, Braunschweig, 1774.

8081. History of the war 1756 to 1762, Dublin, 1774.

8082. Clarke, narrative of the battle sought on the 17. June 1775, on Bunkershill near Charles-Town, London, 1775.

8083. History of the war, occasioned by the encroachments of the French, in Nova Scotia, from 1756 to the peace of Paris 1763, by Entick, 5 Tom. London, 1775. 1779.

8084. Relation, ou journal d'un officier français au service de la confédération de Pologne, Amsterdam, 1776.

8085. Tagebuch eines Französischen Offiziers in Diensten der Polnischen Konföderation, Berlin, 1776.

8086. Correspondence du marquis de Montalembert pendant les campagnes de 1757—61. 3 Tom. à Londres, 1777. (Deutsch, Breslau, 1780—1781.)

8087. Lloyds Geschichte des Kriegs in Deutschland, zwischen dem König von Preußen und der Kaiserinn Königinn, in den Jahren 1756, 1757. Braunschweig, 1777.

8088. Relation des batailles et combats de la guerre de 1756 et 1757 en Allemagne; 1re partie, contenant les actions de Lowosiz, Reichenberg, Prague, Kolin, Hastenbeck, Gros-Jägerndorf, Moys, Rosbach, Breslau et Leuthen, avec 10 grands plans, à Dresde, 1778. Deutsch ebendaselbst.

8089. Lettres écrites à un ami pendant le séjour des troupes françaises à Zelle, par Rocques, à Maestricht 1778. Auch Deutsch.

8090. Der vierte schlesische Krieg, über die Bairische Erbfolge, Berlin, 1779.

8091. Ramsay's military memoirs of great Britain, or a history of the war from 1756—1763. Edinburgh, 1779.

8092. Ueber den Feldzug in Deutschland vom Jahr 1778, aus dem Taschenbuche eines Offiziers. 1779.

8093. Geschichte des Bairischen Erbfolge-Krieges, Prag, 1779.

8094. Der erste Feldzug im vierten Preußischen Kriege, im Gesichtspunkte der Strategie betrachtet, von Bourscheid, Wien, 1779.

8095. Reflexions générales, politiques et particulières sur la guerre de 1778, par R. à Amsterdam, 1780.

8096. Geschichte des Kriegs der Britten am Ganges, a. d. Engl. Göttingen, 1780.

8097. La guerre d'Alsace pendant le Schisme d'Occident, par Hugues, à Basle, 1780.

8098. Galloways Briefe über den in Amerika geführten Krieg, nebst dem Operationsplan der gegenseitigen Kriegsheere. A. d. Engl. Hamburg, 1780.

8099. Anmerkungen über die vorgefallenen Treffen und Schlachten bei Salaten, Slaboden, Gemeurthof, Lisna, Helsingborg, Gadebusch, Neerwinden, Fleury, Steenkerke und Lens, in schwedischer Sprache, Stockholm, 1780.

8100. Beitrag zur Geschichte des zweiten Schlesischen Krieges, aus den eigenen Papieren des Gen. Lieut. von Nassau, Dresden, 1780.

8101. Des Marquis Montalembert Briefwechsel in den Feldzügen 1757—1758, a. d. Franz. 3 Bde. Breslau, 1780—1781.

8102. Nachrichten von dem in Deutschland entstandenen Kriege, 2 Bde. Leipzig, 1780.

8103. Zuverläßige Nachrichten von dem über die Bairische Erbfolge entstandenen Kriege, 11 Stück, Leipzig, 1780—81.

8104. Correspondence du marquis de Montalembert, employé par le roi à l'armée Suédoise pendant les campagnes de 1757 et 1758, avec les ministres du roi, 3 Tom. à Versailles, 1780.

8105. The detail and conduct of the americain war, under generals Howe, Gage, Bourgoyne etc. London, 1780.

8106. Extrait de la campagne du grand Condé en Flandres, dans l'année 1664, à Paris, 1780.

8107. Campagnes militaires du lieutenant-général, Sir Howe, en Amérique, à la Haye, 1781.

8108. Betrachtung über den Feldzug des Generals Burgoyne in Kanada und Neuyork, a. d. Engl. Braunschweig, 1781.

7109. Tagebuch eines Preußischen Offiziers von der Armee, im Jahre 1760, Köln, 1781. (Breslau, 1781.)

7110. Campagnes du lieut. général Howe en Amérique, à la Haye. 1781.

8111. Versuch einer militairischen Geschichte des baierischen Erbfolgekrieges im J. 1778, von einem Königl. Preuß. Offizier (v. Seidl) 3 Bde. Königsberg, 1781.

8112. Observations sur la campagne de Jules César en Espagne contre les lieutenants de Pompée, et sur l'histoire detaillée, que Mr. Guichard en a faite, à Milan, 1782.

8113. Zuverläßige Beschreibung der Insel Minorka, des Forts St. Philipp und der Festung Gibraltar, Leipzig, 1782.

8114. Sammlung ungedruckter Nachrichten, so die Geschichte der Feldzüge der Preußen von den Jahren 1740 bis 1779 enthalten, 5 Bde. Dresden, 1782—1784.

8115. Clinton, narrative of his command of the kings troops in North-America in 1781, London, 1782.

8116. History of the war in America, by Murray, 2 Tom. London, 1782.

8117. Mémoires pour servir à l'histoire du siège de Gibraltar, par d'Arçon, à Madrid, 1783.

8118. Histoire raisonnée des opérations militaires et politiques de la dernière guerre en Amérique, par Joly de S. Valier, à Liège, 1783.

8119. Histoire du siège de Gibraltar en 1782, sous les ordres du duc de Crillon, par un officier de l'armèe française, à Cadix, 1783.

8120. Robins neue Reise durch Nordamerika im Jahr 1781, nebst dem Feldzuge der Armee unter dem Grafen Rochambeau, a. d. Franz. Nürnberg, 1783.

8121. Histoire de la guerre, qui a précédé le traité de Teschen, à Neuchatel, 1783.

8122. Memorias historicas de la ultima guerra con la Gran-Bretaña, desde 1774 hasta su conclusion, en Madrid, 1783.

8123. Campagnes du roi de Prusse en 1778 et 1779, par de Holzendorf, à Paris, 1784.

8124. Adlerhold, sieggekrönter Feldzug des Adlers und Leuens.

8125. Bourscheid, Geschichte des Feldzugs der Russen gegen die Türken im Jahr 1769, Wien, 1784.

8126. History of the revolt of Ali Bey, against the Ottoman Porte, London, 1784.

8127. Tagebuch der Belagerung von Cassel im J. 1760 unter Kommando des Prinzen Ferdinand von Braunschweig, im 7ten Bd. der Kriegsbibliothek.

8128. Nachricht von Gibraltar, aus Briefen eines Hannövrischen Offiziers während der Belagerung, Frankfurth, 1784.

8129. Uhlich, Geschichte der zweiten Türkischen Belagerung Wiens, Wien, 1784.

8130. Kleine Berichtigung von Seidl's Geschichte des bairischen Erbfolgekrieges, Frankfurth, 1784.

8131. Kriegsnachrichten von der Belagerung Wiens, 1683. Leipzig, 1785.

8132. History of the american war, by Dr. J. Andrews, 4 Tom. London, 1785.

8133. History of Gibraltar, the siège in 1781, etc. by Heriot, London.

8134. Conseil de guerre privé sur l'événement de Gibraltar en 1782, pour servir d'exercice sur l'art des siéges, par d'Arçon, à Paris, 1785.

8135. Ancel, journal of the late and important blocade and siege of Gibraltar, from 1779 to 1783, London, 1786.

8136. La guerre de Jules César dans les Gaules, par de Pécis, 3 Tom. à Parme, 1786.

8137. Vermischte Nachricht eines Hessischen Brigadiers aus Holland, Nürnberg, 1786.

8138. Histoire des troubles de l'Amérique anglaise, par Fr. Soulès, 4 Tom. à Paris, 1787.

8139. Geschichte des österreichischen Erbfolgekrieges, Dresden, 1787.

8140. Mémoires du baron de la Motte Fouqué, général d'infanterie prussienne, dans lesquels on a inséré sa correspondance intéressante avec Frédéric II. 2 Tom. à Berlin, 1788.

8141. History of the american war, by Gordon, 4 Tom. London, 1788.

8142 Herchenhahn, Belagerung von Belgrad, unter Anführung des Prinzen Eugen, Leipzig, 1788.

8143. O'Cahill, Beschreibung der Feldzüge Friedrich II. 2 Bde. Manheim, 1788.

8144. Feldzüge des Prinzen Eugen in Ungarn, Wien, 1788.

8145. Tagebuch des jetzigen Krieges zwischen Oesterreich und der Pforte, 5 Bde. Wien, 1788.

8146. Historisches Tagebuch des Kriegs zwischen Rußland und der Pforte, von 1768 — 1774. Wien, 1788.

8147. Storia delle guerre presente fra le varie potenze belligeranti, 12 Tom. Lugano, 1788.

8148. Mémoires d'un gentilhomme suédois (le général Hordt), écrits par lui même, à Berlin, 1788.

8149. La campagne du duc de Rohan dans la Valteline en 1635, précédée d'un discours sur la guerre des montagnes, à Amsterdam, 1788. 12mo.

8150. Campagnes de Frédéric II. en 1756 à 1762, par Warnery, 1788.

8151. Crawfurd, translation of Tielke's account of events of the war from 1756—1763. 2 Tom. London, 1788.

8152. Histoire de la guerre d'Hongrie pendant les campagnes de 1716—1718, à Vienne, 1788.

8153. Veterani, Feldzüge wider die Türken in Ungarn u. s. w. 1683—1694, mit Zusätzen, Berichtigungen und Erläuterungen von einem K. K. General, Dresden, 1788.

8154. Histoire de la guerre de 7 ans en Allemagne, de 1756 à 1763, par d'Archenholz, traduit de l'allemand, à Berne, 1789.

8155. Mémoires sur la campagne du prince Charles de Hesse en Suède, 1788, à Copenhague, 1789.

8156. Feldzug des Herzogs von Rohan im Veltlin, im J. 1635, nebst Betrachtungen über den Gebirgskrieg, a. d. Franz. Dresden, 1789.

8157. Geschichte des Feldzugs in Schweden, im J. 1788, vom Prinzen Karl von Hessen, Hamburg, 1789.

8158. Historische Gemälde der Kriegsthaten des K. K. Heeres im Jahr 1789. Wien, 1790.

8159. Geschichte des siebenjährigen Krieges, 8 Bde. Halle, 1789—90.

8160. Récueil de plans de batailles, siéges et combats arrivés dans les expéditions mémorables de la guerre de sept ans, à Amsterdam, 1789.

8161. Memoirs of the campaign in Sweden 1788, of prince Charles of Hesse, London, 1789.

8162. Storia della guerra presente, 12 Tomi, Torino, 1789—1794.

8163. Frédéric II. histoire de mon tems; Tom. I. et II. de ses oeuvres posthumes, à Londres, 1789 et à Berlin, 1789. (Auch Deutsch.)

8164. Die Kriege in Bosnien, in den Feldzügen 1737 —1739, a. d. Türkischen übersetzt, Wien, 1789.

8165. v. Warnery, Feldzüge Friedrichs II. von 1756—1762. A. d. Franz. 2 Bde. Hannover, 1789.

8166. Schulz ab Asherade, res suo aevo gestae, sive historia belli septennis, Dresdae, 1789. (Deutsch, Königsberg, 1790.)

8167. Les Prussiens denoncés à l'Europe par une société de temoins et de victimes de leur invasion dans la province de Hollande, à Paris, 1789.

8168. Denkwürdigkeiten des Feldzugs in Schweden, vom Prinzen Karl von Hessen, Schleswig, 1790.

8169. Geschichte der Belagerung von Belgrad, im Jahr 1789. Prag, 1790.

8170. Geschichte der Belagerung von Gibraltar, 1779 —1782, Hannover, 1790.

8171. Küster, Bruchstücke seines Kampagne-Lebens, und Beschreibung der Hochkirchner Schlacht, 1758, Berlin, 1791.

8172. Munro, Geschichte des Kriegs in Ostindien in den Jahren 1780—1784, zwischen den Engländern und ihren verbündeten Feinden; a. d. Engl. Leipzig, 1791.

8173. Uhlich, Geschichte der Belagerungen Belgrads, von Entstehung dieser Festung bis auf unsere Zeiten, Leipzig, 1791.

8174. Geschichte des Bairischen Erbfolgekrieges, nach Absterben Herzogs Georg des Reichen, Frankfurth, 1792.

8175. Geschichte des letzten Schwedisch-Russischen Krieges, Frankfurth, 1792.

8176. The marches of the british armies on the peninsula of India, during the campaigns of 1790 and 1791, illustrated and explained, London, 1792.

8177. Mémoires historiques sur la guerre, que les Français ont soutenu en Allemagne, depuis 1757 63, par Bourcet, 3 Tom. à Paris, 1792.

8178. Correspondence militaire du duc de Richelieu, en 1756—58, à Paris, 1792.

8179. Tagebuch von der Einnahme Frankfurths bis zur Wiedereroberung von der combinirten Armee, Frankfurth, 1793.

8180. Kurze Uebersicht des Feldzuges 1793 zwischen dem Rhein und der Saar, 2 Bde. Frankfurth und Leipzig, 1793—94.

8081. Fragmente aus dem dreißigjährigen Kriege, betreffend die Einäscherung der Stadt Calw, im Jahr 1634, Tübingen, 1793.

8182. Fragmente aus dem Tagebuche eines Preußischen Artilleristen, Berlin, 1793.

8183. Die alten Franzosen in Deutschland, oder Cüstines Heldenthaten, 1793.

8184. Justins Beschreibung des durch die franz. Revolution veranlaßten Feldzugs im J. 1792—1793. 3 Bde. Regensburg, 1793.

8185. Posselt, Geschichte des Kriegs der Neufranken, gegen den Kaiser, den König von Preußen und deren Bundesgenossen, in den Jahren 1792—94. 1793—95.

8186. Rendorps geheime Nachrichten zur Aufklärung von Kriegsvorfällen.

8187. Schwaber, Tagebuch der Belagerung von Mainz, Frankfurth, 1793.

8188. Relation du siège de Lyon, en 1793.

8189. Extracts from Tempelhoffe's history of the seven years' war, by the colonel Lindsay, 2 Tom. London, 1793.

8190. Lettres et mémoires choisis par les papiers originaux du maréchal de Saxe, depuis 1733 jusqu'en 1750, (par de Grimoard) 5 Tom. à Paris, an II.

8191. Mémoires du maréchal duc de Richelieu, 9 Tom. à Paris, 1793.

8192. Belagerung von Mainz 1792, und Wiedereroberung 1793, Mainz, 1794.

8193. Bemerkungen über den Feldzug des Herzogs von Braunschweig gegen die Neu-Franken, Frankfurth, 1793.

8194. Des Marschalls Berwick Campagnen in den Niederlanden, am Rhein u. s. w. 2 Bde. Bern, 1793.

8194. a. Beschreibung der Städte und Festungen des gegenwärtigen Kriegstheaters an der französischen Grenze, Frankfurth, 1793.

8195. Relation du passage du Rhin en 1793, à Strasbourg, 1793.

8196. Relation du siége de Lyon, à Paris, 1794.

8197. Bellona, oder Gemälde denkwürdiger Kriegsscenen aus älteren und neueren Zeiten, 3 Stück, Hannover, 1794.

8198. Bemerkungen über den Feldzug, den die Alliirten 1794 in den Niederlanden führen werden, Frankfurth, 1794.

8199. Fliegende Blätter den französischen Krieg betreffend, 12 Hefte, Hannover. 1794.

8200. Briefe eines Engländers über den Feldzug des General Wurmser und des Herzogs von Braunschweig, 1794.

8201. Francheville, Geschichte der letzten Feldzüge Gustav Adolphs in Deutschland. A. d. Franz. Göttingen, 1794.

8202. Geschichte und Beschreibung des gegenwärtigen französischen Kriegs, 15 Stück, Leipzig, 1794.

8203. Materialien zur Geschichte des Bauernkrieges, 3 Bde. 1794.

8204. Uebersicht der Kampagne der Hanövrischen Truppen in Flandern, vom Jahr 1793, Hannover, 1794.

8205. Ueber den ersten Feldzug des Russischen Kriegsheeres gegen die Preußen, im Jahr 1757. Aus Archivalnachrichten von Hupel, Riga, 1794.

8206. Uebersicht des Feldzugs im Jahr 1793 zwischen dem Rhein und der Saar, 2 Stück, Berlin, 1794.

8207. F. v. Sotho, authentische Geschichte der Eroberung von Florida, Leipzig, 1794.

8208. Histoire de la campagne de 1792, par les armées françaises, et par les armées des puissances alliées, par le marechal Money, à Paris, 1794. (in english, London, 1794.)

8209. Unternehmung der Preußen auf Bitsch, den 17. November 1793, Frankfurth, 1795.

8210. Geschichte der vereinigten Sachsen und Preußen in der Rheinkampagne, Dresden, 1795.

8211. Briefe eines Preußischen Augenzeugen über den Feldzug des Herzogs von Braunschweig gegen die Neufranken, 6 Bde. Altona, 1795.

8212. Briefe über den Feldzug von 1794 am Rhein, von einem Preußischen Offizier, Frankfurth, 1795.

8213. Denkwürdigkeiten des französischen Kriegs in den Jahren 1793 und 1794. 4 Bde. Wien, 1795.

8214. Geschichte des französischen Freiheitskrieges, am Oberrhein, der Saar und Mosel, 2 Bde. Frankfurth, 1795 und 1799.

8215. Ueber den Feldzug der Preußen gegen die Nordarmee der Franken, Stendal, 1795.

8216. Coup d'oeil impartial sur la guerre actuelle, et sur l'issuë quelle peut avoir, (par le général Suisse Erlach) 1795.

8217. Nouvelles mémoires historiques sur la guerre de 7 ans, par Retzow, trad. de l'allemand, à Berlin et à Paris, 1795.

8218. Mémoires pour servir à l'histoire de la guerre de la Vendée, par le général Turreau, à Paris, 1795. 2me edit. 1815.

8219. History of the campaigns in Holland etc. in 1793—1795, by Brown, London, 1795.

8220. Journal des operations de la campagne en 1794 dans les 7 provinces unies, par le major de Grofs, à Francfort, 1795.

8221. Campagne du duc de Brounsvic contre les Français en 1792, à Paris, 1795.

8222. Correspondance de Dumouriez avec le ministre de la guerre, Pache, pendant la campagne de la Belgique, en 1793, à Paris, 1795.

8223. Stedmann, Geschichte des Amerikanischen Krieges, 2 Bde, Berlin, 1795.

8224. Bemerkungen über die Feldzüge gegen Frankreich in den Jahren 1792—1794, Frankfurth, 1795.

8225. Beitrag zur Geschichte des französischen Krieges, Frankfurth, 1796.

8226. Beitrag zur Geschichte der Polnischen Revolution und des Dombrowskischen Feldzugs, 1796.

8227. Freimüthige Beurtheilung der Operationen der franz. österr. Armeen im J. 1795. 1796.

8228. Bemerkungen über die Feldzüge in Champagne am Rhein, u. s. w. Basel, 1796.

8229. Blüchers Tagebuch (über die Preußische Rheinkampagne) Berlin, 1796.

8230. Journal de la guerre de sept ans, 1757—1763, de celle de 7 mois ou de Bavière en 1778, et celle de sept jours aux Pays-bas en 1784, par le prince de Ligne, 4 Tom. à Dresde, 1796.

8231. Observations sur les opérations de l'armée autrichienne, à la fin de 1795. 1796.

8232. Relations des combats et des événemens de la guerre maritime de 1778 entre la France et l'Angleterre, par Kerguelen, à Paris, 1796.

8233. Resultats de la dernière campagne, par Dumas, à Paris, 1796.

8234. Essai d'une histoire des campagnes du comte Suwarow, par Anthing, à Gotha, 1796.

8235. La guerre de la Vendée et des Chouans, par Lequinio, à Bâle, 1796.

8236. Histoire des opérations de l'armée du Nord, et de celle de Sambre et Meuse, en 1794, 1795, ou campagnes de Pichegru, par le citoyen David, à Paris, 1796.

8237. Unterberger, Tagebuch der Belagerung von Valenciennes, 1793. Augsburg, 1796.

8238. Washingtons Berichte und Briefe während des Amerikanischen Krieges. A. d. Engl. 2 Bde, Leipzig, 1796.

8239. Freimüthige Beurtheilung der Operationen der österreichischen Armee im Feldzuge 1795. Germanien, 1796.

8240. Uebersicht der merkwürdigen Kriegsbegebenheiten am Rhein, Deutschland, 1796.

8241. An den General Jourdan, bei dessen Rückzuge aus Franken, 1796.

8242. Nähere Beleuchtung des dem General Mack zugeschriebenen Operationsplans für den Feldzug von 1794, 3 Bde. Berlin, 1796—1797.

8243. Carnot, Feldzüge der Franzosen vom 1sten bis zum 3ten Jahre der Republik, 1796.

8244. Journal of the british army at Ostend, in 1794, London, 1796.

8245. History of Pichegru's campaigns, by David, London, 1796.

8246. Beiträge zur richtigen Beurtheilung der Kapitulation von Manheim, Frankfurth, 1796.

8247. Gemälde aus der Belagerung von Manheim, mit Plans und Urkunden, Manheim, 1796.

8248. Geschichte des gegenwärtigen französischen Krieges, 16 Hefte, Leipzig, 1796. 1797.

8249. Küster, Darstellung des gegenwärtigen Krieges zwischen Deutschland und Frankreich, Berlin, 1796.

8250. v. Mack, Instruktionspunkte für gesammte Generals der K. K. Armee im Jahr 1794, Frankfurth, 1796.

8251. Materialien zur Geschichte des Kriegs in Schweden, im Jahr 1794. 2 Bde. Nördlingen, 1796.

8252. Tagebuch von dem Theile des Feldzugs der Königl. Preuß. Truppen im Jahr 1793, in welchen der Herzog von Braunschweig-Oels das Kommando über dieselben führte, (vom Kapitain v. Langwehr) Breslau, 1796.

8253. Uebersicht der merkwürdigen Kriegsbegebenheiten am Rhein 1795—1796. Frankfurth.

8254. Campagnes du général Pichegru, aux armées du Nord, de Sambre et Meuse, tiré des livres d'ordre de ces deux armées par le C. David, à Paris, 1796.

8255. Campagnes de Bonaparte en Italie, par un officier supérieur de son armée, 2 parties, à Paris, 1796. Deutsch 1798. Englisch 1799.

8256. Geschichte des Bombardements und der Besitznehmung von Frankfurth, 1796. Frankfurth, 1797.

8257. Der Polnische Insurrectionskrieg im Jahr 1794, von einem Augenzeugen, Berlin, 1797. 1798.

8258. Des Prinzen de Ligne Tagebuch während der Feldzüge in den Jahren 1757—1762, 1778 und 1784, a. d. Franz. 2 Bde. Dresden, 1797.

8259. Wiebeking, Uebergang der Franzosen über den Rhein, am 6ten September, 1795. Leipzig, 1797.

8260. Bonapartes ruhmvoller Feldzug in Italien, 1796—1797. Altona.

8261. Geschichte des französischen Freiheitskrieges am Oberrhein, der Saar und der Mosel, 2 Bde. Frankfurth, 1797.

8262. Apperçu des deux dernières campagnes de l'armée du Nord, par le gen. Sauviac, à Paris, 1797.

8263. Histoire de l'armée des bouches du Rhône, de l'entrée des puissances coalisées dans Toulon etc. par Michel, à Paris, 1797.

8264. Mémoire militaire sur Kehl, contenant la relation du passage du Rhin par le général Moreau, et celle du siége de Kehl, à Strasbourg, 1797.

8265. Relation du passage du Rhin en 1796, effectué par le général Moreau, à Strasbourg, 1797.

8266. Betrachtungen über den bei Kehl von den Franzosen unternommenen Rheinübergang, Frankfurth, 1797.

8267. Beiträge zur Geschichte des Feldzugs von 1776. Altona, 797.

8268. Freimüthige Beiträge zur Geschichte des gegenwärtigen Kriegs. A. d. Engl. Zürich, 1797.

8269. Nähere Beleuchtung des dem Freiherrn v. Mack zugeschriebenen Operations-Plans für den Feldzug von 1794, 3 Bde. Berlin, 1797.

8270. Bemerkungen während der Feldzüge in den Jahren 1793 bis 1795, Magdeburg, 1797.

8271. Campagnes des Français pendant la revolution, par A. Liger, chef de bataillon, à Paris, 1798. 2 Tom.

8272. Bonaparte au Caïre, ou mémoires sur l'expédition de ce général en Egypte etc. par un des savans embarqués sur la flotte française, à Paris, 1798.

8273. Précis historique des campagnes de l'armée du Rhin et Moselle, pendant l'an IV et V. à Paris.

8274. Tableaux historiques et topographiques des événemens mémorables, qui terminèrent la fameuse campagne de 1796 sur le Rhin, à Paris, 1798.

8275. Beschreibung des Kriegsschauplatzes zwischen dem Rhein, der Nahe und der Mosel (v. Massenbach), Berlin, 1798. 1799.

8276. Des Prinzen de Ligne, Tagebuch während der Feldzüge in den Jahren 1757—60, in dessen Melanges u. s. w. Dresden, 1798.

8277. La campagne de Bonaparte en Italie, an 4 et 5, par un officier général (M. de Pommereuil) 2 Tom. an V.

8278. Briefe über die Begebenheiten der Sambre und Maas-Armee, bis zum Tode des Generals Hoche, Hamburg, 1798.

8279. Briefe über den Feldzug der Oesterreicher in Italien, von einem Augenzeugen, Tübingen, 1798.

8280. Feldzüge des Generals Bonaparte in den Jahren 1796, 1797, 2 Bde. a. d. Franz. Leipzig, 1798—99.

8281. Der französische Freiheitskrieg am Rhein, an der Saar und Mosel, 2 Bde, 1798.

8282. Geschichte des Feldzugs in Deutschland und Italien, vom Jahr 1796, a. d. Engl. 1798.

8283. Geschichte des französischen Revolutionskrieges in Italien, Leipzig, 1798.

8284. Kriegsgeschichte der Stadt und Festung Gießen, und dasiger Gegend im Jahr 1796, Gießen, 1798.

8285. Money, Geschichte des Feldzugs 1792 zwischen der französischen Armee und den Alliirten. A. d. Engl. Berlin, 1798.

8286. Pichegrüs Feldzüge in den Niederlanden a. d. Franz. mit milit. Bemerkungen, von Venturini, Leipzig, 1798.

8287. Scharnhorst, militairische Denkwürdigkeiten unserer Zeiten, insbesondere des französischen Revoluzionskrieges, 2 Bde. Hannover, 1798.

8288. Campagnes des Français en Italie, ou histoire militaire, politique et philosophique de la révolution, par C. L. G. Desjardins, 6 Tom. à Paris, an VI.

8289. Tableaux historiques, ou relations des trois événemens mémorables, qui terminèrent les campagnes de 1796 sur le Rhin, à Basle, 1798.

8290. Relation de la prise de Francfort sur le Mein par le roi de Prusse, et réponse du général van Helden aux déclarations du général Custine, à la Haye, 1798.

8291. Clarendon, history of the rebellion and civil wars in England begun in the year 1641, 12 Tom. Basel, 1798.

8292. Bonaparte's intercepted letters in Egypt, translated, London, 1798.

8293. Boreux, Schilderungen der Begebenheiten des jetzigen Krieges, Leipzig, 1799.

8294. Elberg, Vertheidigung Tirols gegen die Franzosen in den Jahren 1796. 1797.

8295. Des Obristen Faber documentirte Beleuchtung der äußeren Verhältnisse Ehrenbreitensteins, Ulm, 1799.

8296 De Ligne, Briefe während des türkischen Feldzugs von 1787—1789. 2) Nachrichten vom Russisch-Türkischen Kriege von 1736—1739 und von den beiden Feldmarschällen Lascy. 3) Unterredungen mit Friedrich II. A. d. Franz. Dresden, 1799.

8297. Des Burggrafen zu Dohna, Feldzug der Preußen gegen die Franzosen in den Niederlanden, 1793. 4 Bde. Frankfurth a. O. 1799. 2te Aufl. 1808.

8298. v. Favrat, Beiträge zur Geschichte der Polnischen Feldzüge, von 1794 bis 1796, als Antwort auf die vom Gen. Lieut. v. Schwerin ihm gemachten Vorwürfe, Berlin, 1799.

8299. Rapport van de Operatien de Divisie van den Lieut. General Daendels, 1799.

8300. Histoire des campagnes de Sonwarow, 2 Tom. à Londres, 1799.

8301. Correspondence de l'armée française en Egypte, interceptée par l'escadre de Nelson, à Londres, 1799.

8302. Money, history of the campaign of 1791, between Dumourier and Valence, and the duke of Brounsvic, London, 1799. (1796)

8303. Histoire des campagnes de Sonwarow, 2 Tom. à Paris, 1799.

8304. History of the campaigns of Suworrow, by Anthing, 2 Tom. London, 1799.

8305. French expedition in to Syria by Bonaparte etc. London, 1799.

8306. Conquêtes des Français en Egypte par P. E. H....n, à Paris, 1799.

8307. Précis historique de la campagne du général Massena dans les Grisons et dans l'Helvetie, par de Marés, à Paris, 1799. (Deutsch in der neuen Bellona.)

8308. An account of the french expedition to Epypt etc. from the french, London, 1800.

8309. Campagnes de l'archiduc Charles et de Sonwarow Ryminsky pendant l'année 1799, par le général Dumas; (Deutsch von einem Offizier.) 1800.

8310. The french expedition into Syria, comprising gener. Buonapartes letters, with general Berthiers narrative, and Sir Will. Sidney Smith's letters, London, 1800.

8311. Relations de l'expédition de Syrie, de la bataille d'Abukir etc. à Paris, 1800.

8312. Campagne de Bonaparte en Italie en l'an VIII. de la républiqne, par le capt. Foudras, à Paris, l'an VIII.

8313. A narrative of what passet at Killalla, in the county of Meya, and the parts adjacents, during the french invasion in the summer of 1798, by an eye-witness, London, 1800.

8314 Histoire de la guerre de la pragmatique sanction, tant en Allemagne, qu'en Italie etc. 2 Tom. à Berlin, 1800. (Auch Deutsch.)

8315. Conquète du royaume de Tippo-Saib par les Anglais etc. et le siége de Seringapatnam, par le lieut. colon. Alex. Beatson, traduit de l'anglais par M. Michaud, à Paris, 1800.

8316. Relation des campagnes du général Bonaparte en Egypte et Syrie, par le gen. Berthier, à Paris, 1800.

8317. Storia della campagna fatta in Italia da principe Suwarow, Fiorenze, 1800.

8318. Memoirs of the war in Asia, with Hyder-Aly, 2 Tom. London.

8319. Particulars of the french campaign in Italy, by Petit, London, 1800.

8320. Bonapartes Feldzug nach Aegypten, offizielle Aktenstücke, a. d. Franz. Paris und Strasburg, 1800.

8321. Bonapartes Feldzug nach Aegypten, Leipzig, 1800.

8322. Feldzug von 1800, militairisch und politisch betrachtet (von Bülow) Berlin, 1800.

8323. Landungsgeschichte der Engländer und Russen in Holland, im Herbst 1799, nebst Anekdoten über die Anführer, von einem Offizier im Gefolge des Generals Brüne. A. d. Franz. Hamburg, 1800.

8324. History of the campaigns of 1796, 1797 and 1799 in Germany, Italy, Switzerland, Holland etc. 5 Tom. London, 1800—1801.

8325. Schicksale der Eroberer in Egypten, aus ihren eigenhändigen Briefen dargestellt, Erfurth, 1800. (sind von Nelson aufgefangen.)

8326. Review of the origin, progress and result of the war with Tippoo Sultaun, by Salmond, London, 1800.

8327. Kriegsereignisse zwischen Dännemark und England, vom 30. März 1801, bis zum Anfang der Stillstands-Unterhandlungen am 2ten April, von K. H. Seidelin, Koppenhagen, 1801. 2te Aufl.

8328. Neutralitätskrieg der Dänen im J. 1801. freimüthig und authentisch dargestellt, Leipzig, 1801.

8329. Politisch-militärische Geschichte des merkwürdigen Feldzuges 1799, in besonderer Rücksicht auf die Armee des Erzherzogs Karl, von F. v. Selda, Ulm, 1801.

8330. Ueber den Feldzug der deutschen und französischen Armeen in Deutschland, im Sommer und Winter 1800. Von einem Offizier der alliirten Truppen, Tübingen, 1801.

8331. Veldtocht van den General Brune in de bataafsche Republik im Jaar 1797, door een Officier van zyn Etatmajor, (Rostollen) Harlem, 1801.

8332. Précis des opérations de l'armée du Danube, sous Jourdan, à Paris, an VIII. (Englisch, 1799.)

8333. Mémoires sur la campagne de l'armée belgique dans les pays-bas autrichiens, pendant la révolution de 1790, à Londres.

8334. Geschiedenis der Londing van het Engelsch-Russisch Leger in Nord-Holland, als mede der Krygsbedryven en politicke Gebeurtenissen, zoo aldaar, as im Vriesland en Gelderland, in d. J. 1799. door L. C. Vonk, Harlem, 1801.

8335. Geschiedenis van den gewapenden Inval der uitgeweeken Nederlanderen in het Dep. van Rhyn, in Septbr. 1799, Arnheim, 1801.

8336. The campaign of the ottoman army in Egypt, by Morier, London, 1801.

8337. History of the campaign from 1796 — 1799, composed from original documents, transl. from the french, London, 1801.

8338. Conquêtes des Français en Egypte, avec une suite de Mentelle et Chaulaire, à Leipsic, 1801.

8339. Coup d'oeil rapide sur les opérations de la campagne de Naples, jusqu'à l'entrée des Français dans cette ville, par le général Bonamy, à Paris, l'an VIII.

8340. Journal des opérations militaires, du siège et du blocus de Gènes etc. par un officier de l'armée etc. à Paris, l'an VIII.

8341. Relation detaillée du passage de la Limat, et du passage du Rhin, l'an VIII. par Dedon, à ris, 1801. (Deutsch in der neuen Bellona, 27 St.)

8342. Marengo, ou campagne d'Italie par l'armée de reserve, commandée par le général Bonaparte, par Jos. Petit. à Paris, l'an IX. (Englisch, London, 1800. Deutsch, 1802. Hanau.)

8343. Journal historique du siége de Peschiera, et de l'attaque des retranchemens de Sermione, par Henin, à Paris, l'an IX.

8344. Défense d'Ancone et des départemens romains par le général Monnier, aux années 7 et 8, 2 Tom. à Paris, 1802.

8345. De l'Egypte après la bataille d'Héliopolis, par le général Reynier, à Paris, 1802.

8346. Account of the campaign in Egypt, by Reynier, translat. by Sir R. Wilson, London, 1802.

8347. Kritische Geschichte der Operationen der Englisch combinirten Armee in den Niederlanden, 1794 und 1795, vom Obristlieutenant v. Porbeck, Leipzig, 1802.

8348. Kriele, ausführliche und zuverlässige Beschreibung der Schlacht bei Kunersdorf, am 12ten Aug. 1759. Berlin, 1802.

8349. Morier, Geschichte des Feldzugs der Türkischen Armee in Egypten, vom Februar bis Juli 1800; a. d. Engl. Leipzig, 1802.

8350. History of the civil war in the Vendée, by Berthre, London, 1802.

8351. Charakteristik der wichtigsten Ereignisse des siebenjährigen Krieges, 2 Bde. Berlin, 1802. (v. Retzow.) Französisch, 1803. Zusätze dazu, 1809.

8352. Geschiedenis van den jongst geendigten Orlog tot op het Sluiten van der Vreden te Amiens, door Com. v. d. Aa, Amsterdam, 1803.

8353. William Cooper, Reise auf dem Mittelmeer im Gefolge des Admirals Nelson. Mit einer Beschreibung der Schlacht von Abukir, und ausführlichen Nachrichten über die Begebenheiten nach dieser Schlacht in verschiedenen Theilen des mittelländischen Meeres, a. d. Englischen Hamburg, 1803.

8354. Taferel der Gebeurtnissen van Europa op het Einde der 18. Eeuw, tot den Aanvang van den laatsten Orlog, Haag, 1803.

8355. Historical account of the british expedition to Egypt, by Sir R. Wilson, 2 Tom. London, 1803.

8356. History of the rebellion in Ireland in the year 1798., by James Gordon, London, 1803.

8357. Dedon, précis historique des campagnes des armées de Rhin et Moselle, à Paris, 1803.

8358. Coup d'oeil sur l'invasion d'Hannovre, avec quelques reflexions appliquables aux circonstances, à Paris, 1803.

8359. Histoire de la guerre d'Allemagne pendant les années 1756 et suivantes, entre le roi de Prusse, et l'impératrice et ses alliés, trad. en partie de l'anglais de Lloyd, et en partie redigée sur la correspodance originale de plusieurs officiers français, et principalement sur celle de Montazet, par Roux-Fazillac, 3 Tom. à Paris, 1803.

8360. Histoire de l'expédition de l'armée britannique en Egypte, par le chevalier R. Wilson, traduit de l'anglais, 2 Tom. 1803.

8361. Mémoire (du prince de Waldeck) sur les campagnes des pays-bas en 1745—1747, publiés par L. Heeren, à Göttingue, 1803.

8362. Nouvelles mémoires sur la guerre de sept ans, trad. de Retzow, 3 Tom. à Paris, 1803.

8363. Ritchif, mémoires politiques et militaires etc. contenant les relations des campagnes de l'an 7, 8 et 9, en Allemagne, Italie, Suisse, Hollande, Egypte, Syrie et dans l'Inde etc. trad. de l'anglais par Henri, 2 Tom. à Paris, 1804.

8364. Die drei Feldzüge der Franzosen gegen die Spanier in den Westpyrenäen, in den Jahren 1793—1795. A. d. Franz. von Keßler, Leipzig, 1804.

8365. J. W. Archenholz, Geschichte des siebenjährigen Krieges, 2 Bde. Berlin, 1804.

8366. A. Galetti, Geschichte des dreißigjährigen Krieges, Gotha, 1804.

8367. Geschichte des französischen Revolutionskrieges, und der innern Vorgänge dieser Republik. Nach Posselts Schriften neu bearbeitet und vollendet, Leipzig, 1804.

8368. Mémoires pour servir à l'histoire des expéditions en Egypte et en Syrie, pendant les années VI. VII. et VIII. de la republique, par Jaq. Miot, à Paris, 1804.

8369. Expedicion de los Catalanes y Arragoneses contra Turcos y Griegos, por D. Juan de Moncada, Conde de Osona, en Madrid, 1805.

8370. Précis des opérations de la division française du levant, chargée pendant les années 5, 6 et 7 de la défense des îles joniennes etc. par Bellaire, à Paris, 1805.

8371. Relation de la bataille de Marengo, gagnée le 25 Prairial an VIII par Napoléon etc. par Alex. Berthier, ministre de la guerre, à Paris, 1805. (Deutsch in 4to von Wiedemann, Tübingen, 1809.)

8372. W. v. Reiche, kurzgefaßte Erzählung der defensiven Kampagne des rechten Flügels der kombinirten Armee in Flandern, Belgien und Holland, 1793—1795. Berlin, 1805.

8373. Kurz, Versuch einer Geschichte des Bauernkrieges in Oesterreich, unter der Anführung des Stephan Fadinger und Agaz Wiellinger, Linz, 1805.

8374. Geschichte der Feldzüge der Preußischen und Oesterreichischen Armee, 1756—1762, mit Hinsicht auf die militärische Situationskarte von Sachsen, durch Backenberg, Leipzig, 1805.

8375. Geschichte der vier ersten Feldzüge des französischen Revoluzionskrieges, von einem deutschen Offizier, Deutschland, 1805.

8376. Denon und Segür, Feldzug der Donau-Armee, 1800. Leipzig, 1805.

8377. Die Feldzüge der alliirten Armee 1757—1763, nach dem Tagebuche des General-Adjutanten, nachmaligen Feldmarschalls von Reden, herausgegeben vom Obrist v. d. Osten, Hamburg, 1805.

8378. Kurze Nachricht von der Festung Gaeta, und deren in früheren Zeiten vorgefallenen Belagerungen, Leipzig, 1806.

8379. Mémoires pour servir à l'histoire de la guerre de la Vendée, par M. de **** (Vauban) à Paris, 1806.

8380. Reflexions d'un militaire sur les événemens de la dernière guerre (1805) à Cologne, 1806.

8381. Campagnes des Français à St. Domingue, et refutation des reproches faites au capitaine général Rochambeau, par Albert de Lattre, à Paris, 1806.

8382. Materiaux pour servir à l'histoire de la bataille d'Austerlitz, recueillis par un militaire, 1806.

8383. Der Feldzug von 1805. (von Bülow) Berlin, 1806.

8384. Kurze Uebersicht der Geschichte des zwischen Frankreich und Oesterreich, und den beiderseitigen Alliirten ausgebrochenen Krieges am Ende des Jahres 1805. Mit einem Plan der Schlacht von Austerlitz, nach einer Zeichnung vom Franz. General Maison, Nürnberg, 1806.

8385. Histoire de la guerre de 1806 et 1807, 4 Tom. à Paris, 1807. (Auch Deutsch.)

8386. Charles de Villers, lettre à Madame de B. contenant un récit des événemens, qui se sont passés à Lubeck, dans la journée du jeudi, 6. Nov. 1806 et les jours suivans, à Amsterdam, 1807. (Deutsch ebendaselbst.)

8387. Berennung und Belagerung von Breslau im November, 1806, Breslau, 1807.

8388. Belagerungsgeschichte der Festung Glogau, nach zuverlässigen Quellen, von J. J. Gaup, Glogau, 1807.

8389. R. v. Porbeck, kritische Geschichte der Operationen, welche die engl. kombinirte Armee zur Vertheidigung von Holland in den Jahren 1794 – 95 ausgeführt hat. 2 Bde. Braunschweig, 1807.

8390. Versuch einer Beschreibung der Schlacht bei Dürnstein, am 11. Nov. 1805. Vom K. K. Hauptmann v. Kotzebue, 1807.

8391. Magazin des Krieges, 1stes Heft, Schlacht bei Friedland, Leipzig, 1807. 2tes Heft, Belagerung von Neiße.

8392. Operationsplan der Preußisch-Sächsischen Armee 1806, Schlacht von Auerstädt, und Rückzug bis Lübeck, Weimar, 1807.

8393. Historie om Englands Overvald paa det fredelige og neutrale Danmark i Aaret 1807, ved A. F. Just, Wiborg, 1807.

8394. Die Belagerung von Koppenhagen, im Sommer 1807, vom Dr. Friedr. Müntor, Koppenhagen, 1807.

8395. Die Belagerung von Neiße, vom 23. Februar bis 16. Juni, 1807, von G., Breslau, 1807.

8396. Beitrag zur Geschichte des Krieges in Preußen, Schlesien und Polen, 1806 — 1807. Vom Verf. der vertrauten Briefe, Amsterdam und Köln, 1807.

8397. Briefe, geschrieben vor und nach der Schlacht bei Jena, von dem Preuß. Hauptmann v. Gr. 1807.

8398. Erzählung der defensiven Campagne des rechten Flügels der combinirten Armee, in Flandern, Belgien und Holland, 1793 — 95, nebst Anmerkungen die Kriegskunst betreffend, durch v. Reiche, Berlin, 1807.

8399. Geschichte des Angriffs, der Blokirung und Uebergabe von Glogau, von C. F. Benkowitz, Leipzig, 1807.

8400. Unpartheiische Bemerkungen über den Feldzug der Preußischen Armee von 1806, und über die Relation der Schlacht von Auerstädt u. s. w. Königsberg, 1808. (Mietau)

8401. Belagerungsgeschichte der Festung Kosel, Ratibor, 1808.

8402. Récit de la campagne de Bonaparte en Italie, à Paris, 1808.

8403. Danzig, während der Belagerung im Jahr 1807, in Briefen von einem Augenzeugen, Hamburg, 1808.

8404. Geschichte der Belagerungen und Blokaden Danzigs von den frühesten bis auf gegenwärtige Zeiten, von K v. Duisburg, Danzig, 1808.

8405. Geschichte des französischen Revoluzionskrieges, 6 Bde. von J. C. Maier, Leipzig, 1808.

8406. Gibraltar, kurze Beschreibung dieser Festung, und aller Belagerungen derselben, Frankfurth, 1808.

8407. Gibraltar, kurze historisch-statitisch-geographische Beschreibung, Dessau, 1808.

8408. Obr. Lieut. v. Groß, historisch-militairisches Handbuch für die Kriegsgeschichte der Jahre 1792 bis 1808, d. i. eine genaue Uebersicht aller Feldzüge und Landungen u. s. w. Amsterdam, 1808.

8409. Supplement zu dem vorigen, bis zur Schlacht von Wagram, Amsterd. 1809.

8410. v. Jomini, General-Adjutant, die Feldzüge Friedrich II. und Napoleons, kritisch beleuchtet und verglichen, ein Handbuch für Offiziere, 4 Bde. Leipzig, 1808.

8411. Bernsteine, gesammelt am Strande der Ostsee, oder Beschreibung des Krieges von der Schlacht bei Auerstädt, bis zum Frieden von Tilsit, von Wilhelm H...., Leipzig, 1808.

8412. Vertraute Briefe eines Preußischen Offiziers vom Jahr 1806, bis zur Uebergabe von Magdeburg, Leipzig, 1808.

8413. Die Feldzüge von 1806 und 7, in einer historisch-politisch-militairischen Darstellung, Stuttgard, 1808.

8414. Geschichte der Feldzüge Napoleons gegen Preußen und Rußland, in den Jahren 1806 und 7. 2 Bde. Zwickau, 1808.

8415. Kritik des Feldzugs in Deutschland im Jahr 1806, Leipzig, 1808.

8416. v. Hinke, Beschreibung der Affaire bei Halle am 17ten Oct. 1806. Leipzig, 1808.

8417. v. Massenbach, vollständiger Bericht der Operationen der K. Pr. Armee unter dem Befehl des Fürsten von Hohenlohe, 1806. Hamburg und Leipzig, 1808.

8418. Vertraute Papiere aus dem Portefeuille eines Preußischen Offiziers über den letzten Feldzug in Sachsen, und bis zur Uebergabe von Magdeburg, 1806. Leipzig, 1808.

8419. Plan der Schlacht bei Preußisch-Eilau, den 8ten Februar, 1807. Wien, 1803.

8420. Die Preußen in Danzig, noch die alten und braven, geprüft auch im neuen Feuer, und unbeschädigt durch dessen Brände, Leipzig, 1808.

8421. Schilderung der merkwürdigsten Kriegsbegebenheiten bei Auerstädt, vom einem Augenzeugen, dem Bauer Krippendorfer in Auerstädt, Naumburg, 1808.

8422. Schilling, Geschichte des Kriegs Preußens und Rußlands mit Frankreich und dem Rheinbunde, Halle, 1808.

8423. Schlacht von Auerstädt, auf meiner Kammer beschrieben, von v. L. Kiel, 1808.

8424. Tagebuch der Blokade von Stralsund, vom einem Augenzeugen, bis zum 9ten April 1807, Leipzig, 1808.

8425. Tagebuch von der Belagerung von Kolberg im Jahr 1807. Berlin und Leipzig, 1808.

8426. Kriegerische Thaten Napoleons, oder Darstellung der vorzüglichsten Schlachten und Siege desselben. Nebst einem Tableau der Schlachten, Leipzig, 1808.

8427. Narrative of the expedition against Monte-Video and Buenos Ayres, London, 1808.

8428. Notes on La Plata, with a history of the operations of the british troops in South-America, London, 1808.

8429. A. Neales, letters from Portugal and Spain, comprising an account of the operations of the armies from the landing of the troops in Mondego bay to the battle of Corunna, London, 1809.

8430. Reithoffer, die Kriegsereignisse in Landshut am 16ten und 21sten April 1809. Leipzig, 1809.

8431. Die alten und neuen Spanier. Ein Völkerspiegel von A. Feßler, Berlin, 1809.

8432. Ueber den Parthelgang des Herrn v. Schill, Berlin, 1809.

8433. Memoirs of the war in Spain, under the celebrated Earl of Peterborough; and anecdotes of the war with Holland, in 1672, by capt. Carleton, London, 1809.

8434. Letters from Flushing, containing an account of the expedition to Walcheren, London, 1809.

8435. Storia della guerra dell'indipendenza degli stati uniti d'America, die Carlo **Botta**, 4 Tomi, Parigi, 1809.

8436. Campagnes des armées françaises en Prusse en Saxe et en Pologne, en 1806—7, 4 Tom. à Paris, 1809.

8437. Narrative of the campaign of the british army in Spain, under Sir Joh. **Moore**, by his brother, London, 1809.

8438. Beiträge zu einer Geschichte der Ereignisse in Tyrol von 11ten April bis 9ten Dezember, 1809. Leipzig, 1810.

8439. Vertraute Briefe über Oesterreich, in Beziehung auf die neusten Kriegsereignisse im Jahr 1809. 2 Bde. Leipzig, 1810.

8440. Der Feldzug Frankreichs und seiner Verbündeten gegen Oesterreich im J. 1809. Meißen, 1810.

8441. Darstellung des Feldzugs von 1809 zwischen Oesterreich und Frankreich, Wien, 1810.

8442. Fragmente aus dem Feldzuge gegen Oesterreich 1809, von **Schaller**, Leipzig, 1810.

8443. Anekdoten und Karakterzüge, auch Relationen von Schlachten und Gefechten aus den merkwürdigen Kriegen im Süden und Norden von Deutschland, 1805—1809, Leipzig, 1810.

8444. Betrachtungen und historische Sammlung wichtiger Ereignisse aus dem Kriege zwischen Frankreich, dessen Verbündeten und Oesterreich im J. 1809. 5 Hefte, Weimar, 1809—10.

8445 Beschreibung der Festung Gibraltar und merkwürdige Geschichte ihrer 13 Belagerungen, Wien, 1810.

8446. Beschreibung der hitzigen Schlacht und des fürchterlichen Brandes in Regensburg, am 23sten April 1809. Augsburg, 1810.

8447. Die mailändischen Feldzüge der Schweizer, von Ildephons **Fuchs**, 4 Bde. St. Gallen, 1810.

8448. Grohmann, die Braunschweiger in Zittau, Beitrag zur Geschichte des Franz. Krieges, Zittau, 1810.

8449. Der Krieg in Deutschland 1809 und dessen Resultate, politisch und militairisch betrachtet von Alethinos, München, 1810.

8450. Letzter Krieg Oesterreichs gegen Frankreich, mit Anmerkungen, und Erzählung der Ereignisse in den Provinzialstädten Baierns, München, 1810.

8451. Nachrichten von der Gefangennehmung des k. bairischen Obr. Lieut. v. Hohenhausen am 25sten Novbr. 1809, ohnweit Klausen, Beitrag zur Geschichte der Insurrektion in Tirol, Leipzig, 1810.

8452. Oesterreichs Kriegsgeschichte in dem Jahr 1809, 3 Bde. 1810.

8453. Reise eines Malers mit der Armee im J. 1809, von R. v. L. 3 Bde. Rudolstadt, 1810 — 11. (Lilienstern.)

8454. Beobachtungen und historische Sammlungen wichtiger Ereignisse aus dem Kriege zwischen Frankreich und Oesterreich, im J. 1809. 5 Hefte, Weimar, 1810.

8455. M. v. Minutoli, der Feldzug in Nordholland im J. 1799. Nach dem Engl. des Walsh, Berlin, 1810.

8456. Prince C. de Ligne, fragmens militaires, extraits des campagnes, à Weimar, 1810.

8457. Journal historique de la révolution de St. Domingue par Gilb. Guillermin, à Philadelphie, 1810.

8458. Narrative of the expedition to Walcheren, London, 1810.

8459. Pacata Hibernia, or a history of the wars in Ireland during the reign of queen Elizabeth etc. 3 Tom. Dublin, 1810.

8460. v. Jomini kritische und militairische Geschichte der Feldzüge Friedrichs II. verglichen mit denen des Kaisers Napoleon, und dem neuen System. A. d. Franz. vom Baron v. Völderndorf, 4 Bde. Tübingen, 1811 — 13.

8461. Authentischer Bericht über die Schlacht bei Wagram, am 5 und 6ten Juli 1809. Hannover, 1811.

8462. Berichtigungen über die letzten Ereignisse des Kriegs zwischen Oesterreich und Frankreich, im Jahr 1809. Frankfurth und Leipzig, 1811.

8463. Darstellung der kriegerischen Begebenheiten in Trient, im Jahre 1809, samt dem Ausbruche der Empörung im Fleimser Thal, von einem Augenzeugen, München, 1811.

8464. C. v. Plotho, Tagebuch während des Krieges zwischen Rußland und Preußen einerseits, und Frankreich andrerseits, in den Jahren 1806—1807. Berlin, 1811.

8465. Seidel, kurze Nachricht von der Schlacht bei Kunersdorf, nebst einigen wichtigen Vorfällen vor und nach der Schlacht, Frankfurth, 1811.

8466. Janitsch, merkwürdige Geschichte der Kriegsvorfälle zwischen Oesterreich und Frankreich im J. 1809. Wien, 1811.

8467. Belagerung und Entsetzung der Stadt Hanau im dreißigjährigen Kriege, Frankfurth a. M. 1812.

8468. Mémoires sur la guerre d'Espagne pendant les années 1808—1811, par Naylies, à Paris, 1812.

8469. History of the campaigns in the years 1796—1799. in Germany, Italy, Schwitzerland etc. 4 Tom. London, 1812.

8470. Relação breve e verdadeira da entrada do exercito francez, chamado de Gironda, em Portugal.

8471. K. L. Müller, historische Gemälde aller Land- und Seekriege, und der merkwürdigsten Begebenheiten in Frankreich, seit dem Ausbruch der Revolution, bis zum Wiener Frieden, 3 Bde. Leipzig, 1812.

8472. Vertheidigung des Brückenkopfes vor Preßburg, im J. 1809, von einem k. k. österreichischen Offizier, Preßburg, 1812.

8473. Histoire de la guerre de l'indépendance des états-unis de l'Amérique, par M. Ch. Botta, trad. de l'italien par L. de Sevelinges, 4 Tom. à Paris, 1812. (L'original italien a été imprimé à Paris, 1809.)

8474. Campaigns of the British in Spain and Portugal, 4 Tom. London, 1812.

8475. On the defence of Portugal, with a history of Lord Wellington's campaigns, by W. G. Eliot, London.

8476. Journal du siège de Gironne, l'an 1809, pour servir d'explication au plan de cette forteresse par H. W. Bucher, capit. au serv. de Westphalie, à Hildesheim, 1812.

8477. C. G. Keferstein, de bello marsico liber singularis, Halae, Sax. 1811.

8478. D. C. Venturini, Geschichte der spanisch portugiesischen Thronumkehr, und des daraus entstandenen Krieges, 2 Bde, Altona, 1812—13.

8479. Northern campaigns in 1812 and 1813, by Philippart, 2 Tom. London, 1813.

8480. Détails des événemens, qui ont précédé et accompagné les celèbres victoires de l'armée française le 21 et 22. Mai 1813, à Paris, 1813.

8481. Geh. Legationsrath von Diez, Geschichte des Krieges zwischen den Osmanen und Russen, in den Jahren 1768—1774, von Resmi Achmed Effendi, a. d. Türkischen übersetzt, Berlin, 1813.

8482. Der Kampf Frankreichs gegen Rußland und Preußen, 1812, 1813 und 1814, 4 Bde. Hamburg, 1813—1815.

8483. F. J. Bodmann, die Schweden zu Mainz, ein Beitrag zur Geschichte dieser Stadt, Mainz, 1813.

8484. Geschichte des Feldzugs der Franzosen und ihrer Verbündeten gegen Rußland, 3 Bde. Leipzig, 1813—1814.

8485. H. Zschokke, der Krieg Napoleons gegen den Aufstand der spanischen und portugiesischen Völker, 1r Bd. Aarau, 1813.

8486. Venturini, Frankreichs und Rußland Kampf in den Jahren 1812 und 1813. Amsterdam, 1813.

8487. Auch eine Ansicht über die Völkerschlacht bei Leipzig, nebst Grundstrichen zur Beurtheilung des ganzen Feldzuges, Leipzig, 1814.

8488. Bartholdy, der Krieg der Tyroler im Jahr 1809, Berlin, 1814.

8489. Beiträge zur Geschichte des Russisch-Französischen Feldzuges im J. 1812. In zwanglosen Heften, Breslau, 1814 u. s. w.

8490. Beiträge zur Geschichte des Rückzugs der Franzosen nach der Schlacht bei Leipzig, Leipzig, 1814.

8491. Kurzweilige und wahrhaftige Beschreibung der Schlachten bei Leipzig u. s. w. Leipzig, 1814.

8492. Bericht eines Augenzeugen von den Operationen des 4ten, 7ten und 12ten Armee-Korps, unter den Generalen Bertrand, Reynier und Oudinot, u. s. w. Dresden, 1814.

8493. Die Preußisch-Russische Kampagne im Jahr 1813, bis zum Waffenstillstande, Leipzig und Altenburg, 1814.

8494. Chronik von Leipzig, während des im Sommer 1813 erneuerten Krieges, Leipzig, 1814.

8495. Neuste Kronik von Dresden, vom März bis November 1813. Dresden, 1814.

8496. K. Curth, die Schlachten bei Lützen und Leipzig in den Jahren 1631 und 1632. Parallele mit denen im Jahr 1813. Leipzig, 1814.

8497. Darstellung der Begebenheiten in Torgau, im März und April 1813. Dresden, 1814.

8498. Darstellung der großen universalhistorischen Begebenheiten im Oktober 1813. Leipzig, 1814.

8499. Geschichtliche Darstellung der Schlacht bei Hanau, am 30. Oktober, Hanau, 1814.

8500. Der Feldzug von 1813 bis zum Waffenstillstande, von einem Augenzeugen, Leipzig, 1814.

8501. Der Feldzug des Kronprinzen von Schweden im J. 1813 und 1814. Leipzig, 1814.

8502. Frankreich und Rußland, oder Darstellung des großen Kampfes, Berlin, 1814.

8503. Geschichte der Hamburgischen Begebenheiten während des Frühjahrs 1813, London, 1814.

8504 Chronologische Geschichte oder Tagebuch vom deutschen Freiheitskriege 1r Bd. vom 3. December 1812 bis 3. December 1813. Berlin, 1814.

8505. C. A. Günther, kurze Darstellung der großen Völkerschlacht bei Leipzig, Eisenberg, 1814.

8506. L. Hussell, Leipzigs Geschichte vom April bis Oktober 1813. Leipzig, 1814.

8507. L Hussell, Leipzig während der Schreckenstage im Monat Oktober 1813. Leipzig, 1814.

8508. Jomini, Auszug aus seinen Memoiren über den Feldzug 1813. Leipzig, 1814.

8509. Der Krieg des Jahres 1813, historisch beleuchtet, Wien, 1814.

8510. Materialien zur Geschichte des großen Kampfes für Europas Befreiung, Berlin, 1814.

8511. History of the campaigns in Germany, Italy and Schwitzerland, 4 Tom. London, 1814.

8512. Narrative of the events which occurred in and near Leipzig, in 1813, translated from the german by Shobert, London, 1814.

8513. J. Phillipart's campaign in Germany and France, to the abdication of the throne of France by Napoleon etc. 2 Tom. London, 1814.

8514. Istoria dell'ultima guerra fra le potenze alleate e la Francia, che comprende le tre memorabili campagne in Russia, Germania e nella Francia, 12 Tom. Firenze, 1814—1816.

8515. Historia abreviada das campanhas de Lord Wellington em Portugal e Hespanha, 1814.

8516. Campanha aberta de Portugal, escrita em Londres pelo general Sarrazin, e traduzida em volgar, por J. A F. em Lisboa, 1814.

8517. E. v. Pfuel (K. R. Major) Beiträge zur Geschichte des letzten französisch-russischen Krieges, Berlin, 1814.

8518. Rehfues, Tagebuch eines Offiziers über seinen Feldzug in Spanien, im J. 1808. Hannover, 1814.

8519. Der Rückzug der Franzosen nach der Schlacht bei Leipzig, im Oktober 1813. 1814.

8520. Aufrichtige und einzig wahre Schilderung des französischen Rückzuges aus Rußland, im Oktober und November 1812 Sondershausen, 1814.

8521. Die Schlacht bei Brienne und Larothiere am 29. 30. 31. Januar und 1 Februar 1814. Weimar, 1814.

8522. Die Schlacht bei Leipzig, vom 16ten bis 19ten October 1813. Leipzig, 1814.

8523. P. v. Tschuikewitsch, Betrachtungen über den Krieg von 1812, nebst 2 Tabellen über die in Rußland eingedrungene feindliche Macht, und den von ihr in jeder Schlacht und Affaire erlittenen Verlust, Petersburg, 1814.

8524. Ueber die Schlachten von Großbeeren und Dennewitz, von einem Augenzeugen. Mit Tabellen des Verlusts in beiden Schlachten, Berlin, 1814.

85-5. Porter, Feldzug in Rußland im J. 1812. A. d. Engl. Leipzig und Altenburg, 1814.

8526. Merkwürdige Belagerung Magdeburgs im sechszehnten Jahrhundert, als Gegenstück zu der im neunzehnten, 2te Aufl. Berlin, 1814.

8527. Authentischer Bericht über die Schlacht bei Leipzig. A. d. Schwedischen, Hamburg, 1814.

8528. Authentischer Bericht über den Rückzug der Franzosen von Moskau bis zur Weichsel, Stockholm, 1814.

8529. Chronologische Geschichte oder Tagebuch vom deutschen Freiheitskriege, 2 Bde. Berlin, 1814.

8530. Hamburgs außerordentliche Begebenheiten und Schicksale in den Jahren 1813 und 1814. Hamburg, 1814.

8531. Skizzen zu einer Geschichte des Russisch-Französischen Kriegs im J. 1812. Leipzig, 1814.

8532. Stausebach, Herrmannsschlacht, ein Gemälde der Tapferkeit und des Gemeinsinns der Katten im ersten Jahrhundert, Teutoburg, 1814.

8533. Dr. K. L. Struve, der Feldzug des Darius gegen die Scythen, Riga, 1814.

8534. Die merkwürdigen Tage der Stadt Pirna und der umliegenden Gegenden vom 22. Aug. bis 13 Nov. 1813. 1814.

8535. Tagebuch der Begebenheiten in Dresden, vom Einrücken des Marschalls Davoust, bis zur Räumung der Stadt u. s. w. Dresden, 1814.

8536. Deutschlands Rettung und Sachsens Befreiung durch die Schlacht bei Leipzig, von einem Augenzeugen, Leipzig, 1814.

8537. Wedekind, Uebersicht der neusten Weltbegebenheiten, 1812. 1813. 1814. Lüneburg, 1814.

8538. Weinhold, Die Belagerung von Dresden im Jahre 1813. Dresden, 1814.

8539. Extrait de mes mémoires sur la campagne de 1813. Par le général Jomini, à Leipsic et à Altenbourg, 1814.

8540. Darstellung des Feldzuges der Verbündeten gegen Napoleon, im J. 1814.

8541. Darstellung des Feldzuges der Verbündeten gegen Napoleon, im Jahr 1814. 2 Abtheilungen, Erlangen, 1814. Neue Aufl. 1815.

8542. Erzählung der Begenheiten in dem unglücklichen Hamburg, vom 30sten Mai 1813 bis zum 31sten Mai 1814. 2te Aufl. Hamburg, 1814.

8543. Das siegreiche Großbrittannien, eine skizzirte Darstellung des englisch-französischen Seekrieges, vom J. 1793 an bis auf den gegenwärtigen Augenblick, Prag, 1814.

8544. Der Deutsche Krieg im Jahr 1813, nach Oesterreichs Beitritte, 2 Bde. Leipzig, 1814.

8545. Authentische Nachrichten der merkwürdigsten Schlachten und Kriegsereignisse der Jahre 1813—1814, Dresden, 1814.

8546. Tagebuch über Lübecks Drangsale, vom 3ten Juni bis 5ten Dezbr. 1813, Leipzig, 1814.

8547. Uebersicht der Russischen Kriegsoperationen, und tabellarisches Verzeichniß des Verlustes der kombinirten französischen Armee, Petersburg, 1814.

8548. Versuch einer Darstellung der Verbrennung und Plünderung Moskaus, Petersburg, 1814.

8549. Reflexions sur la guerre de 1812, par C. de Tschouykewitsch, colonel de l'état-major-général, à St. Petersbourg, 1814.

8550. Campagne de Paris en 1814, par Giraud, 2me édit. à Leipsic, 1814.

8551 Lettre d'un officier français au lord Willington sur ses six dernières campagnes, à Paris, 1814. 2me édit. 1815.

8552. Histoire de la guerre d'Espagne et de Portugal, par le général Sarrazin, à Paris, 1814. 1816.

8553. Mémoire sur la guerre d'Espagne, par Rocca, à Paris, 1814.

8554. Relation des sièges de Saragosse et Tortose, par Rogniat, lieut. général, à Paris, 1814.

8555. Mémoires pour servir à l'histoire des expéditions en Egypte et en Syrie, par J. Miot, à Paris, 1814.

8556. Fuite de Bonaparte de l'Egypte, pièces authentiques sur sa desertion etc. à Paris, 1814.

8557. Buonaparte en Egypte, ou détails sur le massacre et l'empoisonnement des prisonniers et des malades de Jaffa etc. à Paris, 1814.

8558. La campagne de Portugal en 1810 et 1811, ouvrage imprimé à Londres, qu'il était défendu de laisser pénétrer en France sous peine de mort etc. à Paris, 1814.

8559. Relation authentique de l'assaut donné le 6. juillet 1809 au Palais Quirinal, et de l'enlevement du souverain Pontife etc trad. de l'italien par Lemièrre d'Argy, à Paris, 1814.

8560. Campagne de Paris en 1814, précédée d'un coup d'oeil sur celle de 1813 etc. par J. Giraud, à Paris, 1814. (6me édit.)

8561. Mémoires sur la guerre des Français en Espagne par de Rocca, officier de hussards, à Paris, 1814.

8562. Moscou avant et après l'incendie etc. des évènemens qui se passèrent pendant l'incendie, et des malheurs qui accablèrent l'armée française pendant la retraite de 1812, par G. K. D. L. témoin oculaire, à Paris, 1814.

8563. Relation historique de ce qui s'est passé à Paris, à la mémorable époque de la dechéance de Napoléon, ecrite en espagnol par Rodriguez, et traduite en français par le même, à Paris, 1814.

8564. Tableau de la campagne de Moscou, en 1812, par Réné Bourgeois, docteur en médécine, témoin oculaire, à Paris, 1814.

8565. Détails abrégés sur la campagne de Moscou en 1812, par un sécrétaire particulier de l'état-major etc. à Paris, 1814.

8566. Campagne de Moscou en 1812, ouvrage composé d'après les collections des pièces officielles sur cette campagne etc. par R. J. Durdent, à Paris, 1811. (3me édit.)

8567. Hourra sur le pamphlet publié par M. J. Durdent, intitulé, campagne de Moscou en 1812, par un prisonnier de guerre rentré, à Paris, 1814.

8568. Les sépulcres de la grande armée, ou tableau des hopitaux pendant la dernière guerre de Bonaparte, à Paris, 1814. (2me édit.)

8569. Relation circonstanciée sur la campagne de 1812 par Eugène Labaume, capitaine etc. à Paris, 1814. (3me édit.)

8570. Relation impartiale du passage de la Berezina par l'armée française en 1812, par un témoin oculaire, à Paris, 1814.

8571. Journal historiques des operations militaires de la 7me division de cavalerie légère polonaise etc. depuis la reprise des hostilités au mois d'août 1813 jusqu'au passage du Rhin au mois de novembre; redigé sur le minutes autographes, à Pari, 1814.

8572. Le siége de Dantzick en 1813, par de M...., à Paris, 1814.

8573. Batailles de Leipsic, depuis le 14. jusqu'au 19. octuber 1813, etc, originairement écrit en allemand, traduit de l'anglais de Frédéric Shobert, sur la huitième édition, et accompagné de notes, à Paris, 1814.

8574. Campagnes de Bonaparte en 1812, 1813 et 1814, d'après le bulletins officiels des alliés et des français, trad. de l'allemand, et augmenté d'un grand nombre de pièces et documens, par Breton de la Martinière, à Paris, 1814.

8575. Révélations à la patrie, hommage à la vérité, précis historique des événemens les plus remarquables survenus depuis la rentrée de Russie, jusqu'au passage du Rhin etc. par J. Parentaux-Desgranges, à Paris, 1814.

8576. Précis historique de la bataille livrée le 10. Avril 1814 sous les murs de Toulouse entre l'armée française, et les armées combinées anglaise, espagnole et portugaise, avec de plans etc. par C. D. 3 parties, à Toulouse, 1814—15.

8577. Pièces sur les grands événemens arrivés en France depuis 1813, jusqu'à l'abdication de Napoléon etc. à Paris, 1814.

8578. Beiträge zur Kriegsgeschichte der Feldzüge 1813 —14. Von einem Offizier der alliirten Armee, Berlin, 1815.

8579. Die Ameise, oder Bemerkungen, Karakterzüge und Anekdoten, auch Schlachtberichte aus den Jahren 1812. 13. 14, von Hussel, in Sammlungen, Leipzig, 1815.

8580. Briefe über Hamburgs und seiner Umgebungen Schicksale, während der Jahre 1813 und 1814, in Heften, Leipzig und Altenburg, 1815—16.

8581. Briefe von der baierschen Armee, geschrieben im französischen Feldzuge (1814). Speyer, 1815.

8582. Dietrich, Groß = Glogaus Schicksale von 1806 — 1814. Glogau, 1815.

8583. Joh. Falks, Kriegsbüchlein. Nr. 1. Weimars Kriegsdrangsale von 1806 — 1813, Weimar, 1815.

8584. Fr. Herrmann, Geschichte des großen Kampfs für die Freiheit der Völker, Lübeck, 1815.

8585. Kriegsgeschichten aus den Jahren 1812 und 1813. 2 Bde. Breslau, 1814 — 15.

8586. Labaume, umständliche Nachricht von dem Feldzuge in Rußland, im J. 1812. Nach der dritten Ausgabe a. d. Franz. Leipzig, 1815.

8587. E. H. Lloyd, Esq. Darstellung der Ereignisse in Hamburg, während der ersten 6 Monate des J. 1813. A. d. Engl. Leipzig, 1815.

8588. Magdeburg, während der Blokade im J. 1813 und 1814. Magdeburg, 1815.

8589. Kurzer Umriß der Begebenheiten auf dem festen Lande von Europa in den Jahren 1813 und 1814. Weimar, 1815.

8590. Freih. v. Unterberger, K. K. Gen. Feldzeugmeister Tagebuch der Belagerung und Bombardirung der franz. Festung Valenciennes im Jahr 1793. 2te Aufl. Wien, 1815.

8591. Varnhagen von Ense, Geschichte der Kriegszüge des Generals Tettenborn, während der Jahre 1813 und 1814. Tübingen, 1815.

8592. Campagne de Walcheren et d'Anvers en 1809, par de Rocca, à Paris, 1815.

8593. Mémoire addressé à S. E. le ministre de la guerre sur la défense de la place et citadelle de Mézières, suivi de lá correspondance des généraux Prussiens ect. par le chev. Lemoine, lieut. général, commandant supérieur etc. à Paris, 1815.

8594. Réfutation de plusieurs erreurs contenues dans un mémoire addressé par le lieutenant-général Lemoine au ministre de la guerre sur la défense de la forteresse de Mézières, par le lieutenant-général de Hake, au service de S. M. le roi de Prusse, commandant le siège de cette place, à Sedan, 1815.

8595. Recueil de pièces officielles, destinées à détromper les Français sur les événemens, qui se sont passés depuis quelques années, par Frédéric Schöll, conseiller aulique au département des affaires étrangères de S. M. le roi de Prusse, 9 Tom. à Paris, 1815.

8596. Memorias para la historia de la revolucion espagnola, con documentos justificativos etc. por D. Juan Nellerto, 3 Tom. en Parisias, 1815—16. Traduction française, à Paris 1815—16.

8597. Mémoire pour servir à l'histoire de la révolution de la capitainerie générale de Caracas, depuis l'abdication de Charles IV. jusqu'au mois d'août 1814, à Paris, 1815.

8598. Labaume's narrative of the campaign in Russia, London, 1815.

8599. Circumstantial details of the battle of Waterloo, by a near observer, London, 1815.

8600. Histoire de la révolution de St. Domingue, par Dalmas, 2 Tom. à Paris, 1815.

8601. Tableau historique et raisonné des premières guerres de Bonaparte etc. par le chev. Michaud de Villette. Tom I. à Paris, 1815.

8602. Histoire de l'expédition française en Egypte, par P. Martin, 2 Tom. à Paris, 1815.

8603. Défense de Saragosse, ou relation des deux siéges soutenus par cette ville en 1808 et 1809, par Don Manuel Cavallero, lieutenant colonel du génie; trad. de l'espagnol par V. Angliviel de Labeaumelle, chef de bat. du génie, à Paris, 1815.

8604. Campagne de l'armée française en Portugal dans les années 1810 et 1811 etc. par A. D. L. G...., à Paris, 1815.

8605. Relation impartiale du passage de la Bérezina par l'armée française en 1812, par Guillaume de Vaudoncourt, maréchal de camp, à Paris, 1815. 2me édit.

8606. Précis historique sur la guerre d'Espagne et de Portugal, de 1818 à 1814 etc. par Aug. Carel, chef de bat. à Paris, 1815.

8607. Relation circonstanciée de la campagne de Russie en 1812 etc. par Eugène Labaume, chef d'escadron, 4me édit. à Paris, 1815. 5me édit. 1816. 6me édit. 1820.

8608. Histoire de la guerre de Russie et d'Allemagne depuis le passage du Niemen, juin 1812, jusqu'au passage du Rhin, novembre 1813, par Sarrazin, maréchal de camp, à Paris, 1815.

8609. Correspondance entre le général Jomini et le général Sarrazin, sur la campagne de 1813, à Paris, 1815.

8610. Histoire de la révolution du 20. mars 1815, par Gallais, à Paris, 1815.

8611. Précis de la conduite du 14ème régiment d'infanterie, occupant au 1er mars dernier le Liamone et la place de Corte etc. à Paris, 1815.

8612. Histoire de la campagne de 1814 et de la restauration de la monarchie française etc. par Alphonse de Beauchamp, 2 Tom. à Paris, 1815.

8613. Histoire des campagnes de 1814 et 1815, comprenant l'histoire politique et militaire des deux invasions de la France, par Alphonse de Beauchamp, 3 Tom. à Paris, 1815—1816.

8614. Tableau historique des événemens qui se sont passés à Lyon, depuis le retour de Bonaparte jusqu'au retablissement de Louis XVIII etc. à Lyon, 1815.

8615. Précis des journées des 15. 16. 17. et 18. juin 1815, par Giraud, à Paris, 1815.

8616. Relation anglaise de la bataille de Waterloo, accompagnée des rapports français, prussien et espagnol etc. trad. par Tardieu, à Paris, 1815. 2me édit.

8617. Relation fidèle et détaillée de la dernière campagne de Bonaparte, terminée par la bataille de Mont-St.-Jean etc. à Paris, 1815. 2me édit. 1816, 4me édit.

8618. Histoire des quinze semaines, ou le dernier règne de Bonaparte, par Michaud, 20me édit. à Paris, 1815.

8619. Cinq mois de l'histoire de France, ou fin de la vie politique de Napoléon, par Regnault de Warin, à Paris, 1815.

8620. Recit des opérations de l'armée royale du midi, sous les ordres de Monseigneur le duc d'Angoulème, depuis le 9 mars, jusqu'au 16 Avril, 1815, par Elisée Suleau, à Paris, 1815. 1816.

8621. Mémoires, rapports etc. concernant les troubles du midi, en juillet et août 1815, à Paris, 1815.

8622. Sièges soutenus par la ville de Paris, depuis l'invasion des Romains, jusqu'au 30. mars 1814, à Paris, 1815.

8623. De la défense et de la prise de Paris, en 1814, à Paris, 1815.

8624. Campagne des Français en Portugal dans les années 1810 et 1811, à Paris, 1815.

8625. M. de Beauchamp's, authentic narrative of the invasion in France, in 1814. 2 tom. London, 1815.

8626. D. C. Venturini, Geschichte des europäischen Befreiungskrieges während der Jahre 1812—1815. 4 Bde. Leipzig und Altenburg, 1815—1818.

8627. De maerkvaerdige Aar 1813—1814, eller de Allierdes Feldtoge, fornemlig under Kronprindsens af Sverrig, Kiöbenhavn, 1815.

8628. Hambourg, avant le maréchal Davoust, en 1813 etc, par Mr. Varnhagen d'Ense, à Paris, 1815.

8629. Précis historique des événements militaires de la guerre d'Espagne, 2 Tom. à Paris et à Strasbourg, 1815.

8630. Darstellung des Feldzugs der Verbündeten im J. 1815. Erlangen, 1815.

8631. Genaue und ausführliche Darstellung des neuen Kriegs mit Frankreich, 1815, der Schlachten und Gefechte in Belgien u. s. w. Leipzig, 1815.

8632. Jacobsen, Beitrag zur Geschichte von Altona, während Hamburgs Einschließung, im Winter von 1813—14. Altona, 1815.

8633. Vorstellung und Beschreibung der Schlacht bei Würzburg, am 22. Aug. 1813. Dresden, 1815.

8634. Vorstellung und Beschreibung des Uebergangs der Oesterreicher über die Drau, den 14. Septbr. 1813. Dresden, 1815.

8635. Kriegsbibliothek, enthaltend die Geschichte der Befreiungskriege in Spanien, Portugal, Rußland, Deutschland, Italien und Frankreich, vom J. 1807—1815. 5 Bde. Leipzig, 1815—17.

8636. Militärische Operationen der alliirten und französischen Armeen, in der Gegend von Paris, im Juni und Juli 1815. Leipzig, 1815.

8637. Don Manuel Cavallero, défense de Saragosse dans les sièges de 1808 et 1809. à Paris, 1815,

8638. R. K. Porter, der russische Feldzug im J. 1812, a. d. Engl. von Dr. L. Kritz, Leipzig, 1815.

8639. Sarrazin, General, Geschichte des Krieges in Spanien und Portugal, von 1807—14. A. d. Franz. Leipzig, 1815. Auch unter dem Titel Kriegsbibliothek, 1r Bd.

8640. Beiträge zur Kriegsgeschichte der Feldzüge von 1813—1814. Berlin, 1815.

8641. Bretschneider, der vierjährige Krieg der Verbündeten mit Napoleon, in Rußland, Deutschland, Italien und Frankreich, in den Jahren 1812—1815. Annaberg, 1816.

8642. Ferd. Buchholz, umständliche Aufklärungen der denkwürdigen Ereignisse zur Geschichte der französischen Revolution, 12 Bde. Pesth, 1816.

8643. Geschichte des Feldzugs von 1815, Tübingen, 1816. (Französisch, 1817. ebend.)

8644. Fr. Heller, Geschichte der Kreutzzüge, 3 Bde. Mannheim, 1816.

8645. Fr. Hoffmann, die vier Feldzüge des Germanikus in Deutschland, Göttingen, 1816.

8646. Röder von Bomsdorf, Rittm. Mittheilungen aus dem Feldzuge von 1812 an einen Offizier des Generalstaabes, Leipzig, 1816.

8647. Die merkwürdigsten Tage des Jahres 1815, vom 15ten Juni bis 18ten Juli, Blätter aus dem Tagebuch eines Preußischen Offiziers, Magdeburg, 1816.

8648. C. Wagner, Saalfelds Kriegsdrangsale von 1792—1815. Rudolstadt, 1816.

8649. Merkwürdige Briefe über die Schlacht von Belle-Alliance, von einem Preuß. Offizier, Leipzig, 1816.

8650. Feldtoget i Norge 1814. Af en norsk Officeer, Kiöbenhavn, 1816.

8651. Histoire complette de l'expédition française en Egypte, pendant les années 1798—1804, par P. Martin, 2 Tom. à Paris et Strasbourg, 1816.

8652. Darstellung der Ereignisse in Dresden, im J. 1813. Dresden, 1816.

8653. Fr. Förster, Beiträge zur neueren Kriegsgeschichte, 2 Bde. Berlin, 1816—17.

8654. Kriegsgeschichtliche Monographieen neuerer Zeit, seit dem J. 1801. 2 Bde. 1816—17.

8655. Nachrichten über die heldenmüthige Vertheidigung von Saragossa, durch die Spanier, in den J. 1808 und 9; von einem K. Preuß. Offizier, Berlin, 1816.

8656. C. von Plotho, Major, der Krieg in Deutschland und Frankreich 1813 und 1814. 3 Bde. Berlin, 1816.

8657. Tietze, zuverlässige Nachrichten über die Schlacht von Hassenhausen, den 14ten Okt. 1806 u. s. w. Naumburg, 1816.

8658. Histoire de la guerre de la restauration, depuis octobre 1813, jusqu'à janvier 1816, à Paris, 1816.

8659. Journal historique du siége de Saragosse, per Daudebard de Ferussac, chef de bataillon d'état-major, à Paris, 1816.

8660. Lettre sur la guerre de Russie en 1812 etc. par L. V. D. P. à Paris, 1816.

8661. Relation de la surprise de Berg-op-Zoom le 8. et 9. mars 1814 etc. par le chev. Legrand, colonel, à Paris, 1816.

8662. Histoire des opérations de l'armée royale, et du règne de la féderation, dans le Midi, depuis le 2. mars jusqu'à 15. juillet 1815, par P. C. à Avignon, 1816.

8663. Dernière campagne de l'armée franco-italienne en 1813 et 1814, suivi de mémoires secrets sur la révolution de Milan, à Paris, 1816.

8664. Relation circonstanciée de la dernière campagne de Bonaparte, terminée par la bataille de Mont-Saint-Jean, à Paris, 1816.

8665. Relation historique et militaire de la campagne de Portugal sous le maréchal Masséna etc. par le chef de bataillon Guingret, à Paris, 1816.

8666. Eug. Labaume, la campagna della Russia, narrazione circonstanziata, volgarizzata dal Francese, 4 Tomi, Napoli, 1816.

8667. Victoires, conquêtes, désastres, revers et guerres civiles des Français depuis 1792 jusqu'en 1815, par une société de militaires et de gens de lettres, 20 Tom. à Paris, 1816—1820.

8668. Rocca's history of the war in Spain, London, 1816.

8669. Memoirs of the principal events in the campaigns of North-Holland and Egypt, by major Maule, London, 1816.

8670. Histoire de France pendant les guerres de la réligion, par Charles Lacretelle, 4 Tom. à Paris, 1816.

8671. Histoire des campagnes de 1814 et 1815, par Alphonse de Beauchamp, 4 Tom. à Paris, 1816.

8672. History of the campaign of the british, dutch, hanoveran and brunswick armies in 1815, by C. de M. London, 1816.

8673. The battle of Waterloo, also of Ligny and Quatre-bras, 2 Tom. London, 1817. (10th edition.)

8674. Tableau de la campagne d'automne de 1813, en Allemagne, par Bouttourlin, à Paris, 1817.

8675. Precis des événemens militaires, ou essais historiques sur les campagnes de 1799 à 1814, par le comte Mathieu Dumas, 1—16me Tom. à Strasbourg, Londres et Paris, 1817—1822. (jusqu'à la campagne de 1805 incl.)

8676. Beschreibung des Treffens bei Hagelsberg unweit Belzig, den 27sten August 1813. Berlin, 1817.

8677. Fr. Buchholz, Beschreibung der Schlachten von Ligny und Belle Alliance, Berlin, 1817.

8678. Der Feldzug in Meklenburg und Holstein, im Jahr 1813. Berlin, 1817.

8679. Der Feldzug von Portugal in den Jahren, 1811 und 1812. Tübingen, 1817.

8680. Skizzirte Geschichte der Belagerung von Danzig im J. 1807, nebst der Vertheidigung dieses Platzes, Berlin, 1817.

8681. Skizzirte Geschichte der russisch-preußischen Blokade und Belagerung von Danzig im J. 1813, nebst der Vertheidigung dieses Platzes, Berlin, 1817.

8682. Der Krieg der Franzosen mit den verbündeten Mächten im J. 1815. Von **r. Leipzig, 1817.

8683. Fr. Rössel, Geschichte des Kriegs in Schlesien, im J. 1813. Weimar, 1817.

8684. Campagne du prince Eugène en Italie pendant les années 1813 et 1814, à Paris, 1817.

8685. Mémoires pour servir à l'histoire de la cause de 1815 (dans la Vendée), par le comte d'Autichamp, à Paris, 1817.

8686. Mémoires sur la guerre de la Vendée en 1815, par Canuel, à Paris, 1817.

8687. Campagne des Français en Saxe, par le baron d'Odeleben, trad. de l'allemand par Aubert de Vitry, 2 Tom. à Paris, 1817.

8688. Relation de l'expédition de Portugal, faite en 1807 et 1808, par Thiébault, à Paris, 1817.

8689. Esquisse de la révolution de l'Amérique espagnole, ou récit de l'origine, des progrès et de l'état actuel de la guerre entre l'Espagne et l'Amérique espagnole, trad. de l'anglais, à Paris, 1817.

8690. Histoire de la campagne de Russie pendant l'année 1812, par Sir R. Ker-Porter, traduit de l'anglais, à Paris, 1817.

8691. Lettres sur la guerre de Russie en 1812, sur la ville de Petersbourg etc. par Puibusque, à Paris, 1817.

8692. Précis historique des opérations militaires de l'armée en 1814, par le général Vignolle, à Paris, 1817.

8693. Campagne de l'armée française en Portugal, dans les années 1810 et 1811, avec un précis de celles, qui l'ont précédée, à Paris, 1817.

8694. Delandine de St. Esprit, le panache d'Henri IV. ou les phalanges royales en 1815, 2 Tom. à Paris.

8695. Considerazioni sugli avvenimenti politici e militari del anno 1812, Milano.

8696. Histoires des campagnes d'Allemagne, d'Italie, de Suisse etc. pendant les années 1796 — 99, trad. de l'anglais du colonel Graham, par Mak-Carthy, 4 Tom. à Paris, 1817.

8697. Joh. Jones, Obristl., Tagebuch der in den Jahren 1811 und 12 von den Verbündeten in Spanien unternommenen Belagerungen. A. d. Engl. von F. v. G. Berlin, 1817.

8698. Journal der Kriegsoperationen der Kais. Russischen und der verbündeten Armeen, von der Eroberung Thorns bis zur Einnahme von Paris, von F. v. K. Riga, 1817.

8699. F. S. Seydel, Nachrichten über vaterländische Festungen und Festungskriege, von Eroberung der Stadt Brandenburg, bis auf jetzige Zeiten, 3 Bde. Züllichau, 1817—1821.

8700. L. Blesson, Beitrag zur Geschichte des Festungskriegs in Frankreich, im J. 1815, oder Tagebuch eines Ingenieur-Offiziers über die Belagerung von Maubeuge, Landrecies, Marienburg, Philippeville, Rocroy, Givet und Charlemont, mit Planen aller genannten Festungen, Berlin. 1818.

8701. Erinnerungen aus dem Feldzuge des Sächsischen Truppenkorps im Jahr 1812. Leipzig, 1818.

8702. Der Freiheitskampf im spanischen Amerika, oder Bericht von dem Ursprunge, Fortgange und gegenwärtigen Stande des Krieges zwischen Spanien und Amerika. Von einem Südamerikanischen Offizier. A. d. Engl. Hamburg, 1818.

8703. C. v. Plotho, Obristlieut. der Krieg des ve bündeten Europa gegen Frankreich, im J. 1815. Berli 1818.

8704. Joh. Voigt, Geschichte des Lombardenbunde und seines Kampfs mit Kaiser Friedrich I. Königsber 1818.

8705. Beleuchtung des zweiten Theils der Schri Mittheilungen aus dem Russischen Feldzuge an einen O fizier des Generalstabes, von Röder von Bomsdor Insbesondere in Bezug auf das Oesterreichisch-Sächsisc Heer, Dresden, 1818.

8706. v. Valentini, Versuch einer Geschichte d Feldzugs von 1809, Berlin und Stettin, 2te Aufl. 1818

8707. Campagnes du corps sous les ordres d S. A. R. le prince de Condé, par le marquis d'E quevilly, lieutenant général, 3 Tom. à Pari 1818.

8708. R. P. de Nagono au marquis d'Ecqu villy, sur ses campagnes du prince Condé, à Par 1818.

8709. Lettre de R. de Carondeley au ma quis d'Ecquevilly, à Paris, 1818.

8710. Coup d'oeil sur les campagnes des ém grés, par A. H. Dampmartin, à Paris, 1818.

8711. Histoire du passage des Alpes par Ann bal, par Deluc, à Paris, 1818.

8712. Précis des événemens concernant la m rine et l'armée pendant la dernière guerre d'Amér que, par William James, à Londres, 1818.

8713. Friedrich der Große und seine Gegner. Ne einer Vertheidigung des Preußischen Militairs gegen d Beschuldigungen des Grafen von Schmettau und Mi sters von Dohm u. s. w. von C. v. Seidl, Kön. P Major auß. Dienst. 3 Bde. Dresden, 1818—20.

8714. Lettre aux auteurs de l'ouvrage, intitil victoires, conquêtes etc. à Paris, 1818.

8715. Journée d'Oberkamlach, ou parallèle d récit de cette affaire, par un officier général de l'a mée de Condé, avec celui, qui en a été fait par l redacteurs des: victoires, conquêtes etc. à Par 1818.

8716. Récit de ce qui s'est passé de plus rema quable à l'armée du prince de Condé 1791—179 par B. P. à Paris, 1818. 2me édit.

8717. Ephémérides militaires, depuis 1792 — 15, ou anniversaire de la valeur française, 12 m. à Paris, 1818—1820.

8718. J. T. Jones, Beschreibung des Krieges in panien, Portugal und dem südlichen Frankreich in den hren 1808 — 1814. A. d. Engl. von einem deutschen fizier, welcher diese Feldzüge in der Engl. Armee mitge- ıcht hat, Braunschweig, 1818.

8719. F. v. Liebenstein, der Krieg Napoleons ge- 1 Rußland, in den Jahren 1812 und 1813. 2 Bde. ankfurth, 1818—19.

8720. F. v. Riegel, der siebenjährige Kampf von 07—14 um die Abhängigkeit der Pyrenäischen Halbin- von Napoleons Waffenmacht u. s. w. 1r Bd. Rastadt, 18 ff.

8721. Mémoires pour servir à l'histoire de la mpagne de 1796, contenant les opérations de l'ar- 'e de Sambre-et-Meuse, sous les ordres du géné- en chef Jourdan, par **** à Paris, 1818.

8722. Histoire de la campagne de 1799 en Hol- ıde, trad. de l'anglais, par Mak-Carthy, chef bataillon, à Paris, 1818.

8723. Histoire de la guerre d'Espagnol, contre poléon Bonaparte, par une commission d'officiers toutes armes. Traduit de l'espagne par un té- n oculaire, Tom 1er, à Paris, 1818.

8724. Précis des événemens militaires de la der- 'e guerre des Espagnols contre les Français, par ıttourlin, aide de camp de l'Empéreur de sie, à St, Petersbourg, 1818.

8725. Histoire des batailles, siéges et combats Français depuis 1792 jusqu'en 1815 etc. par P. nchard, 4 Tom. à Paris, 1818—19.

8726. Histoire de la guerre d'Espagne de 1807 315; plus la campagne de 1814 dans le midi de rance, par le colonel Sir John Jones, avec des ı et des commentaires par Alph. de Beau- mp, 2 Tom. à Paris, 1818.

8727. Apperçu nouveau sur les campagnes des çais en Portugal de 1807—1811, contenant des 'vations sur les écrits de M M. le baron Thié- Naylies et Gingret, à Paris, 1818.

8728. Siége de Dantzick en 1807 etc. redigé sur urnal du siége de M. le maréchal duc de Dantzick etc. par Nibuatnias, ancien militaire, à ris, 1818.

8729. Tableau de la campagne d'automne 1813 en Allemagne etc. par de Bouttourlin Paris, 1818.

8730. Précis historique des moyens emplo par M. Beaunier pour la défense de la place Belfort etc. du 24. decembre 1813 au 16. avril 18 à Paris, 1818.

8731. Journée du Mont-Saint-Jean, par Pa à Paris, 1818.

8732. Refutation, en ce qui concerne le mar chal Ney, de l'ouvrage du général Gourgaud, p Gamot, à Paris, 1818.

8733. Précis historique, militaire et critique batailles de Fleurus et de Waterloo en 1815 par Berton, maréchal de camp, à Paris, 1818 la Haye, 1819.

8734. F. v. Ciriacy, der Belagerungskrieg Kün. Preuß. 2ten Armee-Korps an der Sambre un den Ardennen, unter Anführung S. K. H. des Pri August von Preußen, im J. 1815 u. f. w. Berlin, 18

8735. Graf von Dannskiold, der Feldzug an Niederelbe, in den Jahren 1813 und 14. A. d. Dänis von H. von Jahn, Leipzig, 1819.

8736. Geschichte des Feldzugs von 1799 in Deu land und in der Schweiz. (Vom Verfasser der Grun der Strategie, Erzherzog Karl,) 2 Bde. Wien, 1819.

8737. J. T. Jones, Geschichte des Krieges in nien, Portugal und im südlichen Frankreich. A. d. von A. v. H. Major im k. k. General-Quartierm. 2 Bde. Wien, 1819.

8738. Campagne de 1815, ou relation des rations militaires, qui ont eu lieu en France Belgique pendant les 100 jours, écrite à St. Hé par le gen. Gourgaud, avec des notes d'un cier allemand, à Berlin, 1819. (Deutsch Erfurt Gotha, 1819.) (à Paris 1818. in 4to et 12mo.)

8739. Trophées de l'armée française, depuis jusqu'en 1815, 6 Tom. à Paris, 1819—20.

8740. Hecquet, relation de l'expédition p d'Angleterre en 1817, pour joindre les patriot Vénézuéla, trad. de l'aeglais par Perrin, ris, 1819.

8741. Deux victoires par jour, almanac militaire pour 1820, par Ladvocat, à Paris, 1819.

8742. Refutation (en ce qui concerne le siége d'Ancone) du IIme tome de l'ouvrage intitulé: victoires, conquètes etc. recit veridique etc. par le colonel le Couturier etc. à Paris, 1819.

8743. Les fastes de la gloire, ou les braves recommandés à la postérité etc. 2 Tom. à Paris, 1819.

8744. Mémoires pour servir à l'histoire de la campagne de 1814 etc. par F. Koch, chef de bataillon d'état-major, Tom. à Paris, 1819.

8745. Journal des opérations du 6me corps en 1814, par le colonel Fabvier, à Paris, 1819.

8746. Observation sur la relation de la campagne de 1815, publiée par le général Gourgaud, et refutation etc. par le comte de Grouchy, à Paris, 1819.

8747. Lettre au général Gourgaud, sur la relation de la campagne de 1815, à Paris, 1819.

8748. Journal historique du blocus de Thionville en 1814, et de Thionville, Sierck et Rodemack en 1815 etc. par An. Alm*** ancien officier d'état-major, à Blois, 1819.

8749. Rocca, memoria intorno alla guerra de' Francesi in Ispagna, Milano, 1819.

8750. Darstellung des Feldzugs im Spätjahr 1813, von einem Russischen Offizier, deutsch von Kausler, Stuttgardt, 1819.

8751. G. v. der Heyde, der Feldzug des Herzoglich-Braunschweigischen Korps, im J. 1809. Berlin, 1819.

8752. Der Krieg in Indien, geführt von dem Gen. Lord Lake, Oberfeldherrn, und dem Gen. Maj. Sir Arthur Wellesley (Herzog v. Wellington) von 1803—1806. A. d. Engl. von W. Thorn, Gotha, 1819.

8753. Mathieu Dumas, historische Beschreibung der Kriegsbegebenheiten, a. d. Franz. 1r Bd. Stuttgardt, 1820.

8754. F. Lipowsky, des Kurfürsten von Baiern Maximilian Emanuel Stadthalterschaft in den spanischen Niederlanden, und dessen Feldzüge u. s. w. München, 1820.

8755. G. v. Odeleben, die Umgegend von Bautzen, mit Beziehung auf die Schlacht vom 20 und 21. Mai 1813. Dreden, 1820.

8756 J. B. Pfretzschner, der Belagerungskrieg in ganz Europa, von der französischen Revolution 1792, bis zum Pariser Frieden 1815. In Heften, München, 1820 ff.

8757. Campagne de 1799 en Allemagne et en Suisse, par l'auteur des principes de Stratégie (Archiduc Charles) 2 Tom. à Vienne, 1820.

8758. Mémoires pour servir à l'istoire de France en 1815, à Berlin et à Paris, 1820.

8759. Baron Rogniat, Beleiringerne af Saragossa og Tortosa, af de Franske i den sidste Krig i Spanien. Oversat ved P. L. Oxholm, Kjöbenhavn, 1820.

8760. Die Feldzüge der Sachsen in den Jahren 1812 und 1813, aus den bewährtesten Quellen geschöpft und dargestellt von einem Stabsoffizier des Kön. Sächs. Generalstabes, Dresden, 1821.

8761. M. Maier, denkwürdige Kriegsereignisse im K. Baierschen Landgerichte Eggenfelden, von den Jahren 1632—48, 1701 — 14, 1741 — 45. Nach gedruckten und ungedruckten Quellen, München, 1821.

8762. Erinnerungen eines Freiwilligen aus den Jahren 1813 und 1814. 2 Bde. Leipzig, 1820.

8763. Denkwürdigkeiten für die Geschichte Frankreichs im J. 1815, a. d. Franz. von A. Müller. S. Nr. 8758. (Auch mit dem Titel: Zweite aus St. Helena gekommene Handschrift u. s. w.) München, 1820.

8764. Histoire de la guerre entre les états-unis d'Amérique et l'Angleterre, pendant les années 1812, 13, 14 et 15, par H. M. Brackenridge, citoyen américain, trad. sur la seconde edition par A. de Dalmas, 2 Tom. à Paris, 1820. (nouv. édit. 1822.)

8765. Histoire des guerres de la Vendée et des Chouans depuis l'annés 1792, jusqu'en 1815, par de Bourniseaux, 3 Tom. à Paris, 1820.

8766. Histoire critique et militaire des guerres de la révolution, par le lieutenant-général Jomini, aide-de-camp de S. M. l'empéreur de Russie, nouv. édit. 10 Tom. à Paris, 1820—22. avec deux atlas in fol. (L'ouvrage de Jomini, dont le faux titre porte: Traité des grandes opérations etc. a plusieurs éditions, et est divisé en 2 parties, la première en 3 tom. avec un atlas comprenant les guerres de Frédéric II; la seconde en 10 tom. est consacrée aux guerres de la révolution de 1792 à 1815. La première partie, dans laquelle l'auteur a réuni ses principes et maximes, qui dans les éditions précédentes de 1806 etc. étaient epars dans les différens volumes, a paru de nouveau en 1819 et 1822.

8767. Précis ou histoire abrégée des guerres de la révolution française, depuis 1792—1815, par une société de militaires, Tom. 1er, à Paris, 1820.

8768. Histoire de la guerre de la Vendée, ou tableau des guerres civiles de l'Ouest, depuis 1792 1815, par Alphonse de Beauchamp, 4me édition, 4 Tom. à Paris, 1820.

8769. Relation de la défense de Danzig en 1813, par P. H. d'Artois, capitaine du génie, à Paris, 1820.

8770. Campagne de Waterloo, ou remarques critiques et historiques sous l'ouvrage du général Gourgaud, par E. F. Janin, colonel, à Paris, 1820.

8771. Relation de l'expédition de Riego, par Don Evariste San Miguel, lieut. colonel, à Paris, 1820.

8772. Apperçu des dernières revolutions de la république des provinces-unies de Sud-Amérique, à Paris, 1820.

8773. Mémoires sur l'expédition de Quiberon, précédés d'une notice sur l'émigration de 1791, et sur les trois campagnes de 1792—1794, par Louis Gabriel de Villeneuve-Laroche-Barnaud, chef de bataillon, 2 Tom. à Paris, 1820—21.

8774. Mémoires pour servir à l'histoire de la révolution de St. Domingue, par le lieuenant-général baron Pamphile de Lacroix 2 Tom. à Paris, 1820.

8775. Histoire de la chute de l'empire de Napoléon, avec 8 plans etc. par Eugène Labaume, 2 Tom. à Paris, 1820.

8776. Mémoires sur les opérations militaires des Français en Galice, en Portugal, et dans la vallée du Tage en 1809, sous le commandement du maréchal Soult, à Paris, 1821.

8777. Sur l'incursion du major Shill dans le royaume de Westphalie, en 1809, par le général Uslar, à Bruxelles, 1821.

8778. Der Freiheitskampf der Griechen gegen die Türken, in seinem Entstehen und Fortgehen. Historisch dargestellt, 1s Heft, Leipzig, 1821. ff.

8779. C. Münch, über die Türkenkriege, namentlich des 16ten Jahrhunderts. A. d. Lateinischen. Nebst einer gedrängten Darstellung der Ereignisse zwischen Türken und Christen, und den Versuchen der Griechen zur Freiheit, von der Eroberung Konstantinopels, bis auf gegenwärtige Zeiten, Zürich, 1821.

8780. Freiherr v. Soden, Beiträge zur Geschichte des Krieges in den Jahren 1812 und 1813 u. s. w. Arnstadt, 1821.

8781. Campagne des Autrichiens contre Murat en 1815 etc. 2 Tom. à Vienne, 1821.

8782. J. v. Mussinan, Geschichte der französischen Kriege in Deutschland, besonders auf bairischem Boden, in den Jahren 1796, 1800, 1805, 1809, 2 Bde. Sulzbach, 1821—22.

8783. H. v. Staff, der Befreiungskrieg der Katalonier in den Jahren 1808—14, Breslau, 1821.

8784. Dr. Fr. Münter, der jüdische Krieg unter den Kaisern Trajan und Hadrian, Altona und Leipzig, 1821.

8785. Journaux des sièges entrepris par les alliés en Espagne, pendant les années 1811 et 1812 etc. par John F. Jones, trad. de l'anglais, à Paris, 1821.

8786. Campagne des Autrichiens contre Murat en 1815 etc. par V.. C... de Br. 2 Tom. à Bruxelles, 1821.

8787. Journal historique de la division de cavalerie légère du cinquième corps de cavalerie, pendant la campagne de France en 1814, par Auguste Petiet, à Paris, 1821.

8788. Mémoires politiques sur la campagne de 1815, par Napoléon, nouv. édit. suivie de la lettre inédite du maréchal Grouchy etc. à Paris, 1821.

8789. Memoirs of the early campagne of the duke of Wellington, London, 1824.

8790. Der Freiheitskampf der Griechen gegen die Türken in seinem Entstehen und Fortgehen u. s. w. von Gleich, v. Halem, Röder u. a., herausgegeben von Klein. 2 Bde. 1822, derselbe für das Jahr 1823. 4 Bde. Leipzig, 1823.

8791. Prof. W. T. Krug, neuster Stand der griechischen Sache, Leipzig, 1822.

8792. Relation des événemens politiques et militaires, qui ont eu lieu à Naples en 1820 et 1821 etc. par le général Guill. Pépé, à Paris, Strasbourg et Londres, 1822. Dasselbe ist italienisch relazione delle circonstanze etc. ebendaselbst. Deutsch von Krug, Ilmenau, 1823.

8793. Précis historique des moyens employés par Beaunier, capitaine, pour la défense de la place de Befort, etc. à Commercy, 1822.

8794. Evénemens militaires devant Toulouse, en 1814, par Edouard Lapène, capitaine d'artillerie, à Paris, 1822.

8795. Histoire des événemens de la Grèce etc. par D. Raffenel, à Paris, 1822.

8796. Précis historique de la guerre des Turcs contre les Russes, depuis 1769—1774, par A. de Perceval, à Paris, 1822.

8797. Journal militaire de la révolution française, depuis 1792—1915, par J. Esneàux, 8 Tom. à Paris, 1822—23.

8798. Memoirs of the operations of the allied armies during the latter end of 1813 and the year 1814. London, 1822.

8799. James, naval history of Great-Britain from 1793 to 1820, 2 tom. London, 1822.

8800. Brakenridge, storia della guerra tra gli stati uniti di America e l'Inghillerra, negli ann 1812—15, Milano, 1822.

8801. Botta, storia della guerra dell' independenza degli Stati Uniti d'America, 3 Tom. Milano 1822.

8802. Matthieu Dumas, Darstellung der militairschen Begebenheiten, oder historischer Versuch über die Feldzüge von 1799—1814. A. d. Franz. von Kaußler, Bde. Stuttgard, 1823.

8803. L. v. Bollmann, der Hellenen Freiheitskam im J. 1822, aus dem Tagebuche des Herrn A. v. Kampfgenossen des Generals von Normann, Bern, 182

8804. Denkwürdigkeiten der Geschichte des Feldzu von 1796. die Operationen des Sambre und Maasheer A. d. Franz. von Bachoven von Echt, Koble 1823.

8805. Manuskript von 1814, gefunden in den bei Waterloo genommenen kaiserlichen Wagen, enthält die Geschichte der letzten 6 Monate der Regierung Napoleons, vom Baron von Fain. A. d. Franz. Leipzig, 1823.

8806. Rigel, Kampf um Tarragona während des Befreiungskrieges der Katalonier vom J. 1808 — 1814, nebst Belagerungsplan, Karlsruhe, 1823.

8807. Rennell, Geschichte des Feldzugs des Cyrus und des Rückzugs der 10000 Griechen; a. d. Engl. von A. Lion, Göttingen, 1823.

8808. Riegel, Tagebuch der Operationen der Armee von Katalonien in den Jahren 1808—9, oder Beiträge zur Geschichte des Spanischen Krieges, von Gouvion St. Cyr; a. d. Franz. Karlsruhe, 1823.

8809. Labaume, Geschichte des Krieges in Rußland, dänisch, Koppenhagen, 1823.

8810. Manuscrit de 1814 trouvé dans les voitures impériales prises à Waterloo, contenant l'histoire des six derniers mois du regne de Napoléon, par le Baron de Fain, à Leipsic, 1823.

8811. Histoire de l'expédition de Russie, par M. 2 Tom. à Paris, 1823.

8812. Le siège de Cadix par l'armée française en 1810, 1811 et 1812, dedié à M. le général Foy par Eugène de Monglave, à Paris, 1823.

8813. Campagnes de 1813 et 14 sur l'Ebro, les Pyrenées et la Garonne, par Lapène, à Paris, 1823.

8814. Mémoires du colonel Voutier sur la guerre actuelle des Grecs, à Paris, 1823.

8815. History of the Peninsulawar, by Rob. Southey Esq. in three vol. Tom. 1. London, 1823.

d. Minore.

8816. Gio. de Godoi, commentarj della guerra atta in Germania, Vinegia, 1548. 12mo.

8817. Discours de la bataille de Montcontour, t du siège de S. Jean d'Angeli, en 1569, par de Jeufville, à Poitiers, 1621. 12mo.

8818. Histoire du siége de la ville d'Orleans ar les Anglais, en 1428. 2 Tom. à Troyes, 1621. 2mo.

8819. Le siége de Namur et son histoire, avec journal de Piémont, et la bataille de la Marsaille, Paris, 1632. 12mo.

8820. Chiffletii Audomatum obsessum et liberatum, anno 1638, Antverpiae, 1640. 12mo.

8821. Relation du combat de Thionville et du siége d'Arras, en 1639 et 1640, par de Cerisante, à Paris, 1640. 12mo.

8822. Strada de bello belgico, Romae, 1658. 12mo.

8823. Pessinae de Czechorod, Hungaria flamma belli Turcici ardens, Lithomislii, 1664. 12mo.

8824. Il sacco di Roma, da Guicciardini, Parigi, 1664. 12mo.

8825. Henneke, Relation der wider den Türken, des 1663 und 1664sten Jahres, angetretenen Kriegs-Expedition, 1665. 12mo.

8826. La campagne royale, ou triomphe des armées de S. M. dans les pays-bas, en 1667 et 1668, à Paris, 1668. 12mo.

8827. Mémoires concernant les dernières guerres d'Italie, par de Silhon, 2 Tom. à Paris, 1669. 12mo.

8828. Journal de ce qui s'est passé en Candie sous le duc de la Feuillade, à Paris, 1670. 12mo.

8829. Voyage de Candie, fait par l'armée de France, en 1669, par de la Richardière, à Paris, 1671.

8830. Journal des choses plus mémorables, qui se sont passées au dernier siége de la Rochelle, par Mervaulx, à Rouen, 1671. 12mo.

8831. Le mercure hollandais, ou les conquêtes du roi en Hollande etc. pendent la guerre de 1672—1679, par Louvet, 10 Tom. à Lyon, 1672—1680, 12mo.

8832. Journal de la guerre d'Hollande, depuis le départ du roi, jusqu'à son retour, en 1672, par Estienne, 2 Tom. à Paris, 1673. 12mo.

8833. Relation des campagnes de Rocroy et de Fribourg, en 1643 et 1644, à Paris, 1673. 12mo.

8834. Relation de ce qui s'est passé entre les armées navales de France, d'Angleterre, et d'Hollande en 1672—73, à Paris, 1644. 12.

8835. Strada, histoire de la guerre de Flandre, 4 Tom. à Paris, 1675.

8836. Journal du siége de Philipsbourg, par de Rigauville, à Fribourg, 1677. 12mo.

8837. Relation de la retraite des troupes françaises qui étaient en Sicile, par le duc de la Feuillade, à Paris, 1678. 12mo.

8838. Relation de ce qui s'est passé en Catalogne depuis 1671—1678, à Paris, 1678. 12mo.

8839. Relation de la campagne de Flandres en 1678, par de Caissel, à Paris, 1679. 12mo.

8840. Relation de la campagne de Flandres en 1667, 2 Tom. à Paris, 1679. 12mo.

8841. La campagne du roi en 1677, avec les particularités du siége de Valenciennes, de S. Omer, et de Cambray, et de la bataile de Mont-Cassel, par Primi-Visconti, à Paris, 1679. 12mo.

8842. Les XVII provinces-unies, ou les conquêtes du roi en Hollande et en Flandres, par du Val, à Paris, 1679. 12mo.

8843. Relation du siége mémorable de Perronne, par l'armée de l'empereur Charles V. en 1536, par Fonier, à Paris, 1682. 12mo.

8844. Vienne deux fois assiégée par les Turcs, etc. par Rocoles, à Leide, 1684. 12mo.

8845. Journal de ce qui s'est passé devant Gènes, par l'armée du roi, à Lyon, 1684. 12mo.

8846. Histoire du siége de Luxembourg, à Lyon, 1684. 12mo.

8847. Journal du siége de Bude, 1686. 12mo. (à Toulouse.)

8848. Relation alles dessen, was sich 1687 in Hungarn bei Feldschlachten u. s. w. zugetragen hat. 1688. 12mo.

8849. Relation ou journal du siége de la ville de Londonderry en Irlande, par Walker, à Amsterdam, 1689. 12mo.

8850. Mémoires du voyage du marquis de ville au Levant, ou histoire du siége de Candie, par Saanien d'Alguié, 2 Tom. à Amsterdam, 1691. 12mo.

8851. Relation de la campagne des Allemands de 1690, à Liège, 1691. 12mo.

8852. Le siége de Namur, avec un journal etc. à Paris, 1692. 12mo.

8853. Histoire de la conquête de Mexique, trad. de l'espagnol d'Ant. de Solis, 2 Tom. à la Haye, 1692. 12mo.

8854. Histoire du siége du chateau de Namur, à Lyon, 1692. 12mo.

8855. Journal de la campagne de Piémont en 1690, sous le commandement de Mr. de Catinat, et du siége de Montmélian, par Moreau, à Paris, 1692. 12mo.

8856. Mémoires de la campagne des trois rois, en 1692, à Cologne, 1693. 12mo.

8857. Relation de la campagne d'Irlande, en 1691, à Amsterdam, 1693. 12mo.

8858. Mouvemens des armées du roi en Flandres, et de celles des alliés, depuis 1690 — 1694, par Vaultrier, à Paris, 1694. 12mo.

8859. Batailles mémorables des Français, depuis le commencement de la monarchie, jusqu'à present, 2 Tom. à Amsterdam, 1695. 12mo.

8860. Histoire du dernière siége de la Rochelle, par the Mervault, à Rouen, 1698. 12mo.

8861. Mémoires de Mr. d'Ablancourt, contenant l'histoire de Portugal depuis 1659—1668, et un détail des batailles données sous les ordres du duc de Schomberg, à Paris, 1701. 12mo.

8862. Journal du siége de Landau, à Metz, 1702. 12mo.

8863. Mémoires de tout ce qui s'est passé sur mer, durant la guerre avec la France,. depuis 1688—1697, par Burchet, à Amsterdam, 1704. 12mo.

8864. Lettre sur la campagne de Mr. de Vendome en Italie, à Paris, 1706. 12mo.

8865. Guerre d'Espagne, ou mémoires du Marquis D. à Paris, 1707. 12mo.

8866. Histoire du comte de Mansfeld, à Luxembourg, 1707. 12mo.

8867. Journal historique du siége de la ville et de la citadelle de Turin, en 1706, à Amsterdam, 1708, 12mo.

8868. Campagnes de Charles XII. roi de Suède, par Grimarest, 3 Tom. à la Haye, 1708. 12mo.

8869. Relation de la campagne du comte de Petersbourg en Portugal, en 1705, à Amsterdam, 1708. 12mo.

8870. Campagnes de Lille, contenant un journal du siégé de cette ville, à la Haye, 1709. 12mo.

8871. Die Feldzüge Karls XII. Königs in Schweden, 3 Bde. Hamburg, 1712. 12mo.

8872. Relation de la campagne de Tannieres en 1709, à la Haye, 1710. 18mo.

8873. Histoire des combats d'Almenar et de Penalva, des batailles de Saragose, de Villaviciosa, et du siége de Girone, à Paris, 1712. 12mo.

8874. Mémoires avec la relation des guerres arrivées en Flandre à l'occasion de l'entreprise des provinces unies sur la ville et citadelle de Juliers, par Bentivoglio, 2 Tom. à Paris, 1763.

8875. Campagne du maréchal de Villars en 1712, par Pitaval, à Paris, 1713. 12mo.

8876. La conduite du duc d'Ormond pendant la campagne de 1712 en Flandres, à la Haye, 1715. 12mo.

8877. Nigrini, Tagebuch vom Kriege 1700 — 1704. 12mo.

8878. Campagne du prince Eugène en Hongrie, et des généraux Vénitiens dans la Morée, pendant les an. 1716, 1717, 2 Tom. à Lyon, 1718. 12mo.

8879. Siegreiche Conquesten der Röm. Kaiserl. Majestät wider die Türken, von 1716 — 1719. 12mo.

8880. Mémoires du comté de Vordac, général les armées de l'empéreur, ou l'on voit ce qui s'est passé en Hongrie et ensuite en Flandres depuis 1661 jusqu'au siége de Namur, à Paris, 1724. 12mo.

8881. Mémoires de Mr. Lenet, contenant l'histoire des guerres civiles des années 1649 et suivantes, principalement celles de Guyenne et d'autres provinces, 2 Tom. 1729. 12mo.

8882. Memorie dello due ultimi passagi dell'armata di S. M. C. in Italia, dall'anno 1730 — 1735. Vienna, 1737. 12mo.

8883. Mémoires de la guerre de 1737, 2 Tom. 1738. 12mo.

8884. Histoire de la dernière guerre de Bohème (de 1743) 3 Tom. à Francfort, 1743. 12.

8885. Commentaires sur la guerre, de Messire Blaise de Montluc, maréchal de France, où sont décrits tous les combats, rencontres, escarmouches, batailles, siéges etc. auxquels il s'est trouvé, 4 Tom. à Paris, 1746. 12mo.

8886.

8886. Relation de la campagne de 1644, sous le prince d'Orange, à Leide, 1747. 12mo.

8887. Campagne de l'armée française en 1747, à la Haye, 1747. 12mo.

8888. Histoire de l'entrée des Allemands en Provence, et de leur expulsion, par Morenas, à Paris, 1747. 12mo.

8889. Relation de la campagne en Brabant et en Flandres, de 1745—1748. 3 Tom. à Paris, 1748. 12mo.

8890. Mémoires du Sieur de Pontis, contenant plusieurs circonstances des guerres sous les regnes des rois Henri IV. Louis XIII. et XIV. 2 Tom. à Paris, 1749. 12mo.

8891. Histoire de la guerre de 1741, par Voltaire, 2 Tom. à Paris, 1756. 12mo. (à la Haye, 1757.

8892. Reflexions sur les environs de Maestric, ou mémoires instructifs sur les campagnes de 1747 et 1748, et journal du siége de Berg-op-Zoom, 2 Tom. à Paris, 1756. 12mo.

8893. Mémoires des deux dernières campagnes de Turenne en Allemagne etc. 2 Tom. à Paris, 1756. 12mo.

8894. Relation du siége de Grave en 1674 et de Mayence en 1689, à Paris, 1756. 12mo.

8895. Journal historique de l'expédition de Minorque et du siége du Fort St. Philippe, par les Français en 1759, à Paris, 1757. 12mo.

8896. Ray, history of the rebellion in 1745—1746, London, 1758. 12mo.

8897. Reflexions sur les campagnes de Flandres, commandées en 1747 par le maréchal de Saxe etc. 2 Tom. à Paris, 1758. 12mo.

8898. Mémoires historiques, politiques et militaires, sur les principaux événemens dans l'isle de Corse, depuis 1738—1741, par Jaussin, 2 Tom. à Lausanne, 1758. 12mo.

8899. Histoire de la campagne de 1758, dans l'électorat d'Hannovre, la Westphalie etc. par Chevrier, 5 Tom. à Francfort, 1758. 12mo.

8900. Mémoires pour servir à l'histoire de la guerre de 1758, par l'observateur hollandais, 2 Tom. à Francfort, 1758. 12mo.

8901. Mémoires et lettres de Henri, duc de Rohan, sur la guerre de la Valteline, avec des notes historiques par de Zurlauben, 3 Tom. à Paris, 1758. 12mo.

8902. Journal historique de la campagne du capitaine Thurot, sur les cotes d'Ecosse et d'Irlande, en 1757 et 1758, par Taslin, à Paris, 1760. 12mo.

8903. Histoire de la guerre des Cevennes, ou des Camisards, par Court de Gebelin, 3 Tom. à Paris, 1760. 12mo.

8904. Campagne de Mr. le maréchal de Noailles en Allemagne, 1743, 2 Tom. à Amsterdam, 1760. 12mo.

8905. Bibliothéque militaire, historique et politiques, contenant le général d'armée, la campagne de Condé, de Cervole, Enguerand et autres mémoires etc. par de Zurlauben, 3 Tom. à Paris, 1760. 12mo.

8906. Campagnes du maréchal de Coigny en Allemagne, en 1735, 5 Tom. à Amsterdam, 1761. 12mo.

8907. Atlas géographique et militaire, ou théatre de guerre en Allemagne, depuis 1756—1761, par Rizzi-Zannoni, avec le journal de cette guerre, par Drouet, à Paris, 1761, 16mo.

8908. Campagne en Allemagne de 1743—1744, par le maréchal duc de Coigny, 8 Tom. London, 1761. 12mo.

8909. Campagnes du maréchal de Crequi en 1677, par le marquis de Bayé, à Paris, 1761. 12mo.

8910. Journal historique de la campagne de Danzic en 1734, par de Querlon, à Paris, 1761. 12mo.

8911. Campagne du maréchal de Villeroy et de Bedmar en Flandre, en 1704, à Amsterdam, 1762. 12mo.

8912. Campagnes des maréchaux de Marsin et Tallard en Allemagne, en 1704, 5 Tom. à Amsterdam, 1762—63. 12mo.

8913. Marsin, campagne en Allemagne de 1704, 3 Tom. à Paris, 1762. 12mo.

8914. Journal de la défense de Cassel en 1762, redigé par de Vareilles, à Paris, 1763. 12mo.

8915. Théatre de la dernière guerre en Allemagne par d'Heulland, 6 Tom. à Paris, 1763. 12mo.

8916. Campagne du maréchal de Tallard en Allemagne en 1704, 2 Tom. à Amsterdam, 1763. 12mo.

8917. Récueil de lettres, pour servir d'éclaircissment à l'histoire militaire du regne de Louis XIV. publiées par Griffet, 8 Tom. à Paris, 1760—1764. 12mo.

8918. Campagnes du maréchal de Villars en 1703, par Rozière, à Paris, 1766. 12mo.

8919. Histoire du siége de Pondichery, sous le gouvernement de Mr. Duplein, à Paris, 1788. 12mo.

8920. Mémoires du colonel Lawrence, contenant l'histoire de la guerre dans l'Inde, entre les Anglais et les Français, par Owen Cambridge, 2 Tom. à Paris, 1766. 12mo.

8921. Mémoires sécrets sur la guerre de Hongrie pendant 1737. 1738. 1739. avec des reflexions critiques, par le comte de Schmettau, à Francfort, 1771. 12mo.

8922. Campagnes des maréchaux de Maillebois, de Broglio, de Belle-Isle, de Noailles et de Coigny, durant la guerre de 1756—1763, 10 Tom. à Amsterdam, 1772—1773. 12mo.

8923. Histoire des siéges, prises et reprises de la ville du Noyon, durant la ligue, par de Sizille, à Paris, 1772. 12mo.

8924. Mémoires sur la guerre d'Italie, avec les plans et les cartes relatifs à ces campagnes, par le comte d'Espy, à Paris, 1776.

8925. Mémoires de la guerre d'Italie depuis 1733—1736, à Paris, 1777. 12mo.

8926. Mémoires sur les campagnes d'Italie de 1745 et 1746, auxquels on a joint un journal des mêmes, campagnes, tenu dans le bureau du maréchal de Maillebois, (par Grosley) à Amsterdam, 1777. 12mo.

8927. Relation detailléé de la campagne du commandeur de *Suffren*, dans l'Inde, en 1792, à Port-Louis, 1783. 12mo.

8928. Istoria de'fatti occorsi nella guerra mossa da Anna Iwanowna, imperatrice di Russia, ai Turchi e Tartari, nel 1736, 5 Tomi, Vinegia, 1788. 12mo.

8929. Campagnes du duc de Rohan dans la Valteline, en 1635, à Paris, 1788. 12mo.

8930. Histoire de la guerre des Russes et des Imperiaux contre les Turcs en 1736 et 1739, par Keralio, 2 Tom. à Paris, 1789. 12mo.

8931. Exploits des Français pendant les trois premièrs ans de la république, par Carnot, à Basle, 1796. 12mo.

8932. Bonaparte's campaign in Italy in 1796—1797, London, 1800. 12mo.

8933. Skizze des zweiten französischen Krieges mit dem Hause Oesterreich, bis zum Lüneviller Frieden, Regensburg, 1805, 12mo.

8934. Histoire des campagnes du maréchal de Souwarow, depuis la guerre de sept ans, jusqu'à la bataille de Novi, en 1799, 3 Tom. à Paris, 1808. 12mo.

8935. Précis historique de la campagne de 1814 etc. à Paris, 1814. 12mo. (2me édit.)

8936. Campagnes de Buonaparte etc. par l'auteur du Buonapartiana, à Paris, 1815. 18vo.

8937. Bataille de Mont-Saint-Jean ou de la Belle-Alliance etc. à Lille, 1816. 12mo.

8938. Vingt-cinq ans de gloire, ou le souvenir des braves, recueil de faits éclatans etc. à Paris, 1818. 18vo.

8939. Les enfans chéris de la victoire, faits historiques des généraux, officiers, soldats, qui par leurs belles actions ont honoré le nom français, à Paris, 1818. 12mo. 1820 2me édit.

8940. Tablettes militaires, étrennes aux braves, avec un calendrier militaire, par Gouriet et Baudouin, à Paris, 1818. 18mo. 1819 etc.

8941. Carlo Botta, storia della guerra d'indipendenza degli stati uniti d'America, 6 Tom. Parma, 1818—1819. 12mo.

8942. Précis des opérations des armées du Rhin et du Jura en 1815 etc. à Paris, 1819. 12mo. 2me édit.

8943. Victoires et conquêtes des Français, ou récueil historique etc. à Paris, 1819, 18mo. 4me édit

8944. Beautés, victoires, batailles et combats mémorables de l'armée française (par Lemaire) 2 Tom. à Paris, 1819. 12mo.

8945. Narrative of the expedition to Egypt, by Sir R. Wilson, abridged, London. 12mo.

8946. Almanac des braves, voyez No. 8940.

8946. a. Souvenirs français; batailles gagnées par les Français depuis 1792—1815 etc. 4 cahiers, à Paris, 1820. 12mo.

8947. Almanac des guerriers français, ou de la gloire tous les jours; anniversaires historiques des villes prises, combats et batailles, tant sur mer que sur terre etc. par G. d'Outrepont, à Paris, pour l'an 1819. 18mo.

8948. Les invincibles, ou la gloire des armées françaises, etc. par P. C. à Paris, 2me édit. 1819. 12mo. 3me édit. 1820.

8949. La chronique des champs de bataille, ou la bravoure française en action, etc. à Paris, 1819. 12mo.

8950. Batailles, combats et victoires des armées françaises en Saxe, en Silésie et sur l'Elbe, (en France, en Russie etc. plusieurs tom.) par C...., à Paris, 1819. 18mo.

8951. Catéchisme du soldat français, ou dialogue historique sur les campagnes modernes de l'armée française, par Constant Taillard, à Paris, 1820. 12mo.

8952. Débarquement de la flotte française à St. Domingue etc. révolte des nègres, massacre de l'armée etc. à Paris, 1820. 18mo.

8953. Bulletins de la grande armée, recueillis par Alexandre Goujon, ancien officier d'artillerie légère, 4 Tom. à Paris, 1820—21. 12mo.

8954. Histoire des troubles de Cévenne, ou de la guerre des Camisards, sous le regne de Louis XIV. par M. Court, 3 Tom. nouv. édit. à Paris, à Strasbourg et à Londres, 1820. 12mo.

Dritte Abtheilung.

Militärische Lebensbeschreibungen.

Troisième chapitre.

Biographies militaires.

a. Folio.

8955. George und Caspar v. Frunsberg, Vater und Sohns ritterliche Kriegsthaten, Frankfurth, 1572. 1599.

8956. Mémoires du Maréchal de Tavannes, depuis 1530 jusqu'à sa mort en 1573, à Lyon, 1574.

8957. Pantaleonis Beschreibung hochberühmter Helden deutscher Nation, 3 Bde. Basel, 1578.

8958. Argote de Molina, historia del gran Tamorlan, en Sevilla, 1582.

8959. Azzioni de'Rè dell'Ungaria, dal Conte Spontone, Bologna, 1602.

8960. Decade, contenant la vie et les gestes de Henri le Grand, par le Grain, à Paris, 1614.

8961. Généalogie des comtes de Nassau, avec la déscription de leurs victoires, à Leide, 1615.

8962. Historia de la vida y hechos del emperador Carlo V. por de Sandoval, en Barcellona, 1625.

8963. Vita dei Gran-maestri di Malta, di Geronimo Marulli, Napoli, 1636.

8964. Histoire de la vie du connétable de Lesdiguieres, contenant toutes ses actions, par Videl, à Paris, 1638.

8965. Histoire de la vie du duc d'Epernon, par Girard, à Paris, 1655.

8966. Histoire de la vie et actes mémorables de Fréderic Henri de Nassau, Prince d'Orange, par Commelin, à Amsterdam, 1656.

8967. Mémoires du duc de Nevers, Lieut. Gen. pour les rois Charles IX. Henri III. et IV. 2 Tom. à Paris, 1665.

8968. Histoire de Bertrand du Gueselin, connétable de France, par Hay du Chastelet, à Paris, 1666.

8969. Istoria di Leopoldo Cesare, da Gualdo Priorato, Vienna, 1670.

8970. Historia de los hechos del Serenissimo Señor D. Juan de Austria, en Zaragoza, 1673.

8971. Priorato Gualdo, vite ed azioni di personnaggi militari politici, Vienna, 1674.

8972. Leben des Admirals Ruyter, Amsterdam, 1681.

8973. Histoire du maréchal comte de Guebriant, par le Laboureur, à Paris, 1684.

8974. Brand, Leben und Thaten des holländischen Admirals Ruyter, a. d. Holländ. Amsterdam, 1787.

8975. Les hommes illustres et grands capitaines français et étrangers, qui sont peints dans les galleries du palais royal etc. par de la Colombière, à Paris, 1690.

8976. Histoire du maréchal de Matignon, lieut. gen. avec tout ce qui s'est passé depuis la mort de François I, etc. par de Caillère, à Paris, 1691.

8977. Les conquètes de Louis le Grand, depuis la bataille de Rocroy en 1643, jusqu'à la prise de Namur, en 1692, 2 Tom. à Paris, 1693.

8978. Memorie istoriche d'alcuni capitani celebri Napolitani, da Filamondo, 2 Tomi, Napoli, 1694.

8979. Puffendorf de rebus gestis Friderici Wilhelmi magni, Berolini, 1695.

8980. Mémoires pour servir à l'histoire de Louis le Grand, par de Vizé, 10 Tom. à Paris, 1697 etc.

8981. Puffendorf Leben und Thaten Karl Gustavs, Königs in Schweden, 2 Bde. Nürnberg 1697. (Französisch ebend.)

8982. Vie de l'amiral Ruyter, ou est compriso l'histoire maritime des provinces-unies, depuis 1652 —1676, à Amsterdam, 1698.

8983. Seylers Leben und Thaten Friedrich Wilhelms d. Gr. Frankfurth.

8984. Imprese magnanime, fatte dall'invittissimo duca di Sforza, da Simonetta, Venezia.

8985. Historia del emperador Leopoldo I. 3 Tom. en Amberes, 1716.

8986. Die höchsten Kriegshäupter, welche bey friedbrüchigen Türken durch zwei Feldzüge gedemüthigt haben, Augsburg, 1718.

8987. Khevenhüllers annales Ferdinandei, 12 Theile, Leipzig, 1721—26.

8988. Histoire militaire du prince Eugène, du duc de Marlborough et du prince de Nassau, par du Mont et Rousset, avec les plans des Batailles, 3 Tom. à la Haye, 1729. Format d'Atlas.

8989. Military history of Eugene and Marlborough, by Dumont and Rousset, translated by Chamberlen, London, 1736.

8990. Military history of Eugene and Marlborouph, by Du Bosc, 2 Tom. London, 1730.

8991. Gedächtniß des Kriegsobristen Christian von Wrisberg, aus ungedruckten Urkunden zusammengezogen, zur Verbesserung verschiedener Geschichtsschreiber des Schmalkaldischen Krieges, Hildesheim, 1742.

8992. Leben und Thaten des alten Kriegsobristen Christian von Wrisberg, Göttingen, 1744.

8993. Nordberg, Leben Carls XII. Königs von Schweden, 3 Bde. Hamburg, 1745.

8994. Dondini historia de rebus gestis Alexandri Farnesi, Parmae et Placenzae ducis III. Viennae, 1750.

8995. Schenk von Notzing, Kriegsheldenbuch, d. i. Abbildungen und Lebensbeschreibungen derjenigen Kriegshelden, deren Bildnisse und Rüstungen auf dem Schlosse Ombras in Tyrol aufbehalten werden, Inspruck.

8996. Les glorieuses campagnes de Louis XIV. depuis 1744—1748, par Gosmond, à Paris, 1755.

8997. Campagnes glorieuses de Louis le Grand, ou déscription et plans des batailles, des sièges et des villes, avec les portraits des princes et généraux, par le chev. de Beaulieu, 3 Tom. Format d'atlas.

8998. Campagnes du prince Ferdinand, en 7 feuilles, 1770.

8999. Campagnes de Dugnay-Trouin, ou recueil de ses combats sur mer, à Paris, 1774.

9000. Récueil de lettres écrites ou Vicomte de Turenne par Louis XIV. et ses ministers, avec les réponses de Mr. de Turenne, 2 Tom. à Paris, 1779.

9001. Collection de lettres et mémoires, trouvées dans les portefeuilles de Mr. de Turenne, par Grimoard, 2 Tom. à Paris, 1782.

9002. Histoire des conquètes de Gustave Adolphe en Allemagne, par Grimoard, à Paris, 1782.

9003. Notice sur Napoléon Bonaparte, en trois langues (anglais, français, allemand) à Paris, 1814.

9004. Vie politique et militaire de Napoléon, par A. V. Arnault, 2 Tom. à Paris, 1822.

b. Quarto.

9005. Vita di Camillo Orsino, nella quale si narano tutte le guerre successe dell'anno 1494 sin'all' anno 1559, Vinegia, 1565.

9006. Guichardini, hechos del gran capitan Balza, 1581.

9007. Faits et conquètes d'Alexandre le Grand, roi de Macédoine, à Paris, 1581,

9008. Imprese illustri di diversi eroi, di Camilli, Venezia, 1586.

9009. Expeditio illustrissimorum Germaniae principum, Henrici IV. Galliorum regis omine et nomine, Christiani, principis Anhaltini ductu, Augusto mense suscepta, 1591.

9010. Ritratti di centi capitani illustri, intagliati da Aliprando Capriolo, con li loro fatti in guerra da lui brevemente scritti, Roma, 1596.

9011. Gablmanni Mansfeldiana militia Hungara, seu vita Caroli, comitis a Mansfeld, Francofurti 1597.

9012. Histoire du chevalier Bayard, lieut. général pour le roi au gouvernement de Dauphiné, et de plusieurs choses mémorables advenues en France, Italie et les Pays-Bas, sous les rois Charles VII. Louis XII. et Français I. par Godefroy, à Paris, 1616.

9013. Histoire de Bertrand du Guesclin, connétable de France etc. à Paris, 1618.

9014. Histoire de Boucicaut, maréchal de France et de ses mémorables faits en France, Italie et autres lieux, sous les rois Charles V. et VI. jusqu'en l'an 1408. par Godefroy, à Paris, 1620.

9015. Emmii vita, res gestae et mors Guilielmi Ludovici, comitis Nassovii, Groning. 1621.

9016. Pietro Vincenti, teatro degli uomini illustri che furono grand ammiragli nel regno di Napoli, Napoli, 1628.

9017. Vossii commentarius de rebus pace belloque gestis Fabiani, burggravii a Dhona. Lugd. Bat. 1628.

9018. Belli Heldenbuch, oder Beschreibung der vornehmsten Potentaten, Kriegsobersten und Helden, welche sich in dem Teutschen Krieg gebrauchen lassen, Frankfurth, 1629.

9019. Histoire des armes victorieuses de Gustave Adolphe, roi de Suède, à Genève, 1632.

9020. Ritratti ed elogj di capitani illustri, de Totti, Roma, 1635.

9021. Les lauriers d'Enghien, ou le parfait général d'armée, en la personne de Louis de Bourbon, par Charrier, à Paris, 1645.

9022. La vie et la mort du maréchal de Gassion, par Renaudot, à Paris, 1647.

9023. Wassenbergii historia gestorum Vladislai IV. Poloniae et Sueciae regis, Gedani, 1647.

9024. Le hérault français, ou le Paranymphe du maréchal de la Mothe-Houdancourt, duc de Cardone, publiant les batailles qu'il a donné en Italie et en Catalogne, avec les mémorables actions de sa vie, à Paris, 1649.

9025. Kobierczyky, historia Poloniae et Sueciae regis Vladislai, etc. Dantisci, 1653.

9026. Il conte Martinengo nelle guerre della Provenza e in altre azzioni militari, da Lupis, Bergamo, 1668.

9027. Histoire de Pierre d'Aubussan, grandmaitre de Rhodes, par Bonhours, à Paris, 1670.

9028. Francisco Bremundan, historia de los hechos de D. Juan de Austria, en Zaragoza, 1673.

9029. Vite edazioni di personaggi militari e politici, descritte dal conte Gualdo Priorato, con loro ritratti, Vienna, 1673.

9030. La vie et la mort du vicomte de Turenne, à Paris, 1675.

9031. Vie de plusieurs grands capitaines français, comme: de Chabannes, de la Barthe, de Thermes, de Bastelica, d'Onano, Yves d'Allegue, de la Marche, de Fleurange, duc de Nemours, d'Aussun, de Thais, Carracciol, d'Epanvilliers, de Pavie, de Forquevaux, Montejan et Estiosso, à Paris, 1677.

9032. Franscisci Leben und Thaten der berühmtesten Seehelden, Nürnberg, 1681. (von Kolumbus bis auf den Admiral Ruyter.)

9033. Elogi di capitani illustri, da Crasso, Venezia, 1683.

9034. Arrhenii vita Ponti de la Gardie, exercitus Sueciae ducis, Lipsiae, 1690.

9035. Juan Baena, vida y hechos del rey Don Sebastian de Portugal, en Madrid, 1692.

9036. Leben und Thaten des Kursächsischen Feldmarschalls, Grafen von Flemming, Nürnberg, 1731.

9037. Horn, Lebens- und Heldengeschichte Friedrichs des Streitbaren, Landgrafen in Thüringen und Meißen, Leipzig, 1733.

9038. Mémoires de Frédéric-Henri, prince d'Orange, contenant ses expéditions militaires depuis 1621—1646, à Amsterdam, 1733.

9039. Histoire du Vicomte de Turenne, par Ramsay, 2 Tom. à Paris, 1735.

9040. Staats und Heldengeschichte des Conqueranten Don Carlos, Infanten von Spanien, 1735.

9041. Vita e campeggiamenti del principe Eugenio di Savoja, Venezia, 1738.

9042. Andr. Lottieri, l'eroismo del magnanimo, generoso ed invitissimo Carlo Borbone etc. Napoli, 1740.

9043. Mémoires de Mr. du Gué-Trouin, lieut. gén. des armées du roi de France, à Amsterdam, 1740.

9044. Histoire de la vie et du règne de Louis XIV. par de la Martinière, 5 Tom. à la Haye, 1740.

9045. Histoire de la vie et du règne de Louis XIV. par de la Hode, 5 Tom. à Francfort, et à Basle, 1740.

9046. Histoire militaire de Charles XII. roi de Suède, par Nordberg, 4 Tom. à la Haye, 1742.

9047. Mémoires de Condé, ou récueil pour servir à l'histoire de France, sous le regne de François I. et de Charles IX. 6 Tom. à Paris, 1743.

9048. Mémoires du comte de Greiffenfeld, amiral-général, et du vice-amiral Tordenskiöld, Coppenhague, 1746.

9049. Mémoires de Philippe de Commines, 4 Tom. à Paris, 1747.

9050. D. Josef Vicente Rustant, historia del gran duque de Alba, en Madrid, 1752.

9051. Starovolsci Polonia et Poloniae bellatores, Vratislaviae, 1753.

9052. Campbells Leben und Thaten der Englischen Admiräle und Seehelden, a. d. Engl. 2 Bde. Leipzig, 1755.

9053. Histoire militaire du duc et maréchal de Luxembourg, par le chev. de Beaurain, avec l'histoire du maréchal écrite par lui même, 6 Tom. à la Haye, 1756—1758.

9054. Gespräche im Reich der Todten während des siebenjährigen Krieges, 55 Stück. Nürnberg, 1757—1764.

9055. Mémoires pour servir à l'histoire du maréchal duc de Luxembourg, à la Haye, 1758.

9056. Der deutsche Fabius Cauctator, oder Leben und Thaten des Grafen Daun u. s. w. 2 Bde, 1759—1760.

9057. Histoire de Philippe et d'Alexandre le Grand, rois de Macedoine, par de Burg, à Paris, 1760.

9058. Leben Gustav Adolphs, Königs von Schweden, von Harte, a. d. Engl. Leipzig, 1760.

9059. Merkwürdigkeiten Friedrichs des Großen, Königs in Preußen, 6 Bde. 1762. 1763.

9060. Abrégé de la vie des divers princes illustres et de grands capitaines, tiré des ouvrages de Rollin, Crevier et d'autres, à Halle, 1764.

9061. El duque de Brunsvick desengañado, por D. Pedro de Castro, en Madrid, 1767.

9062. Clairs Auszug aus Quincy Kriegsgeschichte Ludwigs XIX. 2 Bde. Berlin, 1771.

9063. Histoire de Pierre le Grand, depuis 1698, jusqu'à la conclusion de la paix de Neustadt, trad. de l'original russe, corrigé de Cathérine II. à Berlin, 1773.

9064. Histoire de Stanislas, Prince de Jablonowsky, grand général de Pologne, par de Jonsac, 2 Tom. à Leipsic, 1774.

9065. Histoire de Maurice, comte de Saxe, par le Baron d'Espagnac, 3 Tom. à Paris, 1775.

9066. La France illustre, ou le Plutarque français, par Turpin, 28 cahiers avec portraits, à Paris, 1780 etc.

9067. Les hommes illustres de la marine française, leurs actions mémorables et leurs portraits, par Graincourt, à Paris, 1780.

9068. Machiavelli, Leben des Fürsten von Lucca, Castruccio Castracani, a. d. Ital. Im 10ten Bande der Kriegsbibliothek.

9069. Fastes, ou tableaux raisonnés des actions héroiques du soldat et citoyen français, par Grasset S. Sauveur, 4 cahiers, à Paris, 1796.

9070. Military memoirs of general George Thomas, by capt. Francklin, Calcutta, 1803.

9071. General Washington's life, by Marshall, 5 tom. London, 1814.

9072. The life of George Washington, commander in chief of the american forces during the war which etablished the independence of his country. Compiled under the inspection of Bushrod Washington, from original papers, with maps, London, 1804.

9073. Militairische Gallerie, oder Lebensbeschreibungen berühmter französischer Generale, welche seit dem Anfang der Revolution sich ausgezeichnet haben, 2 Bde. Leipzig, 1806.

9074. Abbildungen französischer Generale, 6 Hefte, Leipzig, 1806.

9075. Lord Nelsons life, by Churchill, London, 1808.

9076. Lord Nelsons life by Clarke and M. Arthur, 2 Tom. London, 1809. (The some work abridged in one volume, 1810. 8vo.)

9077. Militairische Geschichte des Prinzen Friedrich August von Braunschweig Oels. Oels.

9078. Confissão general, que fez Napoleão Bonaparte ao Abbade Maury, em 15 de Agosto de 1810, escrita pelo general Sarrazin, em Lisboa, 1811.

9079. Exposé de la conduite du lieutenant-général comte Vandamme, à Paris, 1815.

9080. Notice biographique sur le général Carnot et le duc d'Otrante, à Paris, 1818.

9081. Bildnisse der ausgezeichnetsten Anführer der verbündeten Armee in den Jahren 1813, 14 und 15, Berlin, 1823.

c. Octavo.

9082. Stellae elogia Venetorum navali pugna illustrium, Venetiae, 1571.

9083. Retratos de cien capitanes ilustres, por Aliprando Caprioli, en Roma, 1596.

9084. I fatti d'armi famosi, racontati da Saraceni, Venezia, 1600.

9085. Vita e guerre di Filippo II. re delle Spagne, di Cesare Campana, 4 Tom. Vicenza 1605—1608.

9086. Discours des faits héroiques de Henri le grand, par Bénévent, à Paris, 1611.

9087. Histoire de la vie et des faits de Henri IV. roi de France, par Pelcus, 4 Tom. à Paris, 1613—16.

9088. Histoire chronologique de plusieurs grands capitaines et officiers de la couronne de France, par Malingre, à Paris, 1617.

9089. Histoire de la vie de Maurice de Nassau, prince d'Orange, trad. du latin de Heinsius, par Rivot, à Leide, 1626.

9090. Vie du général Monck, duc d'Albemarle, à Londres, 1672.

9091. Historia de Carlos XII. rey de Suecia, 2 Tom. en Madrid, 1681.

9092. Vie de Turenne, par Buisson, à Cologne, 1687.

9093. Comazzi kaiserlicher Lorbeerkranz, oder Erzählung der Heldenthaten Kaiser Leopolds des Großen, Augsburg, 1690.

9094. Histoire de Don Juan d'Autriche, fils de l'empereur Charles V. à Amsterdam, 1690.

9095. Vie de Charles V. duc de Lorraine, généralissime des troupes impériales, à Amsterdam, 1691.

9096. Histoire de Jean Guillaume de Nassau, prince d'Orange, 2 Tom. à Londres, 1692.

9097. Mémoires du maréchal de Bassompierre, 2 Tom. à Amsterdam, 1692.

9098. Life of Louis of Bourbon, prince of Condé, his campaigns in Spain, the Low countries etc. London, 1693.

9099. Histoire de Guillaume III. roi de la Grande-Bretagne, 2 Tom. à Amsterdam, 1692. à la Haye, 1703.

9100. Histoire des successeurs d'Alexandre le Grand, tirée de Diodore de Sicile, à Luxembourg, 1705.

9101. Leben und Thaten Karls III. Königs in Spanien, 4 Bde. Leipzig, 1708.

9102. Leben Kaiser Karls VI. worinnen sonderlich der spanische Successions-Krieg; (mit dem vorigen dasselbe Buch.)

9103. Gegeneinanderhaltung der Thaten Karls III. Königs in Spanien, und Philipps, Herzogs von Anjou, von dem Tage ihrer Abreise aus Wien und Paris bis 1710. 2 Bde. Frankfurth, 1710.

9104. Leben Friedrich Wilhelms des Großen, Kurfürsten von Brandenburg, Berlin, 1710.

9105. Abercromby's lives of the Scots warriors, 2 Tom. Edinburgh, 1711.

9106. Mémoires militaires de Henry, duc de Guise, 2 Tom. à Amsterdam, 1712.

9107. Leben Kaiser Leopolds, 4 Bde. Köln, 1713.

9108. La vie du duc de Marlborough, et du prince Eugêne, à Amsterdam, 1714.

9109. Histoire de Gonsalve de Cordoue, surnommé le grand capitaine, par Duponcet, 2 Tom. à Paris, 1714.

9110. Histoire du prince d'Orange et de Nassau, par Lamigue, 2 Tom. à Leuwarde, 1715.

9111. Mémoires du regne de Louis XIV. à Rotterdam, 1716.

9112. Relation vom Aufenthalte König Karls XII. in Bender, 1716.

9113. Leben und Thaten des Generals von Königsmark, Berlin, 1718.

9114. Hofmanns Leben und Thaten Peter Ernsts, Grafen von Mannsfeld, Leipzig, 1718.

9115. Schmauß, Leben und Thaten König Karls XII. von Schweden, 2 Bde. Halle, 1720.

9116. Vita del principe Eugenio, Venezia, 1720.

9117. History of Genhizcan the Great, first emperor of the Mogols and Tartars, London, 1722.

9118. Mémoires pour servir à l'histoire de Charles XII. par Theyls, 2 Tom. à Leide, 1722.

9119. Histoire de Timur-Bec, connu sous le nom du grand Tamerlan, écrite en Persan, par Chereffeddin-Aly, trad. par La Croix, 4 Tom. à Paris, 1722. à Delft, 1723.

9120. Leben und Thaten des Herzogs von Marlborough, Frankfurth, 1723.

9121. Life of general Monk, by Skinner and Webster, London, 1724.

9122. Leben und Thaten des englischen Ritters Franz Drake, Leipzig, 1726.

9123. Reflexions politiques sur les plus grands princes, de Gracian, trad. de l'espagnol, à Paris, 1730.

9124. Memoirs of field-marshall the duke of Berwick, natural son of James II. containing his campaigns in Spain etc. London.

9125. Eugenii, Herzogs von Savoyen, Heldenthaten, 3 Bde. Frankfurth.

9126. Leben und Thaten des Marschalls von Villars, Frankfurth, 1735.

9127. Life of the duke of Marlborough, by Lediard, 3 Tom. London, 1736.

9128. Leben des Prinzen Eugen, Herzogs von Savoyen, 6 Bde. Nürnberg, 1736—1739.

9129. Histoire du prince Eugène, par Massuet, 5 Tom. à Amsterdam, 1736.

9130. Eugenius nummis illustratus, oder Leben und Thaten des Prinzen Eugenii, worinnen dessen große Kriege, Siege und Heldenthaten durch die darauf geprägten Münzen erläutert worden, Nürnberg, 1736.

9131. Vita di Pietro il Grande, imperadore della Russia etc. Venezia, 1736.

9132. Joseph Tovar, historia del principe Eugenio de Saboya, en Madrid, 1737.

9133. De la Croix, istoria del gran Genghiczan, primo imperadore del Mogol, Venezia, 1737.

9134. Mémoires de la vie du duc d'Ormond, capitaine-général, et commandant- en chef des troupes de la grande Brétagne, trad. de l'anglais, 2 Tom. à la Haye, 1737.

9135. Memorie del generale Maffei, colla vita del general da Monte, Verona, 1737.

9136. Histoire du vicomte de Turenne, par Raquenet, 2 Tom. à Amsterdam, 1738.

9137. Leben des Prinzen Eugenii, nebst zwei accuraten Rissen von den letzten Belagerungen von Kehl und Phillppsburg, Leipzig, 1738.

9138. Leben des Feldmarschalls Grafen von Seckendorf, Frankfurth, 1738.

9139. Vie d'Oliver Cromvel, trad. de l'anglais, à la Haye, 1738.

9140. Histoire du maréchal de camp de S. M. J. le comte de Seckendorf, à Amsterdam, 1739.

9141. Leben und Thaten des Prätendenten von Ungarn und Siebenbürgen, Rakotzy, Frankfurth, 1739.

9142. Mittag, Leben und Thaten Gustav Adolphs, Königs von Schweden, Halle, 1740.

9143. Military history of Charles XII. of Sweden, by Adlerfeld, 3 Tom. London, 1740,

9144. Histoire militaire du prince Eugène (par de Mauvillon) 5 Tom. à Amsterdam, 1740.

9145. Histoire de Frédéric Guillaume I. roi de Prusse, 2 Tom. à Amsterdam, 1741.

9146. Histoire de César Germanicus, par de Beaufort, à Amsterdam, 1741.

9147. Histoire des premières expéditions de Charlemagne, par Francheville, à Amsterdam, 1741.

9148. Histoire d'Epaminondas, général des Thébains par Seran de la Tour, avec remarques par Folard, à Leide, 1741.

9149. Mémoires de la vie du comte de Marsigli, par Quincy, 4 Tom. à Zuric, 1741.

9150. Remarques du comte Poniatowsky sur l'histoire de Charles XII. à Londres, 1741.

9151. Leben und Thaten Friedrich Wilhelms, Königs in Preußen, 2 Bde. Frankfurth, 1741.

9152. Leben des Grafen Zondodari, Generallieutenants der conföderirten Korsen, Frankfurth, 1742.

9153. Histoire de l'empereur Charles VI. par la Lande, 6 Tom. à la Haye, 1743.

9154. Leben und Thaten des Generals Menzel, Bielefeld, 1743.

9155. Leben und Thaten des Grafen Münnich, Bremen, 1743.

9156. Histoire du prince Eugène, 2 Tom. à la Haye, 1743.

9157. Histoire de Pierre I. par Voltaire, 2 Tom. à Leipzic.

9158. Leben und Thaten des Marschalls von Maillebois, Bremen, 1743.

9159. Des Herzogs Karl von Lothringen Leben und Thaten, 2 Bde. Frankfurth, 1743.

9160. Leben und Thaten des Marschalls von Belleisle, Bremen, 1743.

9161. Leben und Thaten des Herzogs Joh. Adolph von Weißenfels, Frankfurth, 1744.

9162. Leben des Grafen von Löwenhaupt, Königl. Schwedischen Feldherrn, Altona, 1744.

9163. Leben und Thaten Herzog Johann Adolphs von Weißenfels, Frankfurth. 1744.

9164. Geschichte und Thaten des Grafen von Khevenhüller, Breslau, 1744.

9165. Geschichte des Grafen von Löwenhaupt, Altona, 1744.

9166. Pommersches Heldenregister, oder Leben von Standespersonen, so in Pommern geboren, und sich in Kriegsdiensten bekannt gemacht, Stolberg, 1745.

9167. Leben und Thaten des Admirals Matthews, Frankfurth, 1745.

9168. Memoires du comte de Stenbock, à Paris, 1745.

9169. Geschichte und Thaten des Prinzen Leopold von Dessau, 2 Bde. Frankfurth, 1746.

9170. Ferrari de rebus gestis Eugenii, principis Sabaudiae, Romae, 1747.

9171. Kriegsgeschichte des Baron von Bärenklau, Erfurth, 1747.

9172. Kriegs- und Regierungsgeschichte Carl Emanuels, Königs von Sardinien, 1747.

9173. Leben des brittischen Helden Karl August Herzogs von Cumberland, Frankfurth, 1747.

9174. Leben, und Thaten des Baron von Trenk, 2 Bde. Frankfurth, 1747.

9175. Leben des Königl. Preuß. Feldmarschalls Grafen von Schmettau, Frankfurth, 1748.

9176. Histoire du vicomte de Turenne, par Ramsay, 4 Tom. à Amsterdam, 1749.

9177. Leben des Seehelden und Admirals Ruyter, Breslau, 1749.

9178. Leben und Thaten des Fürsten Albrecht des ältern, Markgrafen zu Brandenburg, ersten Herzogs in Preußen, Königsberg, 1750.

9179. Ranft, Leben und Thaten des Fürsten Leopold von Anhalt-Dessau, Frankfurth, 1750.

9180. Lives of the admirals and other british seamen, by Campbell, 4 Tom. London, 1750.

9181. Leben und Thaten Mauritii, Grafen von Sachsen, Marschalls von Frankreich, Leipzig, 1751.

9182. Life and military exploits of Pyrrhus, king of Epire, London, 1751.

9183. Histoire de Scipion l'Africain et d'Epaminondas, avec les observations de Folard sur la bataille de Zama, par Seran de la Tour, à Paris, 1752.

9184. Histoire de Maurice comte de Saxe, 2 Tom. à Londres, 1753.

9185. Mémoires pour servir à l'histoire du chevalier de Folard, à Ratisbonne, 1753.

9186. Leben der Schwedischen Generale Rehnschild, Stenbock, Meyerfeld, Dücker und Patkul, Leipzig, 1753.

9187. Leben und Thaten des Dänischen Vice-Admirals, Peter Tordenschield, 3 Bde. Koppenhagen, 1753.

9188. Historia del conde de Saxe, 2 Tom. en San Sebastian, 1754.

9189. Leben des berühmten römischen Feldherrn Agricola, Breslau, 1755.

9190. Birken, Sächsischer Heldensaal, Nürnberg, 1755.

9191. Leben des Dänischen Admirals von Juel, Koppenhagen, 1756.

9192. Voltaire, Geschichte König Karls XII. von Schweden, a. d. Franz. Frankfurth, 1756.

9193. Creviers Römische Kaiserhistorie, a. d. Franz. 12 Theile, Dresden, 1756—1769.

9194. Faits mémorables de Frédéric, roi de Prusse, à Londres, 1757.

9195. Mémoires de Vieilleville, maréchal de France, 5 Tom. à Paris, 1757.

9196. Denkwürdigkeiten Friedrichs, Königs in Preußen, 14 Theile, 1757—1766.

9197. Leben des kaiserlichen Feldmarschalls von Browne, 1757.

9198. Histoire de Saladin, sultan d'Egypte, par Marin, 2 Tom. à la Haye, 1758.

9199. Zöllner, ein Christ und ein Held, oder Nachrichten vom Grafen Schwerin, Frankfurth a. O. 1758.

9200. Helden- Staats- und Lebensgeschichte Friedrichs II. Königs in Preußen, 4 Bde. Frankfurth, 1758.

9201. Nachrichten zur Geschichte Karls XII. Greifswald, 1758.

9202. von Fabrice, Aufenthalt König Karls XII. in der Türkei, Hamburg, 1758.

9203. Historische Beschryving der Daden, Kreygsverrichtingen en andere Bedryven van Frederik den Grooten, in 14 Deelen, Amsterdam, 1758—1765.

9204. Eloge du maréchal de Saxe par Thomas, qui a remporté le prix de l'ecadémie, à Paris, 1759.

9205. Eloge du maréchal de Saxe, par Duclairon, à Paris, 1759.

9206. Leben und Thaten des Grafen von Löwendahl, der Herzoge von Noailles und Richelieu, und des Grafen von Sachsen, Leipzig, 1759.

9207. Leben und Thaten des Grafen von Daun, 2 Bde. Breslau, 1759—1760.

9208. Leben und Thaten des Feldmarschalls, Grafen von Schwerin, 1759.

9209. Eloge du maréchal de Saxe, par de la Lande, à Paris, 1760.

9210. Eloge de Mrs. le maréchaux de Schwerin et de Keith, à Berlin, 1760.

9211. Mémoires pour servir à l'histoire de Fréderic le Grand, avec les pièces justificatives des faits, qui y sont rapportés, 2 Tom. à Lausanne, 1760.

9212. Schlözer, Lebensbeschreibungen Schwedischer Kriegs- und Staatsmänner, 12 Bde. Altona, 1760—1768.

9213. Kriegs und Heldenthaten des Freiherrn von Laudon, 3 Bde. Leipzig, 1761.

9214. Pauli, Leben großer Helden des gegenwärtigen Krieges, 9 Bde Halle, 1761—1764.

9215. Denkwürdigkeiten Ferdinands, Herzogs von Braunschweig, Gotha, 1761.

9216. Anecdotes du séjour de Charles XII. roi de Suède, à Bender, par le baron de Fabrice, à Hambourg, 1761.

9217. Hörschelmann, Leben und Thaten Preußischer Helden, Erfurth, 1762.

9218. Coyers Geschichte und Thaten des Johann Sobiesky, Königs in Polen, a. d. Franz. Leipzig, 1762.

9219. Leben und Thaten des Freiherrn Gideon von Laudon, 4 Bde. 1762.

9220. Heldengeschichte Ferdinands, Herzogs von Braunschweig, 2 Bde. 1763.

9221. Geschichte des Prinzen Ferdinand, Herzogs zu Braunschweig, Magdeburg, 1763.

9222. Riflessioni critiche sopra il carattere e le gesta d'Alessandro Magno, Milano, 1764.

9223. Mémoires du maréchal comte de Seckendorf, 1765.

9224. Geschichte des Kön. Preuß. Generalmajors von Gschrey und des Obristlieutenants von Thürriegel, 1765.

9225. Des General Gordons Geschichte Peters des Großen, a. d. Engl. 2 Bde. 1765.

9226. Eloge historique de Jean de Gassion, maréchal de France, par Moline, à Paris, 1766.

9227. Lebens- Staats- und Heldengeschichte Friedrichs, Königs in Preußen, 8 Bde. 1766.

9228. Histoire de Francois I. roi de France, par Gaillard, 4 Tom. à Paris, 1766.

9229. Helden- Staats- und Lebens-Geschichte Friedrichs II. Königs in Preußen, 9 Theile, Frankfurth, 1764 —69.

9230. Life of William, duke of Cumberland, by Henderson, London, 1766.

9231. Historical memoirs of the duke of Cumberland, by Birch, London, 1767.

9232. Pauli, Denkmale berühmter Feldherrn neuerer Zeiten, Halle, 1768.

9233. Bachmann, Kriegsverrichtungen Herzog Wolfgangs zu Zweibrücken, aus Archival-Nachrichten, Manheim, 1769.

9234. Geschichte des Grafen von Waldstein, Herzogs von Friedland und kaiserl. Generals. A. d. Ital. des Grafen Priorato, Nürnberg, 1769.

9235. Geschichte Friedrichs II. Königs von Preußen, 7 Theile, Tübingen, 1770.

9236. Briefe eines alten Offiziers, die Karakterzüge Friedrichs II. betreffend, (von Schmettau) 2 Bde. 1770.

9237. Eloge du chevalier Bayard, par Combes, à Dijon, 1770.

9238. Eloge du chevalier Bayard, par l'abbé Talbert, à Paris, 1770.

9239. L'école des princes, ou Alexandre le Grand, à Amsterdam, 1771.

9240. Denkwürdigkeiten des Marschalls, Grafen Veterani, vom Jahr 1683—1694. a. d. Ital. Wien, 1771.

9241. Eloge militaire du prince de Condé surnommé le Grand, à Paris, 1772.

9242. Tagebuch Peters des Großen, vom Jahr 1698 bis zum Nystädter Frieden, Berlin, 1773.

9243. Histoire de Maurice comte de Saxe, 2 Tom. par le baron d'Espagnac, à Lausanne, 1774.

9244. Expéditions de Charlemagne, histoire anecdote, Goettingue, 1774.

9245. Eloge de Catinat, par l'abbé d'Espagnac, à Paris, 1775.

9246. Eloge de Catinat par Guilbert, à Paris, 1775.

9247. Eloge du maréchal de Catinat, par la Harpe, à Paris, 1775.

9248. Eloge de Catinat, suivi de notes historiques et morales, par l'abbé du Rouzeau, à Paris, 1775.

9249. Eloge de Catinat, par le Suire, à Paris, 1775.

9250. Vie de l'empéreur Julien, par de la Bletterie, à Paris, 1775.

9251. Ferrari, commentarius de vita Austriae quinque imperatorum, qui floruerunt secundo bello Prussico, Viennae, 1775.

9252. G. M. Secondo, vita di C. Giulio Cesare, 3 Tom. Napoli, 1776.

9253. Cornova Helden Oesterreichs, in Kriegsliedern besungen, Prag, 1777.

9254. Denkmal des Marschalls Grafen von Sachsen, Leipzig, 1777.

9255. Geschichte Gustav Adolphs Königs von Schweden, aus Arckenholzischen Handschriften, 4 Bde. Breslau, 1777.

9256. Eloge du comte de Muy par Tennegry-Tiger, à Paris, 1777.

9257. Burtenbach, Lebensbeschreibung des berühmten Ritters Sebastian Schärtels, Nürnberg, 1777.

9258. Hommage à la vertu guerrière, ou éloges de quelques-uns des plus célébres officiers français, qui ont vécu, et qui sont morts sous Louis XIV. à Hombourg, 1779.

9259. Denkwürdige Nachrichten des Marschalls von Berwick, von ihm selbst beschrieben, 2 Bde. Bern, 1779.

9260. Hervey, naval history of England, including the lives of the admirals and other commandors and navigators of the british empire, from the earliest times, till. 1779, 5 Tom. London, 1780.

9261. Mémoires du S. Joly de Valier, ou exposé de sa conduite avant et depuis qu'il a quitté la France, pour venir offrir ses services au roi d'Angleterre, 2 Tom. à Londres, 1780.

9262. Leben des Grafen von Crawford und Lindesay, Großbr. Generallieutenants und Obristen der grauen Dragoner, a. d. Engl. Nürnberg, 1780.

9263. Historia de Carlos XII. rey de Suecia, 2 Tom. en Madrid, 1781.

9264. Lives of the admirals and other british seamen, by Campbell, 4 Tom. London, 1750, and the continuation to 1779, by Dr. Berkenhout, 4 Tom. London, 1781.

9265. Histoire de Charles XII. par Voltaire, à Dresde, 1781.

9266. Memoirs of illustrious british seamen, by Kent, 4 Tom. London, 1781.

9267. Histoire abrégée des officiers suisses, qui se sont distingués aux services étrangers dans les grades supérieurs, par Girard, 3 Tom. à Fribourg, 1782.

9268. Denkwürdigkeiten des Grafen Wilhelm zu Schaumburg-Lippe, Hannover, 1782.

9269. Leben Conrad Wiederholds, Kommandanten auf der Festung Hohentwiel im 30jährigen Krieg, Tübingen, 1782.

9270. Leben Barts, eines berühmten Seehelden, Frankfurth, 1782.

9271. Leben des berühmten Ritters Schärtel von Burtenbach, 2 Bde. Nürnberg, 1782.

9272. Leben des Amerikanischen Generals Washington, Brünn, 1782.

9273. Zinner, merkwürdige Briefe und Lebensbeschreibungen der berühmtesten Generale in Amerika, Augsburg, 1782.

9274. Lebens- und Regierungsgeschichte Friedrichs des andern, (von Seyffarth) 3 Bde. Leipzig, 1784 — 88.

9275. Morgenstern, Oesterreichs Helden des 17ten und 18ten Jahrhunderts, St. Pölten, 1783.

9276. Historische Gemälde von dem Herzog Ferdinand von Braunschweig, Koppenhagen, 1783.

9277. Leben des Generals Wallenstein, Breslau, 1783.

9278. Vie de Gaspard de Coligny, seigneur de Chatillon, amiral de France; à laquelle sont ajoutés ses mémoires sur ce qui se passa au siége de S. Quentin, à Dresde, 1783.

9279. Geschichte Ludwigs von Bourbon des Zweiten, Prinzen von Conde, mit dem Zunamen des Großen, a. d. Franz. 4 Bde. Potsdam, 1783.

9280. Leben des Generals Elliot, und Nachricht von der Belagerung von Gibraltar, Hamburg, 1783.

9281. Denkwürdigkeiten des Grafen Wilhelm zu Schaumburg-Lippe, Hannover, 1783.

9282. O'Cahill, Geschichte der größten Heerführer neuerer Zeiten, mit taktisch-geographischen Anmerkungen, 13 Bde. Manheim, 1784 — 1790.

9283. v. Stähelin, Original-Anekdoten von Peter dem Großen, Leipzig, 1785.

9284. Frederic's the great life, by Johnson, London, 1786.

9285. Nachricht von dem Leben des Generals Dörflinger, Stendal, 1786.

9286. Katzner, Leben des Generals Friedrich von Schomberg, 2 Bde. Manheim, 1786.

9287. Observations sur la lettre de Mr. Chandulos de la Clos, relativement à l'éloge de Vauban, 1786.

9288. Précis historique sur la vie et les exploits de François le Fort, au service de Russie, par Basville, à Genève, 1786.

9289. Instituts politiques et militaires de Timur Tamerlan, écrits par lui méme en Mogol, et trad. en français sur la version persahne d'Abou-

Talib-el-Hosséini, avec la vie de ce conquérant, par Langlès, à Paris, 1787.

9290. Heldengeschichte Friedrichs des Großen, 2 Bde. Straßburg, 1787.

9291. Geschichte Friedrichs des Großen, von J. Fischer, 2 Bde. Halle, 1787.

9292. Denkwürdigkeiten eines Schwedischen Edelmanns (des Preuß. Generals v. Hordt.) Frankfurth a. O. 1787.

9293. Guibert, elogio del rey de Prussia, en Madrid, 1787.

9294. Vita del principe Francesco Eugenio di Savoja, Napoli.

9295. Eloge de Jean Banner, feldmaréchal pendant la guerre de 30 ans, par Marderfeld, à Copenhague, 1787.

9296. Eloge de Frédéric II. par Guibert, à Maestric, 1787.

9297. Busching, caractère de Frédéric II. roi de Prusse, 2 Tom. à Berne 1788.

9298. Tableau militaire de la vie de Frédéric le Grand, par Grimoard, à Paris, 1788.

9299. Vie du lieutenant-général prussien de Lentulus, à Berne, 1788.

9300. Essai sur la vie et le regne de Frédéric II. roi de Prusse, par Denina, à Berlin, 1788.

9301. Vie de Robert Scipion baron de Lentulus, à Berne, 1788.

9302. Denkwürdigkeiten des Preußischen Generals de la Motte Fouquet, 2 Bde. Berlin, 1788.

9303. Geisler, Leben und Thaten des Generals von Ziethen, Leipzig, 1788.

9304. Frederic's the great life, by de la Vaux, 4 Tom. London, 1789.

9305. Mémoires sur le roi de Prusse, par M. le prince de Ligne, à Berlin, 1789.

9306. Vie des plus célèbres marins, par Richer, 13 Tom. avec portraits, à Paris, 1789.

9307. Müller, Leben des Russischen General-Lieutenants Scheremetew. A. d. Russischen, Riga, 1789.

9308. Pezzel, Leben Laudons, Wien, 1789.

9309. Defence of general Tarleton, by G Hanger, colonel, London, 1789.

9310. Histoire du vicomte de Turenne, par l'abbé Raguener, à Amsterdam, 1789.

9311. Leben des Grafen Wilhelm zu Schaumburg-Lippe, Wien, 1789.

9312. Lebensbeschreibung des Königl. Preuß. Feldmarschalls Grafen von Schwerin, Berlin und Frankfurt, 1790.

9313. Galerie des aristocrates militaires et mémoires secrèts, à Londres, 1790. Deutsch, Leipzig, 1791. S. Nr. 9319.

9314. Mémoires du maréchal duc de Richelieu, 9 Tom. à Londres, 1790.

9315. Histoire de Charles XII. roi de Suède par Voltaire, et reflexions sur ses talens militaires, par Frédéric roi de Prusse, à Dresde, 1790.

9316. Herchenhahn, Geschichte Albrechts von Wallenstein, 3 Bde. Altenburg, 1790.

9317. Pezzel, Leben des Prinzen Eugen, Wien, 1790.

9318. Leben und Thaten Laudons, Wien, 1791. (von Cajetan Schink.)

9319. Schilderungen der französischen Generale während des siebenjährigen Krieges in Deutschland, Leipzig, 1791. S. Nr. 9313.

9320. Vie du maréchal de Richelieu, 3 Tom. à Hambourg, 1791.

9321. Leben und Thaten des Herzogs Ferdinand von Braunschweig, Berlin, 1792.

9322. Küster, Lebensrettungen Friedrichs II. im siebenjährigen Kriege, Berlin, 1792.

9323. Anekdoten zur Lebensgeschichte des Fürsten Potemkin, Strasburg, 1798.

9324. Ferdinand Alcides, Herzog zu Braunschweig, Braunschweig, 1793.

9325. Leben des Grafen von Tökely. Berlin, 1793.

9326. Beitrag zur Kriegsgeschichte, in der Lebensgeschichte des Freiherrn von Spaar, Stendal, 1793.

9327. Histoire de Louis Bourbon II. de ce nom, prince de Condé, à Cologne, 1793.

9328. Küster, Karakterzüge des Generallieutenants von Saldern, Berlin, 1793.

9329. Vida do grande barao de Laudon, general dos exercitos austriacos, traduzida em portuguez por Fr. Manoel de Figueiredo, em Lisboa, 1793.

9330. Charnock's biographia navalis, or lives of british naval officers, 4 Tom. London, 1794.

9331. Denkwürdigkeiten des Generals Dümouriez, 2 Bde. Berlin, 1794.

9332. Mauvillon, Geschichte Ferdinands, Herzogs von Braunschweig, 2 Bde. Leipzig, 1794.

9333. Mémoires du général Dumouriez, écrites par lui même, à Frankfort et à Leipsic, 1794.

9334. Histoire de la vie du général comte de Broune, à Riga, 1794.

9335. Versuch einer Lebensbeschreibung des Feldmarschalls von Seckendorf, 4 Bde. Leipzig, 1794.

9336. Life of general Dumouriez, translated by Fenwick, London, 1794.

9337. Leben des Grafen Suwarow, Wien, 1795.

9338. Leben des Generals Dümouriez, Hamburg, 1795.

9339. Leben des Russischen Generals Browne, Riga, 1795.

9340. Geschichte des Fürsten Rakoczi, Berlin, 1795.

9341. Denkwürdigkeiten des Generals Cüstine, von seinem Adjutanten geschrieben, a. d. Franz. mit Amerkungen, Berlin, 1795.

9342. Aething, Kriegsgeschichte des Grafen von Suwarow, 3 Bde. Gotha, 1795—99. Englisch, London, 1799.

9343. Freier, Leben und Karakter Friedrich des Großen, Berlin, 1795.

9344. Vie du comte de Buguoy, généralissime der armées de Ferdinand II. par Goesse, à Vienne, 1796.

9345. Vie du maréchal prussien Ferdinand duc de Brounswic, 2 Tom. à Magdebourg, 1796—1798. (par Schaper).

8346. Vie du général Dumouriez, écrite par lui même, à Hambourg, 1796.

9347. Briefe über Dümouriez Leben, Leipzig, 1796.

9348. v. Haller, militärischer Karakter Friedrich II. 1796.

9349. Life of general Dumouriez, by himself, 3 Tom. London, 1796.

9350. Eloge de quelques uns des plus célèbres guerriers français, à Strasbourg, 1797.

9351. Mémoires sur plusieurs grands généraux, par le prince de Ligne, à Dresde, 1797.

9352. O'Cahill, Geschichte des Marschalls von Türenne, Manheim, 1797.

9353. Herrmann, Leben und Thaten der während der Revolution sich berühmt gemachten französischen Generale, Leipzig, 1797.

9354. Wahres Leben A. v. Wallenstein, Herzogs von Friedland, Berlin, 1797.

9355. Leben des Generals der Kavallerie von Ziethen, von Frau v. Blumenthal, Berlin, 1797. 1800. 1806. (Französisch 1802. Englisch 1804.)

9356. Public characters, or memoirs of british statesmen, naval and military officers etc. from 1798 to 1810, 10 Tom. London, 1798—1810.

9357. Vie du général Hoche, à Strasbourg, 1798.

9358. Leben des Generals Bonaparte, Leipzig, 1798.

9359. Des Grafen von Schwerin Darstellung der Veranlassung, auf welche er nach 43jährigen Diensten aus Preußischen Militairdiensten entlassen worden, Leipzig, 1798.

9360. v. Klinkowström, Berichtigung einiger Angaben in des Generallieutenant von Schwerin Darstellung der Veranlassung, warum er aus Königl. Preuß. Diensten entlassen worden, Berlin, 1799.

9361. Bonaparte und dessen Gefährten in Egypten, von dem Verfasser des Rinaldo Rinaldini. Aus authentischen Nachrichten und Urkunden, Leipzig, 1799.

9362. Life of the french general Hoche, London, 1799.

9363. Frankreichs kühnste und thätigste Patrioten, von Zusammenberufung der Notablen, und seine tapfersten Feldherrn seit der Dauer des Revolutionskrieges, von einem Augenzeugen, Weimar, 1800. A. d. Franz.

9364. Vie de Ziethen, par Madame de Blumenthal, (sa petite fille) trad. de l'allemand, 2 Tom. à Berlin, 1802.

9365, Major J. G. Semples life, London, 1800.

9366. Memorias historicas de Tippoozaib Sultan del Masur etc. por el ciudano Desodoardes y vertidas al castellano por Don Bernardo Maria de la Calzada, 2 Tom. en Madrid, 1800.

9367. Chas, tableau des opérations militaires et civiles de Bonaparte, à Paris, 1801.

9368. Moreau und sein letzter Feldzug, eine historische Skizze von einem Offiziere seines Generalstabes. Tübingen, 1801.

9369. Cornelius Nepos français, ou notices historiques sur les généraux, les marins, les officiers et les soldats, qui se sont illustrés dans la guerre de la révolution, par Mr. de Chateauneuf, à Paris, 1803.

9370. Notes historiques sur Marbot, général divisionnaire, par A. Rousselin, à Paris, 1803.

9371. Lebensbeschreibung des Prinzen Heinrich von Preußen, (v. Bülow.) Berlin, 1803.

9372. Vertheidigung Friedrich II. gegen Retzow, Berlin und Stettin, 1803.

9273. Militärische Biographien berühmter Helden neuerer Zeit, 5 Bde. Berlin, 1803—1806.

9374. Life of admiral lord Howe, by Mason, London, 1803.

9375. The life of Washington, by J. Marshall, 5 Tom. London, 1804.

9376. The life of general de Zieten, a distingnished commander under Frederik the Great, by Mad. de Blumenthal, transl. from the german by the reverend B. Beresford, 2 Tom. 1804.

9377. Bildnisse berühmter Helden neuerer Zeit, Berlin, 1804.

9378. Mes souvenirs de 20 ans de séjour à Berlin, ou Frédéric le Grand, sa famille, sa cour, son gouvernement etc. par Thiebault, 5 Tom. à Paris, 1804.

9379. Voltaire, storia di Carlo XII. re di Svezia, 2 Tomi. Venezia, 1804.

9380. P. Muscsti, gesta di Napoleone I. scritte in lingua latina, e reso in italiano per G. M. Febrari, Brescia, 1805.

9381. Military memoires of George Thomas, who raised himself to the rank of general in the service of the native powers of India, London, 1805.

9382. Naval biography, or the history of distinguished characters in the britisch navy, 2 Tom. London, 1805.

9383. Original anecdotes of Federic the Great, by Thiebault, 2 Tom. London, 1805.

9384. Histoire de l'empereur Charlemagne, traduit de l'allemand de Hegewisch, à Paris, 1805.

9385. Leben Hannibals, von Bernewitz, Dresden, 1806.

9386. Lebensgeschichte des Kön. Preuß. Generals von Schmettau, Gen. Quartiermeister Friedrich II. vom Hauptmann von Schmettau, 2 Bde. Berlin, 1806.

9387. Memoirs of Lord Nelson, by Charnock, London, 1806.

9388. Vita di Pietro il Grande, di Ant. Catiforo, Venezia, 1806.

9389. Historia de Carlos XII. rei de Suezia, escrita em francez por Mr. Voltaire, e traduzida em vulgar, 2 Tom. em Lisboa, 1807.

9390. Istoria di Napoleone, primo imperatore de' Francesi, 15 Tomi, Venezia, 1807.

9391. Voltaire's history of Charles XII. king of Sweden, London, 1807.

9392. Essai sur la vie du grand Condé, par Louis Jos. de Bourbon, prince de Condé, à Londres, 1807.

9393. Narrative of the death of Lord Nelson, by Dr. Beatty, London, 1807.

9394. v. Massenbach, Lobrede auf Ferdinand, Herzog von Braunschweig, Berlin, 1807.

9395. Neue Anekdoten aus dem letzten Französisch-Preußischen Kriege, in Heften, 1807.

9396. History of Gustavus Adolphus, king of Sweden, surnamed the Great etc. by Harte, 2 Tom. London, 1807.

9397. v. Hormayr, Oesterreichischer Plutarch, oder Leben und Bildnisse aller Regenten und der berühmtesten Feldherrn, Staatsmänner, Gelehrten und Künstler Oesterreichs, 12 Bde. mit 48 Bildnissen, Wien, 1808.

9398. Eugen und Marlborough, oder Sammlung der interessantesten Züge aus dem Leben dieser merkwürdigen Menschen, Berlin, 2te Aufl. 1808.

9399. Récueil de traits characteristiques, pour servir à l'histoire de Frédéric, Guillaume III. et de plusieurs personnages de sa cour, à Paris, 1808.

9400. Life of George Washington, commander in chief of the american army, by Bancroft, London, 1808.

9401. v. Massenbach, Gallerie Preußischer Karaktere, 1808.

9402. v. Massenbach, Rückerinnerungen an große Männer, Amsterdam, 1808.

9403. v. Massenbach, Erklärung über das Buch, Gallerie Preußischer Karaktere, Frankfurth und Leipzig, 1808.

9404. v. Massenbach, Memoiren über seine Verhältnisse zum Preußischen Staat, und insbesondere zum Herzog von Braunschweig, seit 1783. 3 Bde. Amsterdam, 1808.

9405. Der Bürger Nettelbeck während der Belagerung von Kolberg, 1807, ein Muster wahrer Vaterlandsliebe, Berlin, 1808.

9406. Thaten und Karakterzüge berühmter österreichischer Feldherrn, 3 Bde. Wien, 1808.

9407. Précis historique sur le maréchal Souwarow Rymnikski, par J. de Guillemanche, à Hambourg, 1808.

9408. Vie du prince Potemkin, feldmaréchal au service de Russie, sous le règne de Catherine II. à Paris, 1808.

9409. Vida do vice-almirante Lord Nelson, duque de Bronte, em Lisboa.

9410. Vie privée, publique et militaire du prince Henri de Prusse, à Paris, 1809.

9411. Leben des Preuß. Generallieutenants von Winterfeld, von dessen Neffen, Berlin und Leipzig, 1809.

9412. Vie de G. Washington, par Dav. Ramsay, trad. de l'anglais, à Paris, 1809.

9413. Schilliana, d. i. Züge und Thatsachen aus dem Leben und Karakter des Majors v. Schill, 2 Bde. Hamburg, 1809.

9414. Life of Lord Nelson, abridged from the quarto-edition, by Clarke and M'Arthur, London, 1810.

9415. Einige Anekdoten und Karakterzüge aus dem Leben und Thaten des Erzherzogs Karl, Magdeburg, 1810.

9416. Friedrich Baron de la Motte Fouque, der Held des Nordens, 3 Bde. Berlin, 1810.

9417. Beleuchtung der Schrift: Schilliana, Magdeburg, 1810.

9418. Des Freiherrn von Aretin, Biographie Napoleons, Kaisers von Frankreich, Wien, 1810.

9419. Leben und Thaten Andreas Hofers, des Tyroler Insurgenten-Chefs, Berlin, 1810.

9420. Meißner, Leben des C. Julius Cäsar, 3 Bde. Berlin, 1811.

9421. Memoirs of prince Eugene, written by himself, London, 1811.

9422. Dr. F. H. von der Hagen das Buch der Helden, 1r Bd. Berlin, 1811.

9423. Andreas Hofer, und die Tiroler Insurrektion im J. 1809. München, 1811.

9424. Vie de César Auguste, par C***, 2 Tom. à Paris, 1812.

9425. Histoire de Charlemagne par Eginhart, traduction nouvelle par D***, à Paris, 1812.

9426. Huldigung, dargebracht den Manen des F. M. Grafen von Lascy, 1812.

9427. Eloge funebre de Moreau, à Petersbourg, 1813.

9428. Campbell's naval history of Great-Britain, including the history and lives of the british admirals, continued to the close of 1813. 3 Tom. London, 1813.

9429. J. Cornova, Jaroslaw von Sternberg, der Sieger der Tartaren, Prag, 1813.

9430. Xerxes der Erste oder der Große, König von Persien, dessen Regierungsgeschichte, Feldzüge und Tod, Leipzig, 1813.

9431. Anekdoten zur Karakteristik Napoleons, seiner Dynastie, Marschälle, Generale und Zeitgenossen, in Heften, Leipzig, 1814.

9432. Apologie Napoleons des Großen u. s. w. Leipzig, 1814.

9433. Des Gen. Feldmarschalls von Blücher Heldenthaten, eine biographische Skizze (von J. D. F. Rumpf) 2te Aufl. Berlin, 1814.

9434. T. Holcroft, Napoleon Bonaparte, nach dem Leben geschildert. A. d. Engl. Leipzig, 1814.

9435. Napoleons Großthaten, und sein Ruhm als Feldherr, neue umgearbeitete Auflage, Leipzig, 1814.

9436. Lebensschilderungen des Fürsten Joseph von Poniatowsky, Prag, 1814.

9437. C. Sebald, Leben Oliver Cromwells, Protektor von England, 2 Bde. Leipzig, 1814.

9438. Skizze einer Lebensbeschreibung des Herzogs Friedrich Wilhelm von Braunschweig-Lüneburg-Oels, 2te Aufl. Braunschweig, 1814.

9439. Karl Johann, Kronprinz von Schweden, eine Skizze seiner Denkwürdigkeiten, (von J. D. Rumpf) Berlin, 1814.

9440. Moreau, ein Blick auf seine Feldzüge, seinen Karakter und seine Schicksale, Berlin, 1814.

9441. Moreaus Leben und Feldzüge, Leipzig, 1814.

9442. Moreaus vollständige Biographie, Prag, 1814.

9443. Napoleon, Bau und Sturz, Braunschweig, 1814.

9444. Napoleon Bonaparte, was er war und was er ist, Prag, 1814.

9445. Napoleon Bonaparte und das französische Volk im Jahr 1814.

9446. Napoleon in Dresden, Dresden, 1814.

9447. Napoleon in seinem Feldzuge nach Rußland, als Feldherr und Mensch gewürdigt, Nürnberg, 1814.

9448. Elogio historico de Sereniss. Senhor Infante D. Pedro Carlos de Bourbon e Bragança, Almirante general da Armada Real Portugueza, por Joaquim da Nobraga, Cao d'Aboim, em Rio de Janeiro, 1813.

9449. Parallèle de Philippe de Macédoine, de Denys de Syracuse, et de Napoléon de Corse, ou Napoléon rapproché de ces deux tyrans, à Paris, 1814.

9450. Anecdotes curieuses sur Bonaparte; suivies de la déscription de l'isle d'Elbe etc. à Paris, 1814.

9451. Histoire du général Moreau, surnommé le grand capitaine etc. par A. H. Chateauneuf, à Paris, 1814.

9452. Proscription de Moreau, ou relation fidèle du procès de ce général, notice sur sa vie publique et privée etc. par Breton de la Martinière; suivie du mémoire justificatif pour le général Moreau, par Bonnet, Bellart et Pérignon, à Paris, 1814.

9453. Moreau et sa derniere campagne, par un officier de son état-major à l'armée du Rhin, trad. de l'allemand, à Metz, 1814.

9454. De Moreau, par Garat, a Paris, 1814.

9455. Détails sur le général Moreau et ses derniers momens, par Paul de Svinine, à Paris, 1814.

9456. Anecdotes inédites ou peu connues sur le général Moreau, à Paris, 1814.

9457. Memoirs and campaigns of the prince royal of Sweden, (Bernadotte) by Philippart, London, 1814.

9458. Memoirs of general Moreau, by Philippart, London, 1814.

9459. Introduction sur l'histoire de Buonaparte, par Nettement, à Paris, 1814.

9460. Bonaparte peint par lui même dans sa carrière militaire et politique, par C***, à Paris, 1814.

9461. Histoire du dixhuit brumaire et de Buonaparte, suivie de pièces justificatives, par Gallais, à Paris, 1814. (Deutsch, Straßburg, 1814.)

9462. Bonaparte à Saint-Cloud, ou la fameuse journée du 18. brumaire, par L...., témoin oculaire etc. à Paris, 1814.

9463. Vie politique, militaire et privée du général Moreau, par de Beauchamp, à Paris, 1814.

9464. Abriß des Lebens Bonapartes, Breslau, 1814.

9465. Kurze Biographie des Fürsten Blücher von Wahlstatt, Berlin, 1814.

9466. Franz Horn, das Leben Friedrich Wilhelm des Großen, Berlin, 1814.

9467. Hofrath K. Jochmus, General Moreau, Berlin, 1814.

9468. Alexander der Erste, Kaiser von Rußland, von J. D. F. Rumpf, Berlin, 1814.

9469. Bonapartes Reise-Abentheuer von Fontainebleau nach Elba, u. s. w. A. d. Franz. Leipzig, 1815.

9470. Kosegarten, Reminiszenzen aus Napoleons Kriegs- und Regentenleben, Petersburg, 1815.

9471. Geheime Nachrichten über Napoleon Bonaparte, von einem Manne, der ihn seit 15 Jahren nicht verlassen hat, a. d. Franz. Leipzig, 1815.

9472. Napoleon Bonaparte, nach seinem Leben und Wirken, von seiner Jugend, bis zu seiner Verbannung nach Elba, 2 Bde. Quedlinburg, 1815.

9473. Napoleon Bonaparte, was er war und was er ist, 2 Bde. Prag, 1815.

9474. Kurze Lebensbeschreibung Napoleon Bonapartes, Pesth, 1805. 2te Aufl. 1816.

9475. Napoleon Bonapartes Kriegszug von Elba nach Paris, a. d. Franz. Erfurt, 1815.

9476. Napoleon Bonapartes Reise von Fontainebleau nach Frejus, vom 17ten bis 29sten April, 1814. Berlin, 1815.

9477. Napoleons Reise von Elba nach Paris, nebst Aufschlüssen über das schnelle Vorrücken desselben, Wien, 1815.

9478. Napoleons Wiedererscheinung in Frankreich, historisch-politisch dargestellt, Leipzig, 1815.

9479. K. Höst, Rufslands Kejser Alexander den Förstes, Levnet og Regjering, Kiöbenhavn, 1815.

9480. K. Höst, historiske Skildringer af Vellington og Blücher, Kiöbenhavn, 1815.

9481. K. Höst, Napoleons Levnet, Kiöbenhavn, 1815. 2 Deel.

9482. Leben und Feldzüge des Feldmarschalls, Lord Wellington, Prag, 1815.

9483. Kurze Lebensbeschreibung Joach. Mürats, Pesth, 1815, 2te Aufl. 1816.

9484. Napoleons geheime Liebschaften, vom Verf. der geheimen Nachrichten über Napoleon, der ihn seit 15 Jahren nicht verlassen hat, a. d. Franz. 2 Bde. Leipzig, 1815.

9485. Napoleon und der General Bertrand, eine Unterredung auf der Insel Elba, Frankfurth, 1815.

9486. Vorstellung und Beschreibung der Ankunft Napoleons auf der Insel Elba, Dresden, 1815.

9487. Blücher's life etc. London, 1815.

9488. Relation circonstanciée des derniers momens de Bonaparte etc. à Paris, 1815.

9489. Nuits de l'abdication de Bonaparte etc. à Paris, 1815.

9490. Les six fuites de Bonaparte etc. à Paris, 1815.

9491. Procès de Bonaparte, par Levis Goldsmith, à Paris, 1815.

9492. Nos souvenirs, ou les pechés de Bonaparte, à Paris, 1815.

9493. Les crimes de Bonaparte et de ses adhérens, par F. T. D. à Paris, 1815.

9494. La regence à Blois, ou les derniers momens du gouvernement impérial, 6me édit. à Paris, 1815.

9495. Itinéraire de Bonaparte depuis le 29. mars jusqu'au 29. Avril 1814 etc. 3me édit. à Paris, 1815.

9496. Nouvelle relation de l'itinéraire de Napoléon etc. par le comte de Waldburg-Truchsoss etc. 3me édit. à Paris, 1815.

9497. Conspiration de Bonaparte contre Louis XVIII. par Lamartelière, à Paris, 1815.

9498. Catastrophe de Murat, par Alphonse de Beauchamp, à Paris, 1815.

9499. Mémoire sur la translation de Bonaparte sur l'isle de St. Hélène, par Moussard, à Paris, 1815.

9500. Itinéraire de Bonaparte à l'isle Sainte-Hélène, par F. M. à Paris, 1815.

9501. Trois mois de Napoléon, par Breton de la Martinière, à Paris, 1815. 2me édit.

9502. Vie du général Monk, duc d'Albemarle, restaurateur de S. M. britannique, Charles II. par des Vaulx, baron d'Oinville, maréchal de camp etc. à Paris, 1815.

9503. Histoire de Napoléon Bonaparte, depuis ses premières campagnes etc. par M...., à Paris, 1815.

9504. Bonaparte devoilé par lui même, par P. Levallois, à Paris, 1815.

9505. Une année de la vie de l'empereur Napoléon, depuis le 1. Avril 1814 jusqu'au 21 mars 1815, par A. D. B. M..... lieutenant des grenadiers, à Paris, 1815. 2me édit. (Deutsch, Strasburg, 1815.)

9506. Vie de Joachim Murat etc. par M...., à Paris, 1815. 2me édit.

9507. Procès de Michel Ney, maréchal de France, duc d'Elchingen, prince de la Moskowa etc. en cahiers, à Paris, 1815. (Plusieurs autres éditions.)

9508. Procès de Charles de Labédoyère, excolonel etc. à Paris, 1815. (Deutsch, Straßburg.)

9509. Exposé de la conduite politique de M. le lieutenant-général Carnot, à Paris, 1815. 2me édit.

9510. Réfutation de l'exposé de la conduite de Carnot, par Gautier, à Paris, 1815.

9511. Mémoire justificatif de M. le maréchal Soult, duc de Dalmatie, à Paris, 1815.

9512. Lettre à M. le comte Carnot sur l'exposé de sa conduite, à Paris, 1815.

9513. Examen de la conduite politique de Carnot, à Paris, 1815.

9514. L'effronterie de Carnot, signalée par Charles ****, à Paris, 1815.

9515. L'esprit de M. Carnot, à Paris, 1815.

9516. Mémoire addressé au roi par Carnot, à Paris, 1815.

9517. Réfutation du mémoire de M. Carnot, par A. Guesnet, à Paris, 1815.

9518. Réponse au mémoire de M. Carnot, par A M. Fleury, à Paris, 1815.

9519. Notizie secrete di Napoleone Bonaparte, scritte da uno che lo segue per 15 anni, 2 Tom. Lugano, 1815.

9520. Napoleon Bonapartes zwei merkwürdigste Lebensjahre, und besonders sein Benehmen als Gefangener, Wien, 1816.

9521. Napoleon Bonapartes zweite Lebensperiode, 2 Bde. Prag, 1816.

9522. Bonapartes Portefeuille, Darmstadt, 1816.

9523. Das Echo von Paris, oder merkwürdige Erzählungen und unbekannte Anekdoten von Napoleon, seiner Regierung, u. s. w. Leipzig, 1816.

9524. E. A. Günther, Leben Napoleon Bonapartes bis zu seiner Verbannung nach St. Helena, Eisenberg, 1816.

9525. Fr. Heller, Albrecht von Wallensteins Leben und Thaten, Manheim, 1816.

9526. Das Leben Nikolaus Bonapartes, vormals Kaisers von Frankreich, Nürnberg, 1816.

9527. Leben, Thaten und Schicksale des in Paris hingerichteten Marschalls Ney, a. d. Franz. Saarlouis, 1816.

9528. Leben und Feldzüge Wellingtons, nach Elliot, Clarke und Original-Mittheilungen, Leipzig und Altenburg, 1816.

9529. Napoleons Feldzüge in Sachsen, im J. 1813. Eine treue Schilderung dieses Kriegs, des Kaisers und seiner Umgebungen, von einem Augenzeugen im Hauptquartier, O. v. O. Dresden, 1816. (vom Obristl. Freih. von Odeleben.)

9530. Wellington, ein historisches Gemälde, Quedlinburg, 1816.

9531. Heldenbuch der Jahre 1808 bis 1815, von Niemeyer, Leipzig, 1816. 3te Aufl. 1817. 4te Aufl. 1818. 5te Aufl. 1820.

9532. Andreas Hofer, Sandwirth aus Passeyr, Oberanführer der Tyroler im Kriege von 1809, Leipzig und Altenburg, 1816.

9533. Napoleon Bonaparte's zweiter Sturz von dem französischen Thron durch die allirten Mächte, im J. 1815. Nürnberg, 1816.

9534. Histoire de Henri le Grand, par Hardouin de Peréfixe, à Paris, 1816. (nouv. édit.)

9535. Bonaparte, sa famille et sa cour, anecdotes secrètes etc. par un chambellan forcé à l'être, 2 Tom. à Paris, 1816.

9536. Précis historique de la vie et du procès du maréchal Ney etc. par F. C...., à Paris, 1816.

9537. Précis sur M. de Gribeauval, premier inspecteur de l'artillerie, par le chev. de Pas...., à Paris, 1816.

9538. Vie d'Arthur Wellesley, duc de Wellington, trad. de l'anglais de Georger Elliot, par H. L.... à Paris, 1816.

9539. British Plutarch, containing the lives of the most eminent persons of Great-Britain and Ireland, from Henri VIII. to the present time, 6 Tom. London, 1816.

9540. Life of the duke of Wellington by Elliot, London, 1816.

9541. Memoirs of major-general Sir R. Gillespie, London, 1816.

9542. Franc. Gusta, vita di Costantino il Grande etc. 2 Tom. Napoli, 1816.

9543. Vida do Lord Wellington, em Rio de Janeiro, 1816.

9544. Vida do Principe Blucher, commandante em chefe do exercito Prussiano, em Lisboa, 1816.

9545. S. Manso, Leben Konstantins des Großen, Breslau, 1817.

9546. Manuskript von St. Helena, oder Bonapartes Biographie, von ihm selbst, a. d. Franz. Hamburg, 1817.

9547. Wilh. Warden, Napoleon Bonaparte auf St. Helena, oder Briefe, geschrieben am Bord des brittischen Linienschiffes Northumberland, und aus St. Helena, a. d. Engl. 2te Aufl. Frankfurth, 1817.

9548. Vies des plus célèbres marins, 13 Tom. à Avignon, 1817.

9549. W. B. Hewetson's life and campaigns of Napoleon, to the battle of Waterloo, 3 tom. London, 1818.

9550. Histoire de Charlemagne, par Gaillard, nouvelle édit. 2 Tom. à Paris, 1818.

9551. Histoire de François I. par Gaillard, 4 Tom. à Paris, 1818—19.

9552. Histoire de Napoléon Bonaparte, par une société de gens de lettres, 4 Tom. à Paris, 1818.

9553. Mémoire historique sur Toussaint-Louverture, et sur Alexandre Pétion, à Paris, 1818.

9554. Perikles, a. d. Griechischen des Plutarch, von Dr. J. G. Kunisch, Breslau, 1818.

9555. Tzschucke, Handbuch der Geschichte Friedrichs II. Berlin, 1818.

9556. Napoleon, von ihm selbst geschildert. (Napoléon peint par lui même.) Deutsch und französisch, Frankfurth, 1818.

9557. Napoleons Selbstschilderung. Auszüge aus der echten Handschrift Napoleons, von einem Amerikaner, aus dem Franz. nach der Londner Ausgabe, Leipzig, 1818.

9558. Napoleons Traumbilder, aus dem englischen Werke: Visions of Napoleon Bonaparte, Dresden, 1818.

9559. Histoire d'Alcibiade, par J. H. Joanin, à Paris, 1819.

9560. Histoire de Charlemagne par Granié, à Paris, 1819.

9561. Documens particuliers (en forme de lettres) sur Napoléon Bonaparte etc. à Bruxelles, 1819.

9562. Mémoires pour servir à l'histoire de Charles XIV. Jean, roi de Suède et de Norvège, par Coupé de St. Donat, chef d'escadron etc. à Paris, 1820.

9563. Histoire des grands capitaines de la France pendant la guerre de la liberté, de 1792—1802, par A. H. Chateauneuf, nouvelle édit. 2 Tom. à Paris, 1820.

9564. Vie d'Horace Nelson, commandant en chef des flottes brittaniques, baron du Nil etc. trad. de l'anglais de Robert Southay, par M. F. R. à Paris, 1820.

9565. Historical memoirs of Napoleon. Book IX, written by himself etc. London, 1820.

9566. Mémoire sur la vie d'Aly-Pacha, visir de Janina, à Paris, 1820.

9567. Vie de L. J. prince de Condé, prince du sang etc. par Claude Antoine Chambeland, 3 Tom. à Paris, 1820.

9568. Mes souvenirs sur Napoléon, sa famille et sa cour, par Mme veuve du général Durand, 2 Tom. à Paris, 1820. 2me édit.

9569. Fr. Förster, der Feldmarschall Fürst Blücher von Wahlstatt und seine Umgebungen. Ein deutscher Heldenspiegel, Leipzig, 1820.

9570. G. Friedrich, Erinnerungen an den Fürsten Blücher von Wahlstatt, nebst einer biographischen Skizze Blüchers, Frankfurth a. M. 1820.

9571. Aus Napoleons Leben, zwei Bände, Breslau, 1820.

9572. Karl XIV. Johann, (Joh. Bapt. Julius Bernadotte) Skizze seines Lebens, als General, Heerführer, Reichsmarschall Frankreichs, als Schwedischer Kronprinz, als König von Norwegen und Schweden, Köln, 1820.

9573. Skizze eines Lebensgemäldes Leberechts von Blücher, Fürsten von Wahlstatt, Kön. Preuß. General-Feldmarschalls, Köln, 1820.

9574. Mémoires pour servir à l'histoire de la vie privée du retour et du regne de Napoléon en 1815. Par M. Fleury de Chaboulon, 2 Tom. à Londres, 1820.

9575. Anekdoten und Karakterzüge des Feldmarschalls, Graf Peter Alexandrowitsch Romanzow-Sadunaiskoi, nebst einem kurzen Abrisse seines Lebens und Schriftwechsels mit Katharina der Großen, a. d. Russ. von Fr. Arzt, Riga, 1821.

9576. Ludwig Bonapartes, ehemaligen Königs von Holland, Denkwürdigkeiten, von ihm selbst geschrieben, a. d. Franz. Dresden, 1821.

9577. Lebensbeschreibungen namhafter schwedischer Feldherren, 1r Th. 2 Bde. (enth. d. Feldmarschall Grafen Stenbock) in schwedischen Sprache, Stockholm, 1821.

9578. Fleury von Chaboulon, Denkwürdigkeiten über Napoleons Privatleben, Rückkehr und Regierung im J. 1815. A. d. Franz. 2te Aufl. Leipzig, 1821.

9579. Napoleon im häuslichen Kreise, und sein Hof, nebst Anekdoten aus seiner letzten Regierungszeit. Nach den Erinnerungen der Wittwe des Gen. Dürand. A. d. Franz. Dresden, 1821.

9580. Journal militaire de Henri IV. etc. par le comte de Valory, à Paris, 1821.

9581. Documens pour servir à l'histoire de la captivité de Napoléon à St. Helène etc. à Paris, 1821.

9582. Merkwürdige Aktenstücke zur Geschichte der Gefangenschaft, Schicksale und letzten Lebensaugenblicke Napoleon Bonapartes auf St. Helena u. s. w. Sondershausen, 1822.

9583. Geschichte der drei letzten Lebensmonate Napoleon Bonapartes. Nach authentischen Dokumenten verfaßt, Leipzig, 1822.

9584. Leben Napoleon Bonapartes und zwei anderer berühmter Korsen, Theodor und Paoli, Zeitz, 1822.

9585. W. von Schütz, Napoleon, als Held, Staatsmann und Staatsgefangener, eine treue Darstellung seiner Unternehmungen von der militairischen Laufbahn an, bis zu seinem Tode in St. Helena, Zerbst, 1822.

9586. Napoleons Aufenthalt, Tod und Begräbniß auf der Insel St. Helena, Leipzig, 1822.

9587. Napoleons Leben und Ende, mit einer Zugabe von Karakterzügen, Wisbaden, 1822.

9588. Dr. Carl Venturini, deutsches Heldenbuch. Historisch dramatische Darstellung der größten deutschen Männer, welche für die vaterländische Freiheit ruhmvoll kämpften, von der ältesten bis auf unsere Zeit. 1r—2r Bd. Braunschweig, 1821—22.

9589. W. Coxe, Leben und Denkwürdigkeiten des Herzogs Johann von Marlborough. A. d. Engl. von Obristlieut. F. R. v. H. 4 Bde. Wien, 1822.

9590. Anekdoten und Karakterzüge aus dem Leben Friedrich d. Gr. früher in 19 Sammlungen, 3 Bde. Berlin, 1822.

9591. O'Meara, Napoleon in seiner Verbannung, a. d. Engl. Leipzig, 1822.

9592. O'Meara Esq., Napoleon in der Verbannung oder eine Stimme aus St. Helena, a. d. Engl. von Fr. Schott, 4 Bde. Dresden, 1822—23. (Auch eine andere Uebersetzung Stuttgard und Tübingen, 1822.)

9593. Graf von Las Casas, Denkwürdigkeiten von von St. Helena etc. 8 Bde. Stuttgard, 1822—1823. (Dasselbe, Dresden, 8 Bde. 1822—23.)

9594. Mémoires du général Rapp, à Francfort s. l. M. 1822.

9595. Napoléon en exil à St. Helène, relation contenant les opinions et reflexions de Napoléon etc. par Barry. E. O'Meara, son dernier chirurgien 2 Tom. à Paris, 1822. (trois autres éditions, à Bruxelles, 1822.)

9596. Mémorial de St. Hélène, ou journal où se trouve consigné jour par jour ce qu'a dit et fait Napoléon durant dix-huit mois, par le comte de Las Cases, 8 Tom. in 8vo. (et 8 Tom. in 12mo.) à Paris, 1822. (autre édition à Bruxelles, 1822.)

9597. Napoléon considéré comme général, premier consul, empereur, prisonnier etc. par Saint-Edme, 2 Tom. à Paris, 1822.

9598. Portraits des généraux français, faisant suite aux victoires et conquêtes des Français, à Paris, 1822.

9599. La vie et les mémoires du général Dumouriez, 2 Tom. à Paris, 1822.

9600. Vie d'Ali Pascha de Janina, par Alphonse de Beauchamp, à Paris, 1822.

9601. Napoleon in ballingshap; of stem uit St. Helena etc. Naer het engelsh van Barrij E. O'Meara, 2 deelen, Doordrecht, 1822.

9602. Napoleons Selbstgeständnisse, a. d. Franz. 2 Bdch. Leipzig, 1823.

9603. Grundsätze und Gedanken des Gefangenen auf St. Helena, treue Uebersetzung eines in den Papieren Las Casas gefundenen Manuskripts, Nürnberg, 1823.

9604. Napoleona, oder Napoleon und seine Zeit. Eine Sammlung von Aktenstücken, Anekdoten, Urtheilen u. s. w. 1—3s Heft, Leipzig, 1823.

9605. Aktenstücke zur Geschichte der Gefangenschaft und letzten Lebensaugenblicke Napoleons u. s. w. nach dem Franz. Ilmenau, 1823.

9606. W. Coxe, Leben und Denkwürdigkeiten des Herzogs von Marlborough, 6 Bde. A. d. Engl. Wien, 1823.

9607. L. v. Rango, Gustav Adolph der Große, ein histor. Gemälde, Leipzig, 1823.

9608. Napoleons Krankheit, Tod und Leiche, a. d. Engl. Leipzig, 1823.

9609. Vie de Jules César, suivie du tableau de ses campagnes etc. par Alphonse de Beauchamp, à Paris, 1823.

9610. Mémoires du général Rapp, aide-de-camp de Napoléon, écrits par lui même et publiés par sa famille, à Berlin, 1823.

d. Minore.

9611. J guerrieri segnalati del mondo, estinti dal anno 1630 sin'all'anno 1652, da Bertarelli, Milano, 1653. 12mo.

9612. Vie du duc d'Epernon, 2 Tom. à Paris, 1663. 12mo.

9613. Mémoires de Henri, dernier duc de Montmorency, à Paris, 1666. 12mo.

9614. Mémoires de Coligny, amiral de France, à Grenoble, 1670. 12mo.

9615. Vie du marechal Monk, traduite de l'anglais par Gumble, à Londres, 1672. 12mo.

9616. Histoire des grand-visirs: Mahomet et Achmet Coprogli etc. à Paris, 1676. 12mo.

9617. Vie et actions de Bernard de Gale, évèque de Münster, à Rouen, 1680. 12mo.

9618. Histoire du maréchal duc de Lesdiguières, par Chorier, à Grenoble, 1683.

9619. Mémoires du chevalier de Létouf, baron de Sirot, lieut. général, 2 Tom. à Paris, 1683. 12mo.

9620. Istoria di Seraskier Bascia, trad. dal francese, Venezia, 1685.

9621. Histoire de Charles Gustave et de Gustave Adolphe, par de Prade, à Paris, 1686. 12mo.

9622. Vie de Gaspard de Coligny, à Cologne, 1686. 12mo.

9623. Vie de Turenne, par Buisson, à la Haye, 1688. 12mo.

9624. Vie du duc de Schomberg, à la Haye, 1690. 12mo.

9625. Leben Karls V. Herzogs zu Lothringen, Frankfurth, 1681. 12mo.

9626. Vie de Charles V. duc de Lorraine et de Bar, généralissime des troupes impériales, à Amsterdam, 1691. 12mo.

9627. Mémoires de Frédéric Maurice de la Tour d'Anvergne, duc de Bouillon, lieut. gen. avec quelques particularités de la vie du vicomte de Turenne, par de Langlade, à Paris, 1692. 12mo.

9628. Mémoires du maréchal de Bassompierre, 2 Tom. à Amsterdam, 1692. 12mo.

9629. Histoire du maréchal, marquis de Courbon, par Aymar, à Lyon, 1692. 12mo.

9630. Memoirs of count Teckely, London, 1693. 12mo.

9631. Histoire de l'archiduc Albert, gouverneur général, et puis prince souverain de la Belgique, à Cologne, 1693. 12mo.

9632. Histoire d'Emeric, comte de Tekeli, à Amsterdam, 1693. 12mo.

9633. Histoire de Louis XIV. par Riencourt, 2 Tom. à Paris, 1693, 12mo.

9634. Mémoires pour servir a l'histoire du prince de Condé, 2 Tom. à Cologne, 1693. 12mo.

9635. Vie de Corneille Tromp, lieutenant-admiral de Hollande, à la Haye, 1694. 12mo.

9636. Histoire de la vie et des actions du prince de Condé, à Cologne, 1695. 12mo.

9637. Histoire de Louis de Bourbon II. de ce nom, prince de Conti, à Amsterdam, 1695. 12mo.

9638. Vie de Corneille Tromp, amiral de Hollande, 2 Tom. à Lyon, 1695. 12mo.

9639. Histoire du connétable de Bourbon, à Amsterdam, 1696.

9640. Histoire du maréchal de Gassion par de Pure, 4 Tom. à Amsterdam, 1696. 12mo.

9641. Histoire et mémoires de Fabert, maréchal de France, à Lyon, 1697. 12mo.

9642. Memoirs of general Ludlow, 3 Tom. London, 1698.

9643. Anecdotes de Pologne, ou mémoirs secrets du regne de Jean Sobiesky III. 2 Tom. à Amsterdam, 1699. 12mo.

9644. Histoire de Ferdinand Alvarez de Toledo, duc d'Albe, 2 Tom. à Paris, 1699. 12mo.

9645. Histoire du maréchal de Boucicaut, par de Pilham, à la Haye, 1699. 12mo.

9646. Mémoires du comte de Chavagnac, maréchal de camp des armées du roi, 2 Tom. à Paris, 1699.

9647. Mémoires du roi de Pologne, Jean Sobiesky, 2 Tom. à Amsterdam, 1699. 12mo.

9648. Mémoires de la Fontaine, brigadier et inspecteur des armées du roi, à Cologne, 1699. 12mo.

9649. Mémoires du Maréchal comte de Chavagnac, à Paris, 1700. 12mo.

9650. Mémoires du maréchal, duc de Navaille et de la Valette, à Paris, 1701. 12mo.

9651. Vie du prince Eugène, à Paris, 1702. 12mo.

8652. Bericht vom Kriege in Schwaben, Frankfurth, 1705. 12mo.

9653. Histoire du comte de Mansfeld, à Luxembourg, 1707. 12mo.

9654. Histoire du prince Rakoczi, ou la guerre des mécontens en Hongrie, à Paris, 1707.

9655. Mémoires pour servir à l'histoire du prince Eugène de Savoye, par d'Artanville, 2 Tom. à la Haye, 1710. 12mo.

9656. Histoire du général Monk, par Dundas, à Cologne, 1712. 12mo.

9657. Annals of Churchill and Eugene, a complet view of their lives etc. London, 1714. 12mo.

9658. Abrégé de la vie du duc de Marlborough et du prince Eugène, à Amsterdam, 1714. 12mo.

9659. Histoire de campagnes de Mr. de Vendome, par Bellerive, à Paris, 1715. 12mo.

9660. Mémoires du maréchal duc de Grammont, 2 Tom. à Amsterdam, 1717. 12mo.

9661. Campagnes du prince Eugène en Hongrie et des généraux Venetiens dans la Morée en 1719 et 1717, 2 Tom. à Lyon, 12mo.

9662. Karls XII. Königs in Schweden, Leben und Thaten, 10 Bde. Nürnberg, 12mo.

9663. Mémoires de Rabutin, comte de Bussy, lieut. general etc. 3 Tom. à Amsterdam, 1721. 12mo.

9664. Mémoires pour servir à l'histoire de Charles XII. par Theyls, 2 Tom. à Leide, 1722. 12mo.

9665. Mémoires du général le comte de Vordac, 2 Tom. à Paris, 1730. 12mo.

9666. Mémoires du chevalier de Forbin, chef d'escadre et chevalier de S. Louis, 2 Tom. à Amsterdam, 1730. 12mo.

9667. Histoire des rois de Chypre, de la maison de Lusignan etc. 2 Tom. à Paris, 1732. 12mo.

9668. Mémoirs of the duke de Villars, London, 1735. 12mo.

9669. Eloge du maréchal de Villars, par Peyssonel, à Paris, 1735. 12mo.

9670. Mémoires historiques du comte de Betlem Niklos, contenant l'histoire des derniers troubles en Transylvanie, à Amsterdam, 1736. 12mo.

9671. Life and military actions of prince Eugene, London, 1737. 12mo.

9672. Memoirs of field-marshall the duke of Berwick, nephew of the duke of Marlborough, London, 1737.

9673. Mémoires du lieutenant général le duc de Maffei, 2 Tom. à Paris, 1740. 12mo.

9674. Mémoires de Maximilian Emanuel, duc de Wirtemberg, contenant plusieurs particularités de la vie de Charles XII. à Amsterdam, 1740. 12mo.

9675. Histoire militaire de Charles XII. depuis l'année 1700 jusqu'à la bataille de Pultawa, par Adlerfeld, 4 Tom. à Amsterdam, 1740.

9676. Histoire de Philippe de Macédoine, par Seran de la Tour, à Paris, 1740. 12mo.

9677. Histoire de la vie du duc d'Epernon, 4 Tom. à Paris, 1740. 12mo.

9678. Histoire du général le vicomte de Turenne, à Paris, 1741. 12mo.

9679. Histoire de César Germanicus, à Leyde, 1741. 12mo.

9680. Histoire de Frédéric Guillaume, roi de Prusse, 2 Tom. à la Haye, 1741. 12mo.

9681. Histoire de Pierre le Grand, empereur des Russies, 3 Tom. à Amsterdam, 1742. 12mo.

9682. Mémoires du marquis de Langallery, lieut. gén. des armées de France, et génér. feldmaréchal de l'empéreur Charles VI. Histoire intéressante, à la Haye, 1743. 12mo.

9683. Histoire de Gustave Adolphe, roi de Suède, par Harte, 4 Tom. à Amsterdam, 1744. 12mo.

9684. Life of the emperor Peter the Great, London, 1745. 12mo.

9685. Histoire de Charlemagne, par Bruère, 2 Tom. à Paris, 1745. 12mo.

9686. Mémoires de Puysegur, lieut. gén. des armées du roi, 2 Tom. à Paris, 1747.

9687. Histoire de Pyrrhus, roi d'Epire, par Jourdan, 2 Tom. à Paris, 1749. 12mo.

9688. Abrégé de la vie du brigadier de Courville, à Paris, 1749. 12mo.

9689. Histoire des empereurs Romains, depuis Auguste jusqu'à Constantin, 12 Tom. à Dresde, 1751—1757. 12mo.

9690. Vie de Fabert, maréchal de France, par Barre, 2 Tom. à Paris, 1752. 12mo.

9691. Histoire de Scipion l'Africain, par Seran de la Tour, à Paris, 1752. 12mo.

9692. Mémoires du marquis de Chouppes, lieut. gén. des armées du roi, 2 Tom. à Paris, 1753. 12mo.

9693. Mémoires de Martin et Guillaume du Bellai-Langio, et du maréchal de Fleuranges, 6 Tom. à Paris, 1753. 12mo.

9694. History of marshal of Saxe, containing an account of all the wars of Europe, in which he was engaged, 3 Tom. London, 1753.

9695. Histoire des princes d'Orange, par Amelot de la Houssaye, augmentée de notes par Sepher, 2 Tom. à Paris, 1754. 12mo.

9696. Historia del conde de Saxe, 2 Tom. en San Sebastian, 1754. 12mo.

9697. Mémoires de Gay-Trouin, à Paris, 1756. 12mo.

9698. Vie de Crillon, surnommé le Brave, 2 Tom. à Paris, 1757. 12mo.

9699. Mémoires du duc de Villars, maréchal de France, 3 Tom. à Paris, 1758. 12mo.

9700. Histoire de Jules César, par de Bury, 2 Tom. à Paris, 1758. 12mo.

9701. Mémoires de Tourville, vice-amiral de France, 3 Tom. à Paris, 1758. 12mo.

9702. Life of the admiral Vernon, London, 1758. 12mo.

9703. Mémoires de Frédéric le Grand, 2 Tom. à Paris, 1760. 12mo.

9704. Dilworth life and military actions of the marshal of Saxe, 1760. 12mo.

9705. Histoire de Jean Sobiesky, roi de Pologne, par Coyer, 3 Tom. à Leipsic, 1761. 12mo.

9706. Vie politique et militaire du maréchal de Belleisle, par Chevrier, 3 Tom. à la Haye, 1762. 12mo.

9707. Histoire de Gustave Adolphe, roi de Suède, par Arckenholz, à Amsterdam, 1764. 12mo.

9708. Mémoire historique sur la vie de Bellegarde, par Sécousse, à Paris, 1764. 12mo.

9709. Histoire de la maison de Montmorenci, par Desormeaux, 5 Tom. à Paris, 1764. 12mo.

9710. Histoire de François I. roi de France, par Gaillard, 7 Tom. à Paris, 1766. 12mo.

9711. L'héroïsme, ou histoire militaire des plus illustres capitaines du monde, à Paris, 1766. 12mo.

9712. Mémoires de Mr. de St. Hilaire, 4 Tom. à Paris, 1666. 12mo.

9713. Vie de Louis de Bourbon, prince de Condé, par Turpin, 2 Tom. à Paris, 1767. 12mo.

9714. Histoire de Bertrand du Guesclin, comte de Longueville, connétable de France, par Guyard de Berville, 2 Tom. à Paris, 1767. 12mo.

9715. Annibal et Scipion, ou les grands capitaines, avec les ordres et plans de batailles etc. de Mr. le comte de Nassau, à Amsterdam, 1768. 12mo.

9716. Histoire de Louis de Bourbon, prince de Condé, surnommé le Grand, par Desormeaux, 4 Tom. à Paris, 1768. 12mo.

9717. Vie du maréchal de Choiseul, par Turpin, à Paris, 1768. 12mo.

9718. Histoire de Maurice comte de Saxe, contenant toutes les particularités de sa vie, avec des anecdotes curieuses et interessantes, par Neel, 2 Tom. à Paris, 1768. 12mo.

9719. Galerie des portraits des hommes illustres, tirées des plus célèbres auteurs, à Paris, 1769. 12mo.

9720. Abrégé de la vie de divers princes illustres et grand capitaines, par Choffin, 2 Tom. à Halle, 1769. 12mo.

9721. Histoire du prince Eugène, par Mauvillon, 5 Tom. 1770. 12mo.

9722. Histoire de la vie d'Henri IV. roi de France, par de Bury, 4 Tom. à Paris, 1770.

9723. Mémoires du cardinal de la Valette, général des armées du roi en Allemagne et en Lorraine, 2 Tom. à Paris, 1772. 12mo.

9724. Mémoires pour servir à la vie de Catinat, maréchal de France, à Paris, 1775. 12mo.

9725. Vies des hommes illustres de la France, par d'Auvigny, l'abbé Pérau et Turpin, 25 Tom. à Paris, 12mo.

9726. Mémoires politiques et militaires, pour servir à l'histoire de Louis XIV. et du duc de Noailles, maréchal de France, par Millot, 4 Tom. à Maestric, 1777. 12mo.

9727. Mémoires des principales actions du maréchal du Plessy, à Paris, 12mo.

9728. Les hommes illustres et grands capitaines français et étrangers, de Brantome, faisant partie de ses oeuvres, en 15 Tom. à la Haye, 1779. 12mo.

9729. Analyse critique des faits de César, racontés par lui même, par Davon, à Paris, 1780. 12mo.

9730. Histoire de Jean Bart, chef d'escadre sous Louis XIV. à Amsterdam, 1780. 12mo.

9731. Histoire de l'empereur Charles V. par Robertson, à Maestric. 12mo.

9732. Histoire de l'ordre royal et militaire de S. Louis, et actions éclatantes des chevaliers de cet ordre, par d'Aspect, 3 Tom. à Paris, 1780. 12mo.

9733. Mémoires du maréchal de Berwick, écrits par lui même, 2 Tom. à Paris, 1780. 12mo.

9734. Modèle de l'heroisme et des vertus militaires, ou histoire abrégée des plus célèbres guerriers, anciens et modernes, 2 Tom. à Paris, 1780. 12mo.

9735. Vie de Barberousse, général des armées navales de Soliman II, empereur des Turcs, à Bruxelles, 1782. 12mo.

9736. Vie privée d'un prince célèbre, ou détails de la vie du prince Henri de Prusse, dans sa retraite de Rheinsberg, 1784. 18mo.

9737. Précis des histoires d'Alexandre le Grand et de Jules César, et de leur faits militaires comparés, etc. par Desclaisons, 2 Tom. à Paris, 1784. 12mo.

9738. Histoire du chevalier Bayard, par Berville, à Lyon, 1786. 12mo.

9739. Reflexions sur les talens militaires et le caractere de Charles XII. roi de Suède, de main de maitre, 1786. 12mo.

9740. Vie de Frédéric II. roi de Prusse, 4 Tom. à Strasbourg, 1787. 12mo.

9741. Life of general Dumouriez, by himself, London, 1790. 12mo.

9742. Vie de Charles V. duc de Lorraine, à Paris, 1791. 12mo.

9743. Vie du maréchal de Villars, écrite par lui même, publiée par Anquetil, 4 Tom. à Paris, 1792. 12mo.

9744. Vie du général Dumouriez, 3 Tom. à Hambourg, 1795, 12mo.

9745. Notes historiques sur la vie militaire du général Hoche, par Prival, son aide-de-camp, à Strasbourg, 1798. 18mo.

9746. Mémoires de Paul Jones et de ses services pendant la revolution en Amérique, à Paris, 1798. 12mo.

9747. Authentic memoirs of Tippoo Sultan etc. by an officer in East-India, London, 1799. 12mo.

9748. History of the life and campaigns of Suworow, London, 1800. 12mo.

9749. Histoire du général Moreau, jusqu'à la paix de Luneville etc. à Paris, 1801. 12mo.

9750. Lives of illustrious seamen, London, 1803. 12mo.

9751. Martial biography, or memoirs of british military characters, London, 1804. 12mo.

9752. Life of Lord Nelson, by White, London, 1806. 12mo.

9753. Burney's naval heroes of Great-Britain, an account of the lives of the most distinguished admirals and commanders, London, 1807. 12mo.

9754. Voltaire's history of Charles XII. with anecdotes of Peter the Great, and an essay of history, translated by Stockdale, London, 1807. 12mo.

9755. Lives of the most eminent british naval heroes, London, 1809. 12mo.

9756. Cornelius Nepos français, ou notice historique sur les généraux, les marins, les officiers et les soldats, qui se sont illustrés pendant la guerre de la revolution 2 Tom. à Paris, 1803. 12mo.

9757. Galerie militaire, ou notions historiques sur les généraux en chef, gen. de division et vice-amiraux etc. qui ont commandé les armées françaises depuis la revolution, jusqu'à l'année 1805, par Babié et Beaumont, 7 Tom. à Paris, 1808. 12mo.

9758. Histoire de Theodose le Grand, par Fléchier, à Paris, 1812. 12mo. (nouv. édit.)

9759. Histoire de Charles XII. par M. Voltaire, à Paris, 1812. 18mo.

9760. Histoire des généraux français, depuis 1792 jusqu'à nos jours; en cahiers, à Paris, 1812 etc. 12mo.

9761. Vie du maréchal Lannes, duc de Montebello etc. par Chateauneuf, à Paris, 1813. 12mo.

9762. Life of Nelson, by Southey, 2 Tom. London, 1813—1814.

9763. Bonaparte's life, by Scott, London, 1814. 12mo.

9764. Lives of the most celebrated admirals, London, 1814. 12mo.

9765. Lives of the most celebrated generals, London, 12mo.

9766. Napoléon Bonaparte, sa vie militaire, et civile, réduite aux seuls faits depuis l'instant de sa naissance jusqu'à celui de sa retraite dans l'isle d'Elbe, par Charles D...., à Paris, 1814. 18mo 1815, 2me édit.

9767. Vie historique et impartiale de Napoléon Bonaparte, par J. M. G. à Paris, 1814. 18mo.

9768. Les hauts faits de Scipion l'africain, par Puget de St. Pierre, à Paris, 1814. 12mo.

9769. Précis historique sur Napoléon; jugement porté sur ce fameux personnage etc. par un homme, qui ne l'a point quitté depuis quinze ans, à Paris, 1814. 12mo. (9ème édit. 1815.)

9770. Mémoires secrets sur Napoléon Bonaparte, écrits par un homme, qui ne l'a pas quitté depuis quinze ans, 2 Tom. à Paris, 1814. 12mo. 4me édit. 1815. 12mo.

9771. Moreau et ses victoires, précis sur ce grand général etc. par G. et P. C. à Paris, 1814. 12mo.

9772. Vie impartiale du général Moreau, par Henri Lemaire, à Paris, 1814. 12mo.

9773. Vie du général Pichegru, par Gassier, à Paris, 1814. 18mo.

9774. Amours secrètes de Napoléon Bonaparte, 2 Tom. à Paris, 1815. (4me édit.)

9775. Vie du maréchal de Tourville, lieutenant-général des armées navales sous Louis XIV. 4me. édit. augmentée des vies du maréchal d'Estrées, et de Bernard Renau, par Richer, 2 Tom. à Paris, 1815. 12mo.

9776. Histoire de Bonaparte etc. par C...., à Paris, 1815. 18mo. 6me édit.

9777. Les crimes secrets de Napoléon Bonaparte, à Paris, 1815. 18mo. 6me édit. 1816.

9778. Le séjour de Napoléon à l'isle d'Elbe etc. à Paris, 1815. 18mo.

9779. Vie privée, politique et militaire de Joachim Murat, à Paris, 1815. 12mo.

9780. Histoire de Bonaparte, par J. Godin, 2 Tom. à Paris, 1816. 12mo.

9781. Vie du maréchal vicomte de Turenne, par J. M. G. à Paris, 1816. 18mo.

9782. Histoire de Pierre-Terrail, dit le chevalier Bayard, sans peur et sans reproche, par Guyard de Berville, à Paris 1816. (vouv. édit.) 1820. 12mo.

9783. Vie privée et militaire de Louis-Antoine-Henri de Bourbon Condé, duc d'Enghien, à Paris, 1816. 18vo.

9784. Nouvelle histoire de Henri IV. traduite pour la première fois du latin de Raoul Boutrays, à Paris, 1816. 12mo.

9785. Histoire de Henri le Grand, par Madame la comtesse de Genlis, 2 Tom. à Paris, 1816. 12mo.

9786. Vie du maréchal Ney etc. par E. Charlemont, à Paris, 1816. 18mo. nouv. édit. 1818.

9787. C. H. Gifford's life of the most noble the duke of Wellington, 2 Tom. London, 1816. 18mo.

9788. Procès du maréchal Ney etc. par Charlemont, à Paris, 1818, 18mo.

9789. Vie privée, militaire et politique de Louis Joseph de Bourbon, prince de Condé, à Paris, 1818. 18mo.

9790. Moreau, général en chef de l'armée française; sa vie etc. par Vouziers, à Paris, 1819. 18mo.

9791. Vies des guerriers français, à l'usage des écoles regimentaires, à Paris, 1819. 12mo.

9792. Histoire de Charles XII. roi de Suéde, par M. de Voltaire, jolie édition, à Strasbourg, 1821. 18mo. à Paris, 1819. 12mo.

9793. Principaux événemens de la vie de Napoléon etc. à Paris, 1820. 18mo.

9794. Les grenadiers français, ou les soldats immortels, récueils de faits héroiques etc. et notice sur Latour d'Auvergne, premier grénadier de France, par P. C. à Paris, 1820. 12mo.

9795. Les enfans chéris de la victoire, faits historiques des généraux, officiers, soldats etc. à Paris, 1820. 12mo. 2me édit.

9796. Les héros chéris de la victoire, ou annales du courage français, récueils historiques des plus beaux faits d'armes particuliers, ignorés jusqu'à ce jour etc. par Lemaitre, ex-adjudant-major, à Paris, 1820. 12mo.

9797. Napoleon, eine biographische Skizze, a. d. Franz. Stuttgart und Tübingen, 1821. 16mo.

9798. Vie civile et militaire de Napoléon, par L. R. à Paris, 1821. 18mo.

9799. Vie du maréchal Bertrand, à Paris, 1821. 18mo.

9800. Vie civile, politique et militaire d'Eugène de Beauharnois etc. maréchal de France, fils adoptif de Napoleon, à Paris, 1821. 18mo.

9801. Notice biographique sur Napoléon; extrait de la galerie historique des contemporains, 3ème édit. à Bruxelles, 1822. 18mo.

Vierte Abtheilung.

Geschichte von Armeen, Regimentern u. s. w.

Quatrième chapitre.

Histoire d'armées, de régimens etc.

a. Folio.

9802. Guillelmo Baldesano, historia de la legion Tebea, en Madrid, 1594. 1604.

9803. Francisco Caro, historia de las ordenes militares, en Madrid, 1629.

9804. Istorie cronologiche dell' origine degli ordini militari etc. di Bernardo Giustiniani, 2 Tom. Venezia, 1692. (1672. 4to.)

9805. Etats nouveaux des armées d'Europe, pour l'an 1760.

9806. Etats généraux des troupes d'Europe, pour l'an 1769.

9807. Tabellarische Uebersicht aller Schlachten, Treffen, Belagerungen und Gefechte der Kön. Preuß. Armee von 1656 bis 1816. In chronologischer Ordnung, mit Bezeichnung des angreifenden Theils und des Ausgangs jeder einzelnen Aktion, Glogau, 1821.

b. Quarto.

9808. Ortelii Chronica des Ungarischen Kriegswesens, Nürnberg, 1615.

9809. Bericht von dem Braunschweigischen Kriegswesen, 1616.

9810. Historia de la milicia española, por Don Mariny Mendoza, en Licenzia, 1667, en Madrid, 1770.

9811. Histoire de la milice française, et des changemens, qui s'y sont faits, depuis l'établissement de la monarchie dans les Gaules, jusqu'à la fin de Louis XIV. par le P. Daniel, 2 Tom. à Paris, 1721.

9812. Abrégé chronologique de l'état et de l'origine de la maison du roi et de toutes les troupes de France, par de Noeufville, 3 Tom. à Liège, 1734.

9813. Stammliste der Königl. Preuß. Armee, Potsdam, 1756.

9814. Journal von der Russisch-Kaiserlichen Armee, Regensburg, 1759.

9815. Methingii status militiae Germanorum principalis et accessoriae veteris, Altonavii, 1760.

9816. Chronologie historique militaire, contenant l'histoire de la création de toutes les charges, dignités et grades militaires etc. par Pinard, 7 Tom. à Paris, 1760.

9817. Meister, Nachricht von den königl. Französischen Kriegsschulen, Göttingen, 1760.

9818. Verzeichniß sämtlicher seit 1608 bis 1708 in Königl. Preuß. Diensten gestorbenen Chefs der Regimenter und Corps, Hannover, 1778.

9819. Freimüthiger Beitrag zur Geschichte des Oesterreichischen Militairdienstes, veranlaßt durch Bourscheids Schrift: Ueber den ersten Feldzug des vierten Preußischen Krieges, von Cognazo, 1779.

9820. Tableau historique de la marine française, par Turpin, à Paris, 1779.

9821. Freimüthiger Commentarius über den Beitrag zur Geschichte des Oesterreichischen Militairdienstes, 1780.

9822. Chronological list of captains of the royal navy, by Admiral Hardy, London, 1784.

9823. Grose, military antiquities respecting a history of the english army, from the conquest, to the present time, 2 Tom. London, 1788.

9824. An account of foreign powers, particularly of France, Spain and Batavia etc. including a list of frigates, corvettes and sloops; also the navirs of Russia, Sweden, Denmark and Naples etc. by James Browel, Steel, 1799.

9825. History of the marine-corps, by Gillespie, London, 1803.

9826. Französische, russische, österreichische, bairische, preußische, sächsische, westphälische und würtembergische

Soldaten, mit ihren Waffen und Kriegsgeräthen, in 47 kolorirten Blättern, Pirna, 1811.

9827. Abbildung der neu organisirten königl. Sächsischen Armee, in 20 Blättern, Leipzig, 1811.

9828. C. F. Weiland, Darstellung der Stärke und Organisation der Kaiserl. Französischen Armee und deren Alliirten im J. 1812, nebst deren Uniformen, in 148 ausgemalten Kupfern, Weimar, 1812.

9829. Military antiquities, or history of the english army, by Grose, with his treatise on ancient armour, 2 Tom. new edit. London, 1812.

9830. C. G. H. Geißler, die kaiserlich russische unregelmäßige Reiterei, u. s. w. mit kolorirten Abbildungen, Leipzig, 1813.

9831. Military costumes of India, by capt. James, London, 1814.

9832. Notice historique sur la dernière maison militaire de S. M. Louis XVI. communément appellée garde constitutionnelle, par X. d'Averton, à Paris, 1814.

9833. Force militaire de la Grande Bretagne. Les faux titres portent. Voyages dans la Grande Bretagne, entrepris relativement aux services publics de la guerre, de la marine et des ponts et chaussées, en 1816, 1818 et 1819, par Charles Dupin. (L'ouvrage et divisé en trois parties, chacune a deux Tomes: 1) La force militaire, 2) la force navale, 3) les travaux civils des ports, des routes, des ponts et chaussées.) 6 Tom. à Paris, 1820—1821.

9834. v Miller, Darstellung des Feldzugs der verbündeten Armee gegen die Russen im J. 1812. mit besonderer Rücksicht auf die Theilnahme des K. Wirtembergische Truppen, 2 Bde. und 1 Atlas mit Schlachtplanen in Fol. Stuttgard, 1823.

c. Octavo.

9835. Abrégé de la carte générale du militaire de France 1734, 35, 1737, 1738 et 1740, par Lemau de la Jaisse, ... Tom. à Paris.

9836. Inigo C... defensorio de los caballeros militares, en Madr. ...731.

9837. Etat géné... des troupes de France, avec le traitement, qui leur est fait, tant en quartier d'hiver, qu'en campagne, ... ris, 1748.

9838. Etat des troupes du roi de Prusse, à Vienne, 1751.

9839. Etat général des troupes de France, 1753.

9840. Zuverlässige Nachrichten von der Preußischen Armee, 5 Bde. Halle, 1758—1760.

9841. Lettres historiques, pour servir à l'histoire militaire et civile des Ecossais au service de France, à Paris, 1759.

9842. Mémoires pour servir à l'histoire de l'armée Prussienne, à Amsterdam, 1759.

9843. Geschichte der Kur-Braunschweig-Lüneburgischen Regimenter, Leipzig, 1760.

9844. Military essay on the improvement of the british army, by Dalrymple, colonel, London, 1761.

9845. Lettres d'un officier allemand sur le militaire de France, à Wesel, 1761.

9846. Geschichte der K. K. Regimenter und dern jetzige und ehemalige Verfassung, Frankfurth, 1762.

9847. Geschichte aller Preußischen Regimenter, Nürnberg, 1762.

9848. Schröter, Kriegsgeschichte der Preußen, vom J. 1655—1763. Leipzig, 1764.

9849. Geschichte der königl. Preußischen Regimenter 6 Theile, Halle, 1767.

9850. M. Weguelin, discours sur les époques des forces militaires, à Berlin, 1767.

9851. Bemerkungen über die Kriegsverfassung der Türken, Breslau, 1769.

9852. Geschichte der Errichtung sämtlicher Kur-Braunschweig-Lüneburgischer Truppen, Zelle, 1769. 1770.

9853. Remarques sur le militaire et la marine des Turcs et des Russes, par de Warnory, à Breslau, 1771.

9854. Histoire militaire des Suisses dans les différens services de l'Europe, par May de Romainmoutier, 2 Tom. à Berne, 1772.

9855. Bemerkungen über die Kriegsverfassung der Preußischen Armee, Köln, 1777.

9856. Observations sur la constitution militaire et politique des armées de S. M. Prussienne, à Amsterdam, 1778.

9857. Schilderung des Preußischen Kriegsverfassung, Schwerin, 1776.

9858. Abbildung von der königl. Französischen, königl. Preußischen, kurfürstl. Sächsischen und Hannövrischen Armee, 4 Bde. Nürnberg, 1779.

9859. Abbildung aller K. K. Regimenter und Freikorps in ihren Uniformen, Presburg, 1779.

9860. Abrahamson, Geschichte und Verfassung der königlichen Artillerie-Schule in Koppenhagen, Koppenhagen, 1780.

9861. Kochs Beiträge zur Geschichte des Kriegswesens der heutigen Preußischen Staaten, Tübingen, 1780.

9862. Etat militaire du corps royal de l'artillerie de France, à Paris, 1780.

9863. Neuster Zustand der Kurfürstl. Hannövrischen Armee, Halle, 1781.

9864. Examen critique du militaire français, suivi des principes, qui doivent déterminer sa constitution, par le B. d. B. 3 Tom. à Genève, 1781.

9865. La gendarmerie de France, son origine, son rang, ses prérogatives et son service, par d'Isnard, à Paris, 1781.

9866. Aechte und wahre Beiträge zur Geschichte des österreichischen Militairdienstes, Klagenfurth, 1782.

9867. Geisler, Geschichte und Beschreibung des Kurfürstlich Sächsischen Infanterie Regiments Graf zu Anhalt, Halle, 1782.

9868. Lodtmann vom Kriegswesen im Hochstifte Osnabrück, 1782.

9869. Fragmente aus dem Oesterreichischen Kriegs-Reglement, als ein Beitrag zur näheren Kenntniß des österreichischen Militairdienstes, 1783.

9870. Geschichte und gegenwärtiger Zustand der Kur-Sächsischen Armee (von Bachenschwanz), Dresden, 1783.

9871. Berichtigte Rangliste der Preußischen Generalität und Staabsoffiziere, nebst einer Nachricht von dem gegenwärtigen Zustande der Kaiserl. Russischen Kriegsmacht, 1783.

9872. Historical account of the Prussian army, by Heldorff, London, 1783.

9873. Neuster Zustand der Sächsischen Armee, Dresden 1783.

9874. Geisler, Zustand der gegenwärtigen Kriegsmacht von Großbrittannien, Dessau, 1784.

9875. Considération de l'artillerie des provinces unies, 1786.

9876. Observations sur les armées prussiennes, à Berlin.

9877. Alte und neue Denkwürdigkeiten der Königl. Preuß. Armee, Berlin, 1787.

9878. Wissel, Errichtung und Geschichte sämtlicher Kur-Braunschweig-Lüneburgischer Truppen, Zelle, 1787.

9879. Etwas über die Versorgung der Invaliden in den Preußischen Staaten, Regensburg, 1788.

9880. Geisler, gegenwärtiger Zustand der Türkischen Kriegsmacht, Leipzig, 1790.

9881. Briefe über das Russische Kriegswesen, Neuwied, 1790.

9882. Bemerkungen über den Zustand des österreichischen Kriegsheers, Prag, 1790.

9883. Essai sur l'armée hollandaise, par un colonel de troupes legères, à Londres, 1793.

9884. Versuch über die holländische Armee, Frankfurth, 1794.

9885. Schilderung des Preußischen Kriegsheeres unter Friedrich dem Großen, von Blankenburg, Leipzig, 1795.

9886. Schilderung der Reichsarmee, Leipzig, 1796.

9887. Geschichte aller Königl. Preuß. Regimenter, 6 Bde. Halle, 1797.

9888. Auszüge aus Briefen über die Organisation der Würtembergischen Militairs, Stuttgard, 1797.

9889. Grundlage einer Militairgeschichte des Hessischen Korps, Kassel, 1799.

9890. Schmidt, Darstellung des Ursprungs und Fortgangs des Russischen Kriegsheeres, Moskau, 1798.

9891. Stamm- und Rangliste des Hessischen Korps, Kassel, 1799.

9892. Bohmer, Versuch der Geschichte der Feldzüge des Preußischen Heeres von Kurfürst Friedrich Wilhelm dem Großen bis auf die neusten Zeiten, 2 Bde. Berlin, 1801 — 5.

9893. Zustand des Preußischen Kriegswesens im 18ten Jahrhundert, unter Friedrich dem Großen. Von einem Pr. Offizier. (In der National-Zeitschrift für Wissenschaft, Kunst und Gewerbe in den Preußischen Staaten, März, 1801.)

9894. Feldzüge der kursächsischen Armee, vom Grafen von Beust, 4 Bde. Erfurt, 1801.

9895. Caractère militaire des armées européennes dans la guerre actuelle; avec une parallele de la politique, de la puissance et des moyens des Romains et des Français, 1802.

9896. Stammliste der Kön. Preuß. Armee, Berlin. Verschiedene Auflagen bis zum J. 1805. S. Nr. 9959.

9897. Gedanken und Meinungen über manches im Dienst, besonders im Preußischen, 1802.

9898. History of the naval power of England, London, 1802.

9899. The french army, as it hat been organized etc. London, 1803.

9900. A history of the artillery-company of the city of London, by Anthon Highmore, London, 1804.

9901. List of the volunteer and yeomanry-corps of the united kingdom etc. 1804.

9902. A list of all the officers of the army and royal marine, on full and half pay, with a succession of colonels, London, 1804.

9903. Stado militare de corpo dell' artigleria Italiana, Milano, 1804.

9904. Zustand der Königl. Preuß. Armee, Breslau. Wurde vor 1806. alle Jahre aufgelegt.

9905. An enquiry into the present state of the military force of british empire, by lieut. col. Wilson, London, 1805.

9906. Geschichte der K. K. Regimenter u. s. w. seit ihrer Entstehung bis 1799. Wien, 1805. (2te Aufl.)

9907. Allent, histoire du corps impérial du génie, à Paris, 1805.

9908. Military characters of the European armies, London, 1806.

9909. Matériaux pour servir à l'histoire des armées, 1805—1807, dediés aux Prussiens par un ancien compatriote.

9910. Bemerkungen über das vorstehende Buch, Frankfurth und Leipzig, 1808.

9911. Bemerkungen über die französische Armee der neusten Zeit, von 1792—1807. Königsberg, 1808.

9912. On the military etablishments and defence of the british empire, by Dillon, London, 1811.

9913. Histoire de l'administration de la guerre, par Audouin, 4 Tom. à Paris, 1811.

9914. Denkwürdigkeiten der Königl. Preuß. Armee, u. s. w. Leipzig, 1811.

9915. C. v. Plotho über die Entstehung, Fortschritte und die gegenwärtige Verfassung der russischen Armee, doch insbesondere von der Infanterie, Berlin, 1811.

9916. A. Gräffer, Annalen der österreichischen Armee, oder Geschichte der K. K. Regimenter, 3 Bde. Wien, 1812.

9917. Materialien zur Geschichte der österreichischen Landesvertheidigung, insbesondere der Landwehr, Wien, 1814.

9918. Karl Sack, Lieut. einige Nachrichten über die freiwilligen Jäger bei der K. Preuß. Garde, Berlin, 1814.

9919. Histoire de la marine française, par le chev. Rivoire St. Hypolite, à Paris, 1814.

9920. Essais historiques et critiques sur la marine de France, de 1661 à 1789. etc. par de la Serre, à Paris, 1814.

9921. De la maison militaire du roi, et de la nouvelle garde royale, à Paris, 1815.

9922. Essai sur la maison militaire équestre du roi, par de Loqueyssie, à Paris, 1815.

9923. Maison militaire des rois de France, depuis Louis XIV. etc. par Mignonneau, à Paris, 1815.

9924. J. Leichtlin, Badens Kriegsverfassung, insbesondere Landwehr und Landsturm im 17ten Jahrhundert, Karlsruhe, 1815.

9925. Geschichte des Königsberger Landwehrbataillons, oder 3tes Bat. des 3ten Ostpr. Landw. Inf. Regim. während der Campagnen von 1813 und 1814. Königsberg, 1815.

9926. Rühle von Lilienstern, die deutsche Volksbewaffnung, eine aktenmäßige Sammlung aller in deutschen Ländern hierüber erlassenen Verfügungen u. s. w. Berlin, 1815.

9927. Rangliste der Kön. Preuß. Armee, Berlin, 1817. Wird alle Jahre aufgelegt.

9928. Militair-Schematismus der K. K. Armee, Wien, 1817. Wird alle Jahre aufgelegt.

9929. Précis historique sur la maison du roi, depuis sa formation en 1814, jusqu'à sa reforme en

1815, par le chevalier de Barrey etc. à Paris, 1816.

9930. Historical account of the bengal native infantry, by Williams, London, 1817.

9931. Geschichte des Herzoglich-Braunschweigischen Armee-Korps im Feldzuge der allirten Mächte gegen Napoleon, im Jahre, 1815. Von einem Offizier des Generalstabs, Braunschweig, 1817.

9932. Kurze Geschichte der Feldzüge des Preußischen Heeres, von dem Kurfürsten Friedrich Wilhelm dem Großen, bis auf den König Friedrich Wilhelm III. 2 Bde. Berlin, 1817.

9933. Das Heer von Innerösterreich unter den Befehlen des Erzherzogs Johann im Kriege von 1809, in Italien, Tyrol und Ungarn. Von einem Stabsoffizier des K. K. Gen. Quart. M. Stabes dieser Armee, Altenburg, 1817.

9934. Preußens Waffenruhm, oder gedrängte Darstellung der Feldzüge der Königl. Preußischen Armee, von 1640 bis zum Frieden von Paris, 1815. 2 Bde. Erfurth, 1817—18.

9935. Army-list for 1818. London, 1818.

9936. Das deutsche Kriegswesen, ein Blick auf dessen Verhältnisse in älterer und neuerer Zeit, Frankfurth, 1818.

9937. Mémoire sur la marine de France et d'Angleterre etc. par Charles Dupin, à Paris, 1818. (Traduction anglaise, à Londres, 1822.)

9938. Etat du materiel de la marine anglaise etc. par G. Laignel, capitaine, à Paris, 1818.

9939. Histoire des divers corps de la maison des rois de France, par Bouillier, à Paris, 1818.

9940. Considérations sur la marine française etc. par de Boisgenette, à Paris, 1818.

9941. Essai sur le personnel militaire de la marine française, à Paris, 1818.

9942. Esquisse et resultat des différens systèmes adoptés pour la marine en France et en Angleterre, par Laignel, ancien capitaine de vaisseau, à Paris, 1818.

9943. Les Suisses appréciés par l'histoire etc. par Rivière, officier en retraite, à Paris, 1819.

9944. Changemens éprouvés par la marine anglaise etc. par G. Laignel, à Paris, 1819.

9945. Essay on the necessity of improving our (North - America) national force, by Wm. Theob. Wolf - Tone, formely officer of light cavalry etc. New - York, 1819.

9946. Stenzel, Versuch einer Geschichte der Kriegsverfassung Deutschlands, vorzüglich im Mittelalter, Berlin, 1820.

9947. F. v. CirIacy, chronologische Uebersicht der Geschichte des Preußischen Heeres, dessen Stärke, Verfassung und Kriege seit dem letzten Kurfürsten von Brandenburg, bis auf die jetzigen Zeiten, Berlin und Posen, 1820.

9948. Rang und Standliste der Kurhessischen Armee, Kassel, 1820.

9949. Un mot sur les armées étrangères, et sur les troupes suisses, par E. P. à Paris, 1820.

9950. A national calendar for 1820, containing an official list of all the officers, civil, military and naval, of the united states of America, etc by Peter Force, Washington, 1820.

9951. Estado militar de los ejercitos de la monarchia espannola, en Madrid, 1821.

9952. Histoire générale des institutions militaires de France, pendant la revolution, par Sainte-Chapelle, sous-intendant militaire, 8 Tomes, à Paris, 1820 — 24.

9953. Histoire de l'exgarde, depuis sa formation en 1805. jusqu'à son licenciement, en 1815, etc. à Paris, 1821.

9954. Journal des opérations de l'armée de Catalogne, en 1808 et 1809, sous le commandement du général Gouvion St. Cyr, ou matériaux pour servir à l'histoire de la guerre d'Espagne, par le maréchal Gouvion de St. Cyr, à Paris, 1821. avec un atlas de 14 planches.

9955. Betrachtungen über die schweizerische Reiterei, Zürich, 1822.

9956. Mémoire sur les forces navales de la France, par Philippe Greslé, à Paris, 1822.

9957. Rang und Stammliste des Kurhessischen Armeekorps für 1822, Kassel, 1822.

9958. View of the history and actual state of the military force of Great-Britain, by C. Dupin, translated from french, by an officer, Tom. 1 — 2. London, 1822.

9959. Stammliste der Preuß. Armee seit dem 16ten Jahrh. bis 1822, Berlin, 1823.

9960. Gen. Maj. von Seydlitz, Tagebuch des Kön. Pr. Armeekorps unter General Grafen von York, im Feldzuge von 1812. 2 Bde. Berlin, 1823.

9961. v. Hochfelden, geschichtliche Darstellung sämtlicher Begebenheiten und Kriegsvorfälle der badischen Truppen in Spanien von 1808 bis Ende 1813, Freiburg, 1823.

9962. Annuaire de l'état militaire de France, pour l'année 1823.

9963. Tagebuch der Operationen der Armee von Katalonien in den Jahren 1808 und 9, unter den Befehlen des Gen. Gouvion St. Cyr, a. d. Franz. von Rigel, Rastadt, 1823.

d. Minore.

9964. Witstahls chronographia deconnalis, d. i. Erzählung des fürnehmsten Geschichte, welche vom Anfang der Kurfürstlichen Durchlaucht zu Sachsen Armee, von 1631—1641 sich begeben; ingleichen von Aufrichtung der Kur-Sächsischen Regimenter, 1641. 12mo.

9965. Histoire chronologique du régiment d'infanterie du Maine, par le chevalier de Clapiers Colongue, à Trevoux, 1716. 12mo.

9966. Histoire militaire des Suisses au service de France, par le baron de Zurlauben, 8 Tom. à Paris, 1751. 12mo.

9967. Essais historiques sur les regimens d'infanterie, cavalerie et dragons de France, par Roussel, 8 Tom. à Paris, 1756. 12mo.

9968. Code militaire des Suisses, pour servir de suite à l'histoire militaire des Suisses au service de France, par le baron de Zurlauben, 4 Tom. à Paris, 1758. 12mo.

9969. Etat militaire de France, par Mrrs. de Montandre, 11 Tom. à Paris, 1758.—1768. 12mo.

9970. Essais historiques sur les régimens d'infanterie, de cavalerie et de dragons, par de Roussel, à Paris, 1765. 12mo.

9971. Etat militaire de la Grande Bretagne, Paris, 1780. 12mo.

9972. Abrégé de l'histoire de la milice française, par Alletz, 2 Tom. à Paris, 1780. 12mo.

9973. Précis historique de la marine française, depuis l'origine de la monarchie, par Poncet de la Grave, 2 Tom. à Paris, 1780. 12mo.

9974. Fastes de la marine française, par Richer, 2 Tom. à Paris, 1788. 12mo.

9975. Pragmatische Geschichte der Sächsischen Truppen, Leipzig, 1792. 12mo.

9976. Lettres d'un vieux militaire sur l'armée hollandaise, 1795. 12mo.

9977. Etat militaire de la république française pour l'an VIII. à Paris, 1800. 12mo.

9978. Tableau des nouveaux règlemens de l'empire Ottoman, composé par Mahmud-Reis-Effendi, imprimé dans la nouvelle imprimerie du génie sous la direction d'Abdurrhaman-Effendi, professeur de géométrie et d'algèbre, à Constantinople, 1798, suivi de remarques de Menu de Minutoli, à Berlin, 1802. 12mo.

9979. Estado militar de Espanna anno de 1804, en Madrid, 12mo.

9980. Navy-list, published monthly. London. 12mo.

9981. Burney's british Neptune, or history of the achievements of the royal navy, London, 1807. 12mo.

9982. Militair-Almanach, No. 20. oder Schematismus der Oesterr. Kaiserl. Armee für das Jahr 1810, herausgegeben von A. Gräffer, Wien, 1810 ff. 12mo.

9983. Etat général de la marine, pour l'an 1812, à Paris, 1812. 16mo. pour 1813 etc.

9984. Etat militaire du corps impérial d'artillerie de France, à Paris, 1812. 18mo. 1815 etc.

9985. Les armées françaises, depuis le commencement de la révolution jusqu'à la fin du règne de Bonaparte etc. à Paris, 1815. 2me édit.

9986. Etat des gardes du corps du roi, des cent-Suisses, et des gardes de la Prévoté, année 1816. 24mo etc.

9987. Tableau de la maison du roi, par P. A. Louette, officier en retraite, à Paris, 1820. 12mo.

9988. Etat militaire pour 1820, à Paris, 1820. 24mo. etc.

9989. Annuaire de l'état militaire de France, pour l'année 1820, publié par ordre de S. excellence le ministre de la guerre, à Strasbourg, 1820. 12mo. seqq.

9990. Décadence de la marine française, ses causes et les moyens de l'arrêter, par Ango P. de L.... à Paris, 1820. 12mo.

9991. Etat militaire du corps royal de l'artillerie de France, à Strasbourg, 1822. 12mo.

9992. Annuaire du corps royal des ponts et chaussées et du corps royal des mines, pour l'an 1822; dix-septième année, à Paris, 1822. 12mo.

Zwölfter Abschnitt.

Vermischte Schriften.

Douzième partie.

Miscellanées.

---

a. Folio.

9993. Carichi militari, da Brancaccio, Anversa, 1610.

9994. Sir R. Dallington's aphorism's, civil and militarie, London, 1629.

9995. Ward's military magazine, London, 1639.

9996. Nicol. Uptoni de studio militari libros IV edidit Eduard. Bissaeus, Londini, 1654.

9997. Henrici Spelmanni aspilogiam edidit Eduard. Bissaeus, Londini, 1654.

9998. Observations upon militar and political affairs, London, 1671.

9999. Montluc's (a marshall of France) commentaries, London, 1674.

10000. Schiarra, theologia bellica, omnes fere difficultates ad militiam pertinentes complectens, Aug. Vind. 1707.

10001. Etat militaire de l'empire Ottoman, ses progrès et sa décadence, par le comte de Marsigli, 2 Tom. à la Haye, 1732.

10002. Moritz, Graf von Sachsen, Einfälle über die Kriegskunst, herausgegeben von H. v. Bonneville, a. d. Franz. von Rud. Fäsch, Leipzig, 1757.

10003. Nouvelle écluse à coulisses, et nouvelle machine à creuser les ports et les rivières, par Redelykheid, à la Haye, 1774.

10004. Redelykheids neu erfundene Schleuse und Vertiefungs-Maschine, a. d. Holl. 2 Bde. Wien, 1777.

10005. Le destin de l'Europe, et coup d'oeil politique et militaire sur l'état des diverses puissances, à Rastadt, 1798.

10006. Tableau des nouveaux règlemens de l'empire Ottoman, composé par Mahmoud rays-effendi, cidevant secrétaire de l'ambassade imp. près de la cour d'Angleterre. Imprimé dans la nouvelle imprimerie du génie, sous la direction d'Abdurahman effendi, prof. de géométrie et d'algebre, à Constantinople, 1798.

10007. Montecuculi, opere, illustrate da Ugo Foscolo, 2 Tomi, Milano, 1811.

b. Quarto.

10008. Discorsi di guerra, die Centorio, divisi in libri V. Venezia, 1568.

10009. Orazioni militari raccolte da gli istorichi greci e latini antichi et moderni, da Remigio, Venezia, 1557. 1585.

10010. Discorsi militari di Lupicini, Firenza, 1587.

10011. Discorsi militari dell' Orgio, Lucca, 1615.

10012. Discorso militare di Melfitano, Lucca, 1615.

10013. Discours politiques et militaires sur Tacite, concernant les fleurs des plus belles histoires du monde, avec des notables avertissemens, concernant la conduite des armées, par Melliet, à Lyon, 1618.

10014. Kirchhofs Soldatenspiegel, Frankfurth, 1625.

10015. Edward Cooke, the character of war, London, 1626.

10016. Achesone, military garden, Edinburgh, 1629.

10017. Discours pour le retablissement des milices de France, par le Normand, à Rouen, 1632.

10018. Naudaei syntagma de studio militari, Romae, 1637.

10019. Lo scudo e l'asta del soldato, Monferrino, 1641.

10020. Neumair, sonderbarer Traktat vom Kriege, Jena, 1641.

10021. La France guerrière, ou moyens pour trouver autant de gens de guerre, que le roi en desirera, par Douet, à Paris, 1643.

10022. Franciscus Bombra, ars belli et pacis, Straubingae, 1643.

10023. Il seminario del governo di stato e di guerra, Genova, 1648.

10024. de Roan, discursos militares, traducidos por Don Francisco Deça, en Amberes, 1652.

10025. Règlemens des maréchaux de France, touchant les reparations des offences par rapport aux duels, à Paris, 1653.

10026. Lob, Ruhm und Ehre des herrlichen Soldatenstandes, ohne Druckort und Jahr.

10027. Santa Croce, riflessioni militari, 7 Tom. Napoli, 1670.

10028. v. Trotha, lehrender Kriegsrath, 1672.

10029. Lippold, vom Kriege und Kriegserwerb, Merseburg, 1673.

10030. Neumair von der Neutralität, Bündnissen, Friedenshandlungen und von der Assistenz in Kriegszeiten, Jena, 1674.

10031. Chr. Heinr. Markgraf zu Brandenburg, Rede von den Kriegskünsten, und deren Nothwendigkeit in einem Fürsten, Bayreuth, 1677. Auch in lateinischer Sprache.

10032. Lydii, syntagma de re militari, Dordraci, 1698.

10033. Myleri, stratologia J. G. sive libertas militandi Germanorum, et imprimis imperii ordinum, apud exteros, Ulmae, 1710.

10034. Leonhard, de armatura et apparatu hodiernae militiae, Lipsiae, 1711.

10035. Faßmann Vortrefflichkeit des Kriegs- und Soldaten-Standes, nebst dessen 18 nöthigen Qualitäten, Berlin, 1719.

10036. Marperger, Beschreibung eines wohl eingerichteten seminarii militaris, oder Pflanzschule vor Soldaten, Dresden.

10037. Flattig, Soldaten-Postill, über die Pflichten der Kriegsleute, Tübingen, 1731.

10038. Vernünftige Gedanken von den Hülfstruppen, Langensalza, 1736.

10039. Correspondance entre deux officiers autrichiens, 3 part. à Liège, 1736.

10040. Instruction pour mon fils ainé, qui prend le parti de la guerre, par Bourcier de Montureux, à Paris, 1740.

10041. De Feuquières mémoires, nouv. édit. à Amsterdam, 1741.

10042. Murselli, Mars Teutonicus, oder des H. R. Reichs wohleingerichteter Kriegs-Staat, Frankfurth, 1741.

10043. v. Beust, observationes militares, oder Kriegsanmerkungen, Gotha, 1743.

10044. Die Pedanterei im Kriege, Rinteln, 1750.

10045. Discours sur les connaissances necessaires à un officier, à Francfort, 1753.

10046. Abhandlung von Nöthigung der Unterthanen zu regulairen Kriegsdiensten, 1756.

10047. Marshal Saxe's reveries, or memoirs upon the arts of war, translated, London, 1757.

10048. ab Imagine, Vereinigung des Soldatenstandes mit der Gelehrsamkeit, 1757.

10049. Maurice, comte de Saxe, mes rèveries, par Perau, 2 Tom. à Amsterdam et Leipsic, 1757.

10050. Rechtliche Ausführung von erlaubten und unerlaubten Kriegen, Hannover, 1758.

10051. Discours sur les qualités et connaissances nécessaires à un général d'armée, ou dissertation préliminaire aux campagnes de Jules César, à Milan, 1758.

10052. Santacroce, riflessioni militari, riformate da Marino Frezza, etc. 7 Tomi, Napoli, 1759.

10053. Tafinger, de castrensibus exercituum imperialium atque circularium sacris, Tubingae, 1764.

10054. Meister, Abhandlung von dem Kriegs-Unterricht, und Unterricht von denen königl. franz. Kriegsschulen, Göttingen, 1766.

10055. Sime, the military guide, London, 1766.

10056. v. Kleist, Versuch, wie die Soldaten, sowie ehemals bei den Römern, jetzo in Friedenszeiten zu gemeinnützigen Arbeiten zu gebrauchen ständen, Göttingen, 1769.

10057. Turpin de Criesé, commentaires sur les mémoires de Montecuculi, 3 Tom. à Paris, 1769.

10058. Brose, Gebrauch der heutigen Miliz, nach Art der Römer, zur Arbeit in Friedenszeiten, Hildesheim, 1771.

10059 v. d. Gröben, Kriegsbibliothek, oder gesammelte Beiträge zur Kriegswissenschaft. 10 Bde. Breslau, 1755 – 1772. (Die Fortsetzung ist in 8vo.)

10060. de Beausobre, Abhandlung von den Kriegsschulen, ingleichen Entwurf einer militairischen Akademie, und Anmerkungen über die Kriegsschulen der Alten, a. d. Franz. im 4ten Bde. der Kriegsbibliothek.

10061. D.... cahiers militaires, à Londres et à Genève, 1778.

10062 Charles de Grothaus, discours sur l'art militaire, à Breslau, 1779. (Auch in lateinischer Sprache.)

10063. Sime, on the military science, London, 1680.

10064. Anecdotes et pensées historiques et militaires, par le gén. de Warnery, à Halle, 1781.

10065. Arte da guerra, poëma do grande Frederico rei de Prussia, traduzida em verso Portuguez, e annotada por Manoel Tiberio Pedegache, 3 Tom.

10066. Was muß ein Offizier wissen, wenn er die Pflichten seines Standes erfüllen, und mit Recht Beförderung erlangen will, vom Obristen von Scholten, Dessau, 1782.

10067. Discours sur les connaissances, dont un officier doit être pourvu, afin de pouvoir remplir ses devoirs et aspirer à un avancement éclatant, par le colonel de Scholten, trad. de l'allemand, 1783.

10068. Idées raissonnées sur un système général, et suivi de toutes les connaissances militaires, et sur une méthode lumineuse pour étudier la science de la guerre, par Neckhorn de Schorn, à Nuremberg, 1783.

10069. Essai sur la fausse et la véritable gloire, par Mauvillon.

10070. Harangues tirées d'Herodote, de Thucydide, des histoires grecques de Xenophon, de sa retraite des dix-milles, et de sa Cyropédie, insérées dans un abrégé des histoires de ces mêmes auteurs, trad. par Auger, à Paris, 2 Tom. 1788.

10071. Ueber das Leben und die Schriften des Hauptmanns Tielke, Freiberg, 1797.

10072. Hoyer, militairisches Magazin, Leipzig, 27 Stück, 1798—1808.

10073. Englands Aegis; or the military energies of the empire, by John Cartwright, London, 1804.

10074. Extracts describing the ancient manner of placing the kingdom in military anay; the modes of defence in periods of danger etc. London, 1804.

10075. Nachrichten, die zu Potsdam den 1sten Juni 1804 errichtete Junkerschule betreffend, Potsdam, 1805.

10076. Académie militaire, ou récueil d'observations et d'idées nouvelles sur les diverses parties de l'art de la guerre, en cahiers, à Leipsic, 1806.

10077. Der Zeitaltar, enthält: 1) Preußens Abschied von Napoleon, 2) Preußens Huldigung an Alexander, 3) Friedrich Wilhelm III. 4) Kutusow, 5) Witgenstein, 6) York, 7) Kleist, 8) Platow, 9) Rostopschin, 10) Wellington, 11) Blücher, 12) Oels, Berlin, 1814.

10078. Quelques idées sur le personnel de l'administration militaire, à Paris, 1815.

10079. Mémoire sur l'organisation de l'infanterie française en legions departementales, par un officier général, à Paris, 1815.

10080. Militair-Wochenblatt. Mit Genehmigung Sr. Majestät des Königs, Berlin, 1r Jahrg. 1816. u. f. f.

10081. Reflexions militaires, par le prince Louis de Hohenlohe-Bartenstein, lieut. général, à Luneville, 1818.

10082. De l'éducation militaire gratuite, etc. à Paris, 1818.

10083. Archiv für Geographie, Historie, Staats- und Kriegskunst, von Joseph Freih. v. Hormayr, Wien, 1810—1822. 13 Jahrgänge.

10084. Soldatenlieder, von C. v. Decker, mit den Kompositionen, Berlin und Posen, 1822.

10085. Raccolta d'autori italiani che trattano del moto dell' acque. Ediz. quarta, 3 Tom. Bologna, 1822.

c. Octavo.

10086. Sebastian Franke, Kriegsbüchlein des Friedens, Frankfurth a. M. 1550.

10087. Discours politiques et militaires, par de la Noue, à Basle, 1591. 1612.

10088. Cause dell' infelicità dei guerrieri, da Canonhieri, Anversa, 1612.

10089. Discorso de maestro de campo general, da Lechuga, Milano, 1613.

10090. Massime, regole e precetti di stato, o di guerra, di Fabio Frezza, Venezia, 1614.

10091. Du Praissac, méthode, pour resoudre facilement toute question militaire proposée, à Paris, 1617.

10092. Du Praissac, questions militaires, à Paris, 1617.

10093. Du Praissac, epistres, à Paris, 1617. 1622.

10094. Du Praissac, discours militaires, à Paris, 1618. 1622.

10095. Discorso sopra la scienza militare, di Torq. Tasso, Torino.

10096. Discours et questions militaires, par du Praissac, à Paris, 1638. (à Rouen, 1636.)

10097. Il guerriero, da Talpi, Venezia, 1744.

10098. La milice moderne, par Imbotti, à Paris, 1646.

10099. Il soldato onorato, di Galiberto, Vienna, 1651.

10100. Mauritio Valperga, indrizzo del nuovo soldato, 2 Tomi, Napoli, 1655.

10101. Blaise de Montluc, commentaires, 2 Tom. à Paris, 1661. 1746. 1760.

10102. Juan Cabrere, espejo en que se debe mirar el buen soldado, en Madrid, 1664.

10103. Doctrine militaire, par la Fontaine, à Francfort, 1672.

10104. Mars Germaniae perpetuus, exhibens modum perpetui militis, ducenta ultra millia, in Germania alendi, Germanopoli, 1675.

10105. Trattato della guerra, di Maschi, Venezia, 1684.

10106. Arnold Mengering, Tobias conscientiosus, d. i. theologischer Bericht über den Kauf von Soldatenraub, Leipzig, 1686.

10107. Arnold Mengering, Belialis stratiotici consobrinus sceleratus metator, der schändliche ungerechte Quartiermeister, Leipzig, 1687.

10108. Arnold Mengering, perversa ultimi seculi militia, oder Kriegsbelial, der Soldatenteufel, Leipzig, 1687.

10109. Das Verhalten eines rechtschaffenen Soldaten, Zittau, 1688.

10110. Rieß, Kriegstraktätlein, von dem heutigen Kriegswesen, Schweinfurth, 1691.

10111. Piseczky von Kranichfeld, Kriegs-Sekretarius, Nürnberg, 1695.

10112. Rieß, der kurieuse Offizier, oder Unterweisung, was ein Soldat im Felde zu thun hat, Nürnberg, 1700.

10113. Schwendi, Kriegs-Discurs, Frankfurth, 1705.

10114. The accomplished officer, containing all necessary accomplishments of an officer, London, 1708.

10115. Hacker, pastorale castrense, oder Unterricht für neu angehende Feldprediger, Frankfurth, 1710.

10116. Juan Roxo, tratado teologico moral y militar, en Mezina, 1713.

10117. Ciesii meditatio de studia militari, Rostochii, 1716.

10118. Avvertimenti d'un padre ad un giovine nobile, circa gli errori, che corrono nel mondo intorno la scienza, chiamata cavelleresca o d'onore, Padova, 1717.

10119. Dissertation historique sur les duels et sur les ordres de chevalerie, par Banage, à Amsterdam, 1720.

10120. Georg. Veracis, Gedanken von dem pepetuo milite, besonders von dem bisherigen Europäische, 1728.

10121. Traktat von den Mitteln, die Flüsse schiffbar zu machen, Dresden, 1728.

10122. Flamitzer, politisch-militairischer Staats-Minister, oder Anweisung zur militairischen Staats-Administration, Frankfurth, 1730.

10123. Mémoires sur la guerre, à Amsterdam, 1731.

10124. Pozuelo, empresas politicas y militares, en Madrid, 1731.

10125. von Herrmannsdorf, Betrachtungen von den Pflichten eines Soldaten, nebst allerhand historischen Anmerkungen von Zug- Lager- Treff- und Stell-Ordnungen, wie auch Belag- und Eroberungen sowohl, als andern Kriegsläuften, Breslau, 1735.

10126. Idée parfaite du véritable héros, formée sur les maximes des anciens et modernes, par de la Faille, 3 Tom. à la Haye, 1737.

10127. Memoirs of the marquis of Feuquière, 2 Tom. London, 1737.

10128. Santa Cruz's reflections, military and political, London, 1737.

10129. Ouvrages pour et contre les services militaires étrangers, considerés du coté du droit et de la morale, par Bochat, 3 Tom. à Lausanne, 1738.

10130. De Santa Cruz de Marzenado, reflexions militaires et politiques, traduites de l'espagnol par de Vergy, 11 Tom. à Paris 1738. à la Haye, 1739—1740.

10131. Nützliche Lebensregeln, welche ein christlicher Soldat, zur Beförderung seiner Glückseligkeit zu beobachten hat, von J. F. v. Wascheta, Berlin, 1738.

10132. De Feuquières mémoires, contenant ses maximes sur la guerre etc. 4 Tom. à Amsterdam, 1741. 5me édition, à Londres, 1775.

10133. Unterricht vom Soldatenwesen, Braunschweig, 1742.

10134. Der geschickte Soldat, Prag, 1744.

10135. Der Soldat, oder Schilderung eines wahren Helden, aus d. Franz. von Rautenkranz, Altenburg, 1744.

10136. Der philosophirende Soldat, Danzig, 1745.

10137. Nachrichten vom Kriegs-Ceremoniel, Leipzig, 1745.

10138. Hageborn, Sittenlehre für Kriegsleute, Breslau, 1746.

10139. Roques und Basnage, Betrachtungen über das Duelliren, Jena, 1747.
10140. Haymann, neu eröffnetes Kriegs- und Friedens- Archiv, 6 Bände, Görlitz, 1748.
10141. Devoirs de l'homme d'épée, à Halle, 1752.
10142. Lubonarsky, Orakul im Kriegs- und Staats-Kabinet, nebst Rabutins Betrachtungen über das Kriegswesen, Dresden, 1753.
10143. Santa-Cruz-Marzenado, Gedanken von Kriegs- und Staats-Geschäften, a. d. Franz. 12 Bde. Wien, 1753.
10144. Raynals historisch-politische zum Kriegswesen gehörige Merkwürdigkeiten, a. d. Franz. Glogau, 1754.
10145. Dissertation sur la subordination, avec des réflexions sur l'exercice et sur l'art militaire, à Avignon, 1754.
10146. Die wahren Pflichten des Soldaten. A. d. Franz. Berlin und Potsdam, 1754. (2te Aufl.)
10147. Remarques militaires et politiques (par Nicolai) à Berlin, 1755.
10148. Töllner, Bildung eines vollkommenen Offiziers, Frankfurth, 1755.
10149. Pensées philosophiques sur la science de la guerre, par de Prados, 2 Tom. à Berlin, 1755.
10150. Lettres et mémoires sur l'école militaire, par de Moysieu, à Paris, 1755.
10151. L'exercice militaire, poëme par Desjardins Lauzon, à Paris, 1756.
10152. de Sionville, oeuvres militaires, 4 Tom. à Charleville, 1756.
10153. Camerer, Gedanken vom Duelle, Wolfenbüttel, 1756.
10154. Geheimniß, die Kriegsheere und Festungen unüberwindlich zu machen, Frankfurth, 1756.
10155. Les amusemens militaires; ouvrage agréable et instructif, servant d'introduction aux sciences, qui forment les guerriers, par Dupain, à Paris, 1757.
10156. Abschilderung eines großen Helden, Frankfurth, 1758.
10157. Der Christ im Kriege, bei Belagerungen und bei bedrängten Zeiten, Breslau.

10158. Etrennes militaires, tirées du dictionnaire militaire, à Paris, 1758.

10159. Pratje Sammlung verschiedener Aufsätze, zum Vortheile neu angehender Feldprediger, 2 Bde. Hamburg, 1758.

10160. Deutsche Memoiren, oder Sammlung verschiedener Anmerkungen, das Kriegswesen und die Staatskunst betreffend, 3 Bde. Wien, 1758.

10161. Gedanken eines Kriegsmanns, von dem Nutzen der Religion zu Anführung eines Kriegsheeres, Frankfurth, 1760.

10162. Abhandlung von der Kriegskunst, ob es rathsam ist, den Verlust einer Schlacht zu läugnen, Berlin, 1760.

10163. Art de la guerre, poëme de main de maitre, à Erfort, 1760.

10164. Observations militaires, par Mr. de Bousanelle, à Paris, 1761.

10165. Andr. Benj. Prusse vollkommen gegründete Urtheile rechschaffener Christen vom Kriege, Breslau und Leipzig, 1761.

10166. G. K... reflexions militaires sur différens objets de la guerre, à Francfort et Leipsic, 1762.

10167. Seeger, von dem Einfluß der Künste und Wissenschaften in die Kriegskunst, Tübingen, 1762.

10168. Der christliche Soldat, oder erbauliche Betrachtungen zur Bildung rechtschaffener Kriegsleute, 2 Bde. Berlin, 1762.

10169. Einfluß des Kriegs in die Jugend, Berlin, 1763.

10170. Friderici, Einleitung in die Kriegswissenschaft, oder Lehre vom Krieg und Frieden, Breslau, 1763.

10171. Historisch-moralische Schilderung des Helden, nach Vernunft und Religion, Halle, 1763.

10172. Camerer, Beiträge zur Bildung eines Soldaten, Schleswig, 1764.

10173. Estor, Sammlung militairischer Abhandlungen, Frankfurth, 1764.

10174. Beispiele zur Bildung eines Soldaten, Hamburg, 1764.

10175. Discours sur la guerre, à Berlin, 1765.

10176. Der Christ ein Soldat, unter den heidnischen Kaisern, in der Geschichte des Kriegsobristen Moritz, und der thebäischen Legion, Frankfurth, 1765.

10177. Greffarine, Grundriß, wie ein Regiment eine ewige Rekrutenkolonie anlegen könne, Bamberg, 1766.

10178. Der Soldat, so wie er ist, und wie er seyn soll, Altona, 1766.

10179. The soldiers faithful friend, by Jonas Hanway, London, 1766.

10180. Loisirs d'un soldat au regiment des gardes françaises, 1767.

10181. Discours d'un vieux général sur plusieurs objets militaires, à Altenburg, 1767.

10182. Epitre à la nation française, sur l'établissement des invalides, de l'école militaire etc. par de Vallier, Paris, 1768.

10183. Mémoires sur la population, le moyen de la rétablir, et de se procurer un corps militaire toujours subsistant et peuplant, à Paris, 1768.

10184. Aufsätze eines alten Generals über verschiedene Gegenstände, Altenburg, 1768.

10185. Blumenbach, Unterricht für einen Soldaten.

10186. von Trauzschen, militairische und literarische Briefe, Leipzig, 1769.

10187. Hoffmann, Abhandlung von dem vormaligen und heutigen Kriegsstaate, 2 Bde. Lemgo, 1769.

10188. La prééminence du service de France sur celui des autres puissances de l'Europe, à Paris, 1769.

10189. Des Grafen Algarotti, militairische Briefe, a. d. Italien. Berlin, 1770.

10190. Le bon militaire, par Boussanelle, à Paris, 1779.

10191. Bell, on military first principles, London, 1770.

10192. De Puységur, doutes proposés aux savans militaires, sur und projet de guerre, à Milan, 1770.

10193. Considerations politiques et militaires, à Genève, 1771.

10194. Nautical almanack, London, 1767 to 1805, 40 Tom.

10195. Nautical almanack, with traits, by Maskelyne etc. London, 1766 — 1775.

10196. Campbell, Dalrymple's military essay, London, 1771.

10197. Versuch über das wahre Verdienst des Offiziers, a. d. Franz. Mietau, 1771.

10198. v. Zimmermann, Versuch einer Moral für den Soldatenstand, a. d. Franz. Lemgo, 1771.

10199. Faber, Vereinigung des Civil- und Militairstandes, Göttingen, 1771.

10200. Abbildung der Kriegskunst, in Beziehung auf den Offizier, Kiel, 1771.

10201. Erinnerungen eines Invaliden an einen jungen Offizier, Hamburg, 1771.

10202. L'esprit du militaire, ou entretiens avec soi même, par d'Ey, à Rouen, 1772.

10203. Le calendrier des héros, ou le manuel des militaires, à Paris, 1772.

10204. Lettres sur l'éducation des jeunes militaires, par rapport aux mathématiques, par Dupain Triel, à Paris, 1772.

10205. Pflichten eines Soldaten, und besonders eines Edelmanns, welcher in Kriegsdiensten sein Glück zu machen sucht, Danzig, 1772.

10206. Abhandlungen von den Turnieren der Deutschen, Breslau, 1772.

10207. Anleitung zur Bildung kriegskundiger Offiziere, Braunschweig, 1773.

10208. Stößner, das Vortreffliche und Nutzbare des Soldatenstandes, Leipzig, 1773.

10209. Eigenschaften und Pflichten eines Soldaten, zur Prüfung derer, die es sind, und die in diesen Stand treten wollen, Dresden, 1773.

10210. Der Soldat nach dem Sprichworte: das lustige Elend, Kleve, 1573.

10211. v. Nicolai, Versuch eines Grundrisses zur Bildung des Offiziers, Ulm, 1773. 1775.

10212. Epitre d'un poëte à un jeune guerrier; pièce qui a remporté le prix de l'académie française en 1773, par André, à Paris, 1773.

10213. Vers sur l'essai général de tactique de Guibert, par Voltaire, 1774.

10214. Problême résolu, ou vérités, auxquelles tout le monde ne croit pas, ou, par le développement de la tactique prussienne, on démontre que le roi de Prusse a la vue très-longue, et que ses imitateurs l'ont fort courte, à Genève, 1774.

10215. Satyre sur les innovations dans le militaire, à Basle, 1774.

10216. Guibert, über den gegenwärtigen Zustand der Kriegswissenschaft und Politik, a. d. Franz. Leipzig, 1775.

10217. Le guerrier sans reproche, par de Cursay, à Paris, 1775.

10218. Betrachtungen über das Militair, a. d. Franz. von einem Sächsischen Offizier, Leipzig, 1776.

10219. v. Grävenitz, Gedanken über das Amt eines Kriegsministers, 1776.

10220. Die Ruhe im Soldatenstande, oder verschiedene Abhandlungen moralisch-militairischen Inhalts, 2 Bde. Breslau, 1776—77.

10221. Wolf, Versuche über die Eigenschaften und Pflichten des Soldatenstandes, Leipzig, 1776.

10222. v. Schmettow, Gedanken über das Amt eines Kriegsministers, Frankfurth, 1776.

10223. Reveries on war, by the Marshall of Saxe, translated, London, 1776.

10224. Millot, mémoires politiques et militaires, 6 Tom. à Paris, 1777.

10225. Military collections and remarks by Donkin, London, 1777.

10226. Schertel von Burtenbach, vermischte Beiträge zur Kriegswissenschaft, Frankfurth, 1778.

10227. Epitre sur l'obéissance, aux élèves de l'école royale militaire des nobles, par un gouverneur de cette académie, à Berlin, 1778.

10228. Briefe über den Krieg, Berlin, 1778.

10229. Plan détaillé d'enseignement pour l'académie royale des gentils-hommes, fait d'après l'instruction générale du roi, par Mr. de Buddenbrock, à Berlin, 1778.

10230. Carrach, Arbeiten in Kriegszeiten über erhebliche Gegenstände der Staats und Kriegswissenschaften, 26 Stück, Wien, 1778.

10231. Reflexions sur les préjugés militaires par le marquis de Brézé, à Turin, 1779.

10232. L'école de la vérité au champ de Mars, ou l'honneur conservé au soldat français, sans altérer la discipline, par Mailiard de Chantelou, à Paris, 1779.

10233. Lettres militaires, à Amsterdam, 1779.

10234. Mémoires de Mr. le comte de S. Germain, ministre de la guerre et lieut. gen. à Londres, 1779.

10235. Reflexions morales, relatives au militaire français, à Paris, 1779.

10236. Anton Eberhard Freiherr Schertel von Burtenbach, Betrachtungen und Erfahrungen über verschiedene militärische Gegenstände, Nürnberg, 1779.

10237. Der Soldat, eine wöchentliche Unterhaltung, 3 Bde. Hamburg, 1779—1782.

10238. Auszüge aus den besten und neusten militairischen Schriften, Göttingen, 1779.

10239. v. d. Gröben, neue Kriegsbibliothek, oder gesammelte Beiträge zur Kriegswissenschaft, 10 Bde. Breslau, 1772—1780.

10240. v. Verschuer, Abhandlung über den Wehrstand, Reval, 1780.

10241. Des Feldmarschalls Schwerin Gedanken über einige militärische Gegenstände, Wien, 1780.

10242. v. Brenkenhof, Paradoxen, größtentheils militärischen Inhalts, 1780. 1983.

10243. Hellwig, Versuch eines aufs Schachspiel gegründeten taktischen Spiels, 2 Bde. Leipzig, 1780—1782.

10244. Nachrichten des Grafen von S. Germain, von ihm selbst, a. d. Franz. Frankfurth, 1780.

10245. Fragmente militairischer Betrachtungen über die Einrichtung des Kriegswesens in mittleren Staaten, (vom Gen. von Estorff) Hannover, 1780.

10246. Remarques sur plusieurs auteurs militaires, anciens et modernes, par le général de Warnery, à Lublin, 1780.

10247. Sime, the regulator, or instructions to form the officer and complete the soldier, upon fixed principles, London, 1780.

10248. Le Soldat citoyen, ou vues patriotiques sur la marine de pourvoir à la défense du royaume (par de Guibert, le père) à Paris, 1780.

10249. Militairische Briefe, oder freie Gedanken über das jetzige Kriegswesen, Münster 1780.

10250. v. Grothaus, Rede von der Kriegskunst, Prag, 1780.

10251. Bertuch, Bemerkungen über die Erziehung des künftigen Soldaten, nebst einem Vorschlage bei einzelnen Regimentern Schulen zu errichten, Berlin, 1781.

10252. Einfälle und Wünsche, die Verfassung des Kriegsstandes betreffend, Frankfurth und Leipzig, 1781
10253. v. Nicolai, Entwurf einer allgemeinen Kriegsschule für alle Waffen, Stuttgardt, 1781.
10254. Einfälle und Wünsche, die Verfassung des Kriegsstandes betreffend, Frankfurth, 1781.
10255. Der Unterhalter für Krieger, zum Nutzen und Vergnügen, 3 Stück, Breslau, 1781—1782.
10256. Tables requisited to be used with the nautical almanack, London, 1781.
10257. Ueber die Verminderung der Kriege, Dessau, 1782.
10258. Commentaire sur Vitruve, avec une description des machines des anciens, par Newton, à Paris, 1782.
10259. Egloghe militari, di Cordata, Cagliari, 1783.
10260. Conseils d'un militaire à son fils, par le baron d'A.... colonel d'infanterie, à Dresde, 1783.
10261. Des Freiherrn von A*** nöthiger Unterricht zur wahren Bildung eines Offiziers, in einigen auf Erfahrung und Nachdenken gegründeten Lehren eines Vaters an seinen Sohn, a. d. Franz. Dresden, 1783.
10262. Pescheck, dichterische Kriegsgemälde, Leipzig, 1783.
10263. Ueber den Dienst; von einem ehemals unter der Preußischen Armee gestandenen, und jetzt unter den Amerikanern dienenden Offizier entworfen, noch ehe er seinen Dienst verließ, Boston, (Breslau) 1783.
10264. Versuch über die Kunst, junge Soldaten zu bilden, Prag, 1783.
10265. Der Veteran, oder militairisches Mancherlei, 2 Bde. Berlin, 1782 – 1783.
10266. Bellona, ein militairisches Journal, 20 Hefte, Dresden, 1782—1787. (herausgegeben von v. Seidl.)
10267. Algarotti's letters, military and political, translated, London, 1782.
10268. Holtermann, Beiträge zum Kriegswesen, Berlin, 1783.
10269. König, Beiträge zur Kriegskunst, für junge Offiziers, Göttingen, 1783.
10270. Rösch, Commentar über die Commentarien des Cäsar, als eine Beantwortung von Warnery remarques sur César, Halle, 1783.

10271. Militairisches Taschenbuch, zum Gebrauch eines Offiziers im Felde, Leipzig, 1783.

10272. De l'esprit militaire, à Londres, 1783.

10273. Lochée, on military education, London, 1783.

10274. Guil. Ces. Cordata, egloche militari, con trad. lat. Napoli, 1783.

10275. Drewe, military sketches, London, 1784.

10276. Bibliothek für Offiziere, 4 Bde. Göttingen, 1784—1786.

10277. Die Kriegswissenschaft, oder belehrende Nachricht für diejenigen, so sich dem Soldatenstande widmen wollen, Breslau, 1784.

10278. Reflexions politiques et militaires par le comte de Browne, à Vienne, 1785.

10279. Militairische Monatsschrift, 30 Stück, Berlin, 1785 – 1787. (von A. L. v. Massenbach.)

10280. Ueber das Point d'Honneur, 1785.

10281. De l'esprit militaire (par de Laissac), à la Haye, 1785.

10282. v. Warnery, sämtliche Schriften. A. d. Franz. von G. v. Scharnhorst, 9 Bde. Hannover, 1785—1791.

10283. Gaspar. Morardo, la filosofia militare, 3 Tomi, Torino, 1785—1786.

10284. G. v. Scharnhorst, Bibliothek für Offiziere, 4 Stück, Göttingen, 1785—86.

10285. Feuquieres, Kriegsnachrichten. Eine freie Uebersetzung, 2. Bde. Berlin, 1786.

10286. Aux soldats, par Boussanelle, à Paris, 1786.

10287. Des Generals von Scholten Abschiedsrede von seinem Bataillon, Berlin, 1786.

10288. Des Grafen Kinsky gesammelte Schriften, 6 Bde. Wien, 1786—88.

10289. Timour, instituts politiques et militaires, London, 1787.

10290. Abhandlungen über alle Gegenstände der Kriegswissenschaft, in Heften, Olmütz, 1787.

10291. Bemerkung über die Versorgung aller Soldaten, Berlin, 1787.

10292. Brezé, Gedanken über die militairischen Vorurtheile, a. d. Franz. von Schwenke, Hannover, 1787.

10293. Mémoires sur l'éducation des jeunes gens, destinés à l'état militaire, à Berlin, 1788.

10294. v. Fink, Gedanken über militairische Gegenstände, Berlin, 1788.

10295. Neues militärisches Journal, 20 Stück, Hannover, 1788—1805. (v. Scharnhorst.)

10296. Lehren für junge Leute, welche in den Soldatenstand treten wollen, Schloß Ober-Pahlen, 1788.

10297. Wissel, von der Bildung eines gemeinen Soldaten, nebst den von selbigem zu leistenden Pflichten, Leipzig, 1788.

10298. Der Offizier, oder Alles, was zu dessen Nutzen gereichen mag, Freiberg, 1788.

10299. Schleicher, über die Bildung des Soldaten in Friedenszeiten, Marburg, 1788.

10300. Oeuvres posthumes de Frédéric II. roi de Prusse, 13 Tom. à Berlin, 1789. (Deutsch ebendas.) 15 Tom. à Londres, 1789.

10301. Essais militaires, par Makinnon, à Berlin, (trad. de l'anglais), 1789.

10302. Mémoires sur les moyens pour parvenir surement à toute la perfection, dont le militaire de France est susceptible, par Grandpré, 3 Tom. à Paris, 1789.

10303. Observations sur la constitution militaire, ou bases de travail proposées au comité militaire, par Dubois de Crancé, à Paris, 1789.

10304. Neue militairische Bibliothek, 4 Bde. Marburg, 1789—1790. (von Schleicher.)

10305. Militärische Gedanken und Kriegsregeln für junge Leute, Leipzig, 1789.

10306. Meinert, was muß ein Offizier wissen, wenn er seinem Stande Ehre machen will, Halle, 1789.

10307. Cours de mathématique, à l'usage du génie, de l'artillerie et de la marine, par Bézout, 5 Tom. à Paris, 1789—1797. (Russisch, Moskau, 1798.)

10308. Journal d'un voyage militaire en Prusse, en 1789, (par Guibert.) 1790.

10309. Anthes, von den Werbungen in den deutschen Reichslanden, Frankfurth, 1790.

10310. Kleine militairische Bibliothek, oder Lesebuch für Soldaten, Breslau, 1790.

10311. Neue militärische Briefe, Breslau, 1790.

10312. La Fayette, neuer militärischer Katechismus, Strasburg, 1790.

10313. Patriotische und militärische Fragmente, Leipzig, 1790

10314. Lettres au comte Pellegrini, contre l'auteur du melange de remarques sur César (Warnery) et autres auteurs militaires sur les Venitiens, par de Pécis, à Milan, 1791.

10315. L'homme de guerre, ou plan des études propres à le former, par Dupain-Triel, à Paris, 1792.

10316. Reflexions sur l'éducation des jeunes gens, destinés à l'état militaire, par le Chevalier de Vernois, à Berlin, 1792.

10317. Taschenbuch für Offiziere, Braunschweig, 1792.

10318. Sammlung guter und edler Handlungen aus dem Soldatenstande, Breslau, 1792.

10319. Der militärische Sophron an seine jungen Kameraden, von einem alten Preußischen Offizier, (von Blankenburg.) Leipzig, 1792.

10320. v. Blankenburg, Archiv für Aufklärung über das Soldatenwesen, 2 Stück, Leipzig, 1792—93.

10321. De l'éducation militaire, par Hafner, à Strasbourg, 1793.

10322. Feldprediger-Magazin, zur Beförderung des Guten in Kriegsheeren, Stendal, 1793.

10323. Mirabeau, von der Preußischen Monarchie unter Friedrich dem Großen, herausgegeben von Mauvillon, 3 Bde. Braunschweig, 1793—94.

10324. Sangerhausen, Moral für Krieger, Berlin, 1793.

10325. Seume, über Prüfung und Bestimmung junger Leute zum Militair, Warschau, 1793.

10326. Scharnhorst, militairisches Taschenbuch zum Gebrauch im Felde, Hannover, 1793. 1815.

10327. Ecole du soldat, ou choix de traits mémorables, propres à former l'homme de guerre, 3 Tom. à Paris, 1794.

10328. Bürja, Abhandlungen über die Telegraphie, Berlin, 1794.

10329. Neuer französischer militärischer Katechismus, Leipzig, 1794.

10330. Stößner, moralisches Handbuch für die Soldaten, Leipzig, 1794.

10331. Fröbing, vermischte Erzählungen guter und schlechter Kriegsthaten, ein Lesebuch für Soldaten und Soldatenfreunde, Hannover, 1794.

10332. Küster, Offizier-Lesebuch, 6 Bde. Berlin, 1794—1797.

10333. Die Kunst junge Soldaten zu bilden, Prag, 1794.

10334. Moralisches Vademekum für Soldaten, Göttingen, 1794.

10335. Correspondance militaire, anglo-helvetique, ou récueil des pièces sur la guerre, les fortifications et l'artillerie, à Basle, 1795.

10336. Bergsträßer, über Signal- Ordre- und Zielschreiberei in die Ferne, Frankfurth, 1795. (mit einer Fortsetzung 1795.)

10337. Kriegerische Beispiele von Muth, List und Entschlossenheit, ein Lesebuch für Offiziere, Gotha, 1795.

10338. Buchenröder, Signalkunst für Armeen, ein Beitrag zur Kriegskunst, Hanau, 1795.

10339. Ivernois, Gedanken über den Krieg, Hamburg, 1795.

10340. Lehmann, Gedanken über Bergsträßers Zeichensprache und Linguets Geschwindpost, Danzig, 1795.

10341. Projekt einer neuen und vortheilhaften Kriegsverfassung, Leipzig, 1795.

10342. Taschenbuch für Offiziers im Felde, Leipzig, 1795.

10343. Military and political observations, by Monk, London, 1796.

10344. Des Prinzen de Ligne, militärische Vorurtheile, 2 Bde. a. d. Franz. Dresden, 1796.

10345. F. P. Eliot, on armed yeomanry, London, 1797.

10346. Küster, christlicher Soldatenkatechismus, 2 Bde. Stendal, 1797. 1799. Polnisch, 1802.

10347. Psychologische Bemerkungen über militärische Gegenstände, Zelle, 1797.

10348. Brenkenhof, militairische Paradoxa, Leipzig, 1797.

10349. Kampz, für Offiziere, zur Beförderung des Fleißes und edler Grundsätze, 2 Bde. Danzig, 1797.

10350. Giornale dell'academia militare della republica italiana, 4 Tomi, Milano, An. I.

10351. Sind stehende Heere in Friedenszeiten nöthig und rathsam, Altona, 1797.

10352. Ueber militairischen Enthusiasmus, Frankfurth, 1797.

10353. Gemeinnützige Bibliothek für den Soldaten, 4 Stück, Halle, 1798.

10354. Fragmente eines alten Offiziers (v. Dierike.) über die Veredelung des Soldaten, Königsberg, 1798.

10355. Kriegsbibliothek, ved J. H. Rawert, 1 – 5. Aargang, Kiöbenhaven, 1798.

10356. v. Vargas, kleine militärische Bemerkungen, Leipzig, 1798.

10357. Gerstenberg, militärische Methodologie zur Bildung junger Krieger vor und in dem Dienste, Jena, 1798.

10358. Heidenreich, Grundsätze zur Bildung für Geist und Herz junger Zöglinge der Kriegswissenschaft, Leipzig, 1798.

10359. Venturini, Beschreibung und Regeln eines neuen Kriegsspiels, zum Gebrauch in Militairschulen, Schleswig, 1798.

10360. v. Reiche, das erste Bedürfniß des Kriegers, zur Festgründung seiner Ehre und seines Wohls u. s. w. Hannover, 1799.

10361. Militärische Anekdoten, Leipzig, 1799.

10362. Bemerkungen über die Aufforderung des Generals Bernadotte an den Rheingrafen von Salm, Kommandanten der Festung Philippsburg, Leipzig, 1799.

10363. Dumouriez und Mallet du Pan, über den Krieg, Leipzig, 1799.

10364. Ueber Telegraphie, Hamburg, 1799.

10365. Merkt, Aufsätze aus der Kriegskunst, Halle, 1800.

10366. Kriegsmagazin, ved J. H. Rawert, 1 — 3. Hft. Kiöbenhaven, 1800.

10367. Déscription d'un télégraphe très simple et à la portée de tout le monde, à Paris, 1800.

10368. Betrachtungen über das Verhältniß des Kriegsstandes zu dem Zwecke der Staaten, von F. v. Decken, Kapt. im Gen. Stabe, Hannover, 1800.

10369. Meinert, Aufsätze aus der Kriegskunst, Halle, 1800.

10370. Heinrich von Feldheim, oder der Offizier, wie er seyn sollte, ein Beitrag zur militairischen Pädagogik, Jena, 1801.

10371. Mémoires militaires et politiques du général Lloyd, traduit de l'anglais et augmenté de notes, à Paris, 1801.

10372. J. C. F. v. Reiche, militärisches Lesebuch für Garnison- Bürger- und Landschulen, Baireuth, 1801.

10373. J. C. F. v. Reiche, unterrichtendes Lesebuch für Unteroffiziere, Baireuth, 1801.

10374. Coesigli di un militare a suo figlio, Napoli, 1801.

10375. Gedanken über und von dem Soldaten in allen seinen Theilen, theoretisch, praktisch und philosophisch abgehandelt u. s. w. von dem Gen. Major Baron von Diebitsch, 2 Bde. Petersburg, 1801—2.

10376. Allent, de la conscription générale de la force publique dans un état libre, à Paris, l'an VIII.

10377. Denkwürdigkeiten der militärischen Gesellschaft in Berlin, 5 Bde. Berlin, 1802.

10378. Neue Bellona, ein militairisches Journal, in Heften, Leipzig, 10 Bde. oder 40 Stück, 1802—1806.

10379. Praktisches Handbuch für Feldprediger, Berlin, 1802.

10380. Knoblauch, über die sittliche und wissenschaftliche Ausbildung der jungen Edelleute, die sich dem Militair widmen, Berlin, 1802.

10381. Betrachtungen über einige Unrichtigkeiten in den Betrachtungen über die Kriegskunst, Berlin, 1802.

10382. Beweis, daß der Civilstand durch das Militair wesentliche Vortheile erhalte, oder der Nutzen und die Nothwendigkeit stehender Armeen, Weimar, 1802.

10383. Ueber den Esprit de Corps und das Coup d'oeil militaire, nach systematischen Grundsätzen, Stendal, 1802.

10384. Mémorial topographique et militaire, redigé au depot général de la guerre, et imprimé par ordre du ministre, à Paris, 1803.

10385. Portatoglio militare, posto sotto la protezione del governo della republica italiana, Milano, 1803.

10386. C. A. Geisvolt van der Netten, algemeen Samenstel der militaire Pligten, Kundigheden en Dienstverrichtingen etc. Gröningen, 1803.

10387. Neues Militair-Archiv, herausgegeben von einer Gesellschaft erfahrner Deutscher und Schweitzer-Offiziere, 3 Bde oder 18 Stück, Zürich, 1803—5.

10388. Sir R. Wilson, an enquiry into the present state of the military force of the british empire, London, 1804.

10389. On the duties and obligations of the military character, in application to the present time, a sermon by M. Benson, 1804.

10390. Letters to the volunteers; by lieut. col. Hope. 1804.

10391. A letter to the army, navy and the people of England, on the dread alternative, the eventual choice, invade or be invaded, London, 1804.

10392. J. G. Semple, a lettre to the british volunteers, London, 1804.

10393. Rassurez vous; or the improbability of an invasion, and the impossibility of its success demonstrated, London, 1804.

10394. Reflections on the invasion of Great-Britain by the French, on the mode of defence, and on the useful application of the national levies, 1804.

10395. Letters on military subjects, dedicated to his roy. highness the duke of York, by Trinder, 1804.

10396. Oeuvres militaires de Guibert, publiées par sa veuve, etc. à Paris, 1804.

10397. Considérations sur la guerre, et particulièrement sur la dernière guerre, à Paris, 1804.

10398. Militärische und politische Betrachtungen über den jetzigen Zustand von Europa. Von einem deutschen Offizier im Februar 1804 entworfen. Ohne Druckort.

10399. Mars, eine militärische Zeitung, Berlin, 3 Bde. 1804.

10400. Venturini, Darstellung eines neuen Kriegsspiels, zum Gebrauch in Militair-Schulen, Leipzig, 1804.

10401. Beiträge zur Philosophie der Kriegskunst, von J. v. Voß, Berlin, 1804.

10402. Briefsteller für junge Militairpersonen, Potsdam, 1804.

10403. Saggio del Tenente Piet. Milossewitz, sulla necessità, che si studj dai giovanni ufficiali d'infanteria la scienza militare secondo le sue vere nozioni, e sulla maniera di organizare un elementare scuola militare per ogni divisione d'infanteria, Novara, 1805.

10404. Der Offizier als Mensch und als Staatsbürger. Ein Handbuch für die intellektuelle und sittliche Bildung angehender Offiziere, Jena, 1805.

10405. Militairische Minerva, oder Sammlung militairischer Aufsätze, herausgegeben vom Kur-Sächs. Lieut. Rouvroy, Leipzig, 1805. (4 Hefte.)

10406. L. v. Bärenhorst, Aphorismen der Kriegskunst, Leipzig, 1805.

10407. Mémoires du baron de Besenvall, 4 Tom. à Paris, 1805—7.

10408. Oeuvres politiques et militaires de Louis XIV. 6 Tom. à Paris, 1805.

10409. Fletcher's naval guardian, comprising naval anecdotes, historical and biographical sketches, and miscellaneous matters relating to the navy, 2 Tom. London, 1805.

10410. G. Bruno, discorso dell' eloquenza militare, Milano, 1806.

10411. Political and military memoirs of Europe 1799 to 1802, by Ritchie, 3 Tom. Edinburgh, 1806.

10412. Champ de Mars, par Leonini, à Berlin, 1806.

10413. J. v. Voß, was war nach der Schlacht von Jena zu Rettung des Preußischen Staats zu thun? Berlin, 1806.

10414. Thellung von Courtelary, militairische Aufsätze, Zürich, 1806.

10415. Der Soldat, als Beistand der Polizei, oder Anleitung zur Kenntniß der Garnison-Polizei, nebst einem Anhange über Organisation und Pflichten der Bürgergarde, Berlin, 1807.

10416. Das Opitzsche Kriegsspiel, ein Beitrag zur Bildung künftiger und zur Unterhaltung erfahrner Taktiker, Halle, 1807.

10417. J. v. Voß, eingetroffene Weissagungen und prophetische Irrthümer des Herren v. Archenholz, v. Bülow und Buchholz, mit neuen Ansichten der Zukunft, Berlin, 1807.

10418. J. v. Voß, Fragmente über Deutschlands Politik und Kriegskunst. In Blicken auf Vergangenheit und Zukunft, Berlin, 1807.

10419. Bürger = Militair = Almanach für das Königreich Baiern, v. Lipowsky, auf das Jahr 1809. München, 1808.

10420. J. Ehrmann, über die Heereszüge zu Lande nach Indien, ein geographisch = historischer Versuch, Weimar, 1808.

10421. Fischer, organo = gymnastologische Ideen bei dem europäischen Kriegswesen nach dem heutigen Fuß, verbunden mit Vorschlägen, solches im Ganzen, und in seinen einzelnen Theilen zu verbessern, Bunzlau, 1808.

10422. Katechismus für Soldaten, als Leitfaden für Offiziers beim Unterricht des gemeinen Mannes, Leipzig, 1808.

10423. Ueber Militairerziehungsanstalten und Kadettenwesen, von einem ehemaligen Zögling derselben, Berlin, 1808.

10424. Sammlung von Anekdoten und Karakterzügen aus den merkwürdigen Kriegen in Süd = und Norddeutschland 1805 – 1807. Leipzig, 1808.

10425. Gionarle dell' academia militare della republica italiana, 6 numeri, Milano, 1808 — 9.

10426. Pallas, eine Zeitschrift für Staats = und Kriegskunst, von R. v. L. 6 Stück, Tübingen, 1808. 7tes Stück bis 24stes, Weimar, 1809 — 10.

10427. Versuch, junge Offiziere zum Studium der Kriegsgeschichte aufzumuntern, Tübingen, 1809.

10428. Mémoires militaires, historiques et politiques, par Rochambeau, 2 Tom. à Paris, 1809.

10429. F. X. Bronner, der erste Krieg, 2 Bd. Aarau, 1810

10430. Militärischer Briefsteller für alle Gegenstände des Dienstes, Wien, 1810.

10431. Freih. v. Eßleben, Kritik der Kriegsgelehrsamkeit, in Absicht auf wissenschaftliche Kultur, Manheim, 1810.

10432. Freih. v. Eßleben, Plan zu Errichtung öffentlicher Lehrstühle für Kriegswissenschaft, auf Universitäten, Manheim, 1810.

10433. Die Hauptresultate des jetzigen Kriegs, oder der Kampf um die Weltherrschaft, und dessen Folgen, Berlin, 1810.

10434. Der Held des 19ten Jahrhunderts, eine Apokalypse des 17ten, oder die erfüllteste Weissagung neuerer Zeiten, Magdeburg, 1810.

10435. Ueber die Nothwendigkeit bedeutender Streitkräfte für Dänemark, besonders zur See, Hamburg, 1810.

10436. Schreiben des k. k. Feldmarschall-Lieutenants von Ayrenhoff über einige seiner militairischen und literarischen Begebenheiten, von Jos. Freih. von Retzer, Wien, 1810.

10437. Militärisches Geschäftsbuch, enthaltend eine systematische Anleitung zum militärischen Geschäftsstyl, nebst einer Menge ausgearbeiteter Beispiele, 3 Abtheilungen, Wien, 1811—12.

10438. Champ de Mars, ou variétés amusantes et instructives à l'usage des jeunes militaires, par Leonini, à Leipsic, 1811. Nouv. édit.

10439. Seconde guerre de Pologne, ou considérations sur la paix publique du continent et sur l'indépendance maritime de l'Europe, par Maurice de Montgaillard, à Paris, 1812.

10440. Mend, Moral für Krieger, Leipzig, 1812.

10441. Der Offizier, eine Anleitung für junge Leute, welche diese Benennung verdienen, und im Militärstande Glück machen wollen, von Sengespeik und Schneider, Altona, 1812.

10442. Gedanken und Meinungen über manches im Dienst, und über andere Gegenstände, 2 Bde. Königsberg, 1812.

10443. A. Gräffer, Beiträge zu den Annalen der Ritterorden, besonders in Rücksicht auf die österreichischen Staaten, 3 Bde. Wien, 1812.

10444. Journal militaire, à Paris, parait tous les mois, depuis, 1811—14.

10445. Instruccion militar cristiana, para uso de los colegios militares, en Palma, 1813.

10446. Troisième discours sur la guerre, par Pierre de Joux, à Paris, 1813.

10447. Schreiben über die merkwürdigen Vorfälle bei Sprengung der großen Elbbrücke in Dresden, Leipzig, 1813.

10448. Ueber den Heldenmuth im Kriegs- und Civilstande, Leipzig, 1813. Neue Aufl.

10449. Ueber die russischen Soldaten, und wie man es anzufangen hat, daß man mit ihnen gut auskomme, Leipzig, 1813.

10450. Europäisches Magazin für Geschichte, Politik und Kriegskunst der Vorwelt und Gegenwart, 1r Bd. Nürnberg, 1813.

10451. Ueber die Verbrennung der Stadt Moskau, Leipzig, 1813.

10452. Mélanges militaires et littéraires, par le prince de Ligne, 34 Tom. à Vienne, 1813.

10453. E. M. Arndt, Entwurf der Enziehung und Unterweisung eines Fürsten, Berlin, 1814.

10454. Arndt, Geist der Zeit, 3 Bde. London, 1814. 2te Aufl.

10455. Arndt, historisches Taschenbuch für 1814. Königsberg, 1814.

10456. Arndt, Glocke der Stunde in drei Zügen, Königsberg, 1814.

10457. Arndt, zwei Worte über Entstehung und Bestimmung der deutschen Legion, Königsberg, 1814.

10458. Arndt, über Volkshaß, und den Gebrauch einer fremden Sprache, Leipzig, 1814.

10459. Arndt, Grundlinien einer deutschen Kriegsordnung, Leipzig, 1814.

10460. Arndt, das Preußische Volk und Heer im J. 1813. Leipzig, 1814.

10461. Arndt, Ansichten und Aussichten der deutschen Geschichte, Leipzig, 1814.

10462. Arndt, der Rhein, Deutschlands Strom, aber nicht Deutschlands Grenze, Leipzig, 1814.

10463. Arndt, Katechismus für den deutschen Kriegs- und Wehrmann, Leipzig, 1814.

10464. Arndt, was bedeutet Landsturm und Landwehr? u. s. w. Leipzig, 1814.

10465. Auch einige Worte über Deutschland gegenwärtiges höchstes Interesse, Leipzig, 1814.

10466. Aufruf an die Deutschen, von einem Deutschen, Leipzig, 1814.

10467. Begeisterungen eines deutschen Patrioten, Leipzig, 1814.

10468. Betrachtungen über die Politik der Dänischen Regierung, von einem Deutschen, (A. W. Schlegel.) 1814.

10469. Betrachtungen über Napoleons Fortschritte zur Unterjochung aller Staaten und Völker, und die Verbindung der noch freien Monarchen zur Rettung der Völker, Leipzig, 1814.

10470. Bildet der Rhein die natürliche und schützende Grenze von Deutschland? Ein Wort der Besorgniß im November 1813. Leipzig, 1814.

10471. Briefsteller für junge Militair-Personen, nebst militärischem Wörterbuch, Potsdam, 1814.

10472. Davoustiana, oder Marschall Davousts und anderer franz. Generale Ungerechtigkeiten und Schandthaten u. s. w. Leipzig, 1814.

10473. Ferd. Delbrück, Erläuterungen der Königl. Verordnungen über den Landsturm, Königsberg, 1814.

10474. Denkmal, dem Jahre 1813 gesetzt. Eine historisch-philosophische Betrachtung u. s. w. von Machiavelli dem Jüngeren, Nürnberg, 1814.

10475. Das neue Deutschland, enth. freimüthige Berichte über die Geschichte der Bedrückung u. s. w. Berlin, 1814. 2 Bde.

10476. Empfindungen eines Patrioten beim Anbruch der Morgenröthe von Deutschlands Freiheit, Leipzig, 1814.

10477. Kurze und wahrhaftige Erzählung von Bonapartes verderblichen Anschlägen, Kriegen in Spanien und Rußland u. s. w. Leipzig, 1814.

10478. Das befreite Europa, durch den Strafkrieg der verbündeten Rechtsmächte, wider Galliens Napoleon oder den Weltfeind, Deutschland, 1814.

10479. Das erwachte Europa, Berlin, 1814. 2 Bde.

10480. Die Fackeln, in Heften, Leipzig, 1814.

10481. Neue Fackeln, 3 Bde. Quedlinburg, 1814.

10482. Für Soldaten im Felde zu ihrer Erbauung, Halle, 1814.

10483. Bonapartiade, eine biographische Skizze in blumauerscher Manier, Berlin, 1814.

10484. Brief eines Engländers über Napoleon und den Beinamen des Großen, welcher ihm beigelegt worden, deutsch und französisch, Leipzig und Altenburg, 1813.

10485. Aufgefangene Briefe der französischen Armee, deutsch und französisch, Leipzig, 1814.

10486. Briefe über die neusten Zeitereignisse, ihre Ursachen und Folgen, 3 Hefte, Leipzig, 1814.

10487. Briefe eines Offiziers, während des Feldzugs 1812. Wien, 1814.

10488. Vertraute Briefe eines ächten Freundes des Kontinents, Kassel, 1814.

10489. Bruchstücke im Jahr der Befreiung Deutschlands, Leipzig, 1814.

10490. Deutschland in seiner tiefsten Erniedrigung. Neuer wörtlicher Abdruck der Schrift, wegen welcher der Buchhändler Palm 1806 auf Napoleons Befehl zum Tode verurtheilt wurde, Leipzig, 1814.

10491. Deutschlands Hoffnungen, vom App. Rath Körner, Leipzig, 1814.

10492. Deutschlands Wiedergeburt, Wünsche und Träume eines deutschen Mannes, Jena, 1814.

10493. Dr. G. H. v. Deyn, die nothwendigen Erfordernisse zur schnellen und dauerhaften Friedensstiftung, Leipzig, 1814

10494. Fürs teutsche Vaterland, Berlin, 1814.

10495. Der Geist der Zeit; ein Archiv zum Andenken an die erste Hälfte des J. 1813. 1814.

10496. Hofr. v. Genz, an die deutschen Fürsten, Leipzig, 1814.

10497. Germanien, oder Miszellen und Denkwürdigkeiten für das befreite Deutschland, München, 1814.

10498. L. v. Germar, der Genius von Europa, an Moreaus Sterbebette, Berlin und Stettin, 1814.

10499. Glockenschläge aus Spanien. Prophetisches Wort eines spanischen Priesters an Napoleon; ein Nachklang zur Glocke der Stunde von Arndt, a. d. Spanischen übersetzt, 1814.

10500. Handbuch zu militärischen Dienstgeschäften, Leipzig, 1814.

10501. Henotikon, oder von der Einheit Deutschlands, Leipzig, 1814.

10502. Deutsche Herbstblumen, gebrochen nach der Schlacht bei Leipzig, 1814.

10503. L. Hußell, Deutschlands Nacht und Morgenröthe, Leipzig, 1814.

10504. Dr. Jung, Ahnungen für Deutsche, bei Eröffnung des Feldzugs von 1814. Leipzig, 1814.

10505. Katechismus für den deutschen Kriegs- und Wehrmann, Berlin, 1814.

10506. Kurzer Katechismus für deutsche Soldaten (von E. M. Arndt), Berlin, 1814.

10507. H. Schmidt, die Völkerschlacht bei Leipzig, ein Heldengesang, Berlin, 1814.

10508. Stafetten aus Paris an Napoleon, von einem deutschen Freiwilligen aufgefangen, 1814.

10509. Sündenbekenntniß des Kaisers Napoleon vor dem Abbé Maury, a. d. Franz. des Generals Sarrazin, Leipzig, 1814.

10510. Deutschlands Erwachen, Beiträge zum deutschen Phönix, in Heften, 1814.

10511. Ueber die endliche Erhebung Germaniens, oder wie kann die Hoffnung einer besseren Zeit für Deutschland in Erfüllung gehen, Berlin, 1814.

10512. Ueber Dijon nach Paris, angehängt ist ein Meilenzeiger, 1814.

10513. Ueber Landsturm und Landwehr, Leipzig und Altenburg, 1814.

10514. Ueber Deutschlands Wiedergeburt. Geschrieben im November 1813. Leipzig, 1814.

10515. F. P. Wilmsen, Heldengemälde aus Roms, Deutschlands und Schwedens Vorzeit, der Jugend unseres kriegerischen Zeitalters aufgestellt, Berlin, 1814.

10516. A. F. v. Krohn, von der Bildung des Soldaten. Ein Beitrag zum innern Dienst, Kiel, 1814.

10517. Lauenstein, die Befreiung meines Vaterlandes, Hannover, 1814.

10518. Noth- und Hülfsbüchlein für Napoleon, zusammengetragen von der Gemeinde zu ***, Leipzig, 1814.

10519. Oesterreichs großes Verdienst im großen Kampf gegen Frankreich. Vater unser eines Deutschen an Kaiser Franz. 1814.

10520. Papiere, von einer Kosakenpatrouille aufgefangen, 1814.

10521. Deutscher Phönix, oder das triumphirende Deutschland, 1814.

10522. Der Rheinstrom, Deutschlands Weinstrom, nicht Deutschlands Rainstrom. Gedruckt im zweiten Jahr der deutschen Freiheit.

10523. Sündenregister der Franzosen in Deutschland, ein Seitenstück zu der Schrift: Deutschland in seiner tiefsten Erniedrigung. Germanien, im Jahre der Wiedergeburt.

10524. Deutschland lebe hoch, oder von Helwigs Einzug und Aufenthalt in Halberstadt, Halberstadt, 1814.

10525. Politisches Vademekum, oder auffallende Scenen aus dem französisch-russisch-deutschen Kriege im J. 1813—14.

10526. Unser Volk. Ein Blick in die Vergangenheit und Zukunft, Wien, 1814.

10527. Was war Deutschland? Was ist es jetzt? Was darf es von der Zukunft hoffen? Leipzig, 1814.

10528. Wie soll sich das deutsche Volk zum Landsturm oder zur Landwehr bewaffnen? Berlin, 1814.

10529. Das goldene Zeitalter Deutschlands, insbesondere Preußens, Leipzig, 1814.

10530. Aphorismen eines Preußischen Freiwilligen, über den Feldzug von 1814 in Frankreich, Erfurth, 1814.

10531. Das schwarze Buch des französischen Kaiserhofes, 2te Aufl. Dublin, 1814.

10532. Der Einzug in Paris, Sondershausen, 1814.

10533. Gedanken über eine bessere Militairverfassung, mit vorzüglicher Hinsicht auf die sächsischen Staaten, Dresden, 1814.

10534. Napoleons Notaten, aufgefangene Papiere auf der Retirade von Moskau, a. d. Franz. 2te Aufl. Petersburg, 1814.

10535. Napoleons Ohrenbeichte. Ein kräftiges deutsches Vaterunser. Ein Epigram.

10536. Mein Neujahrswunsch, und noch andere Gedichte zum Lobe des Kaisers Napoleon, Leipzig, 1814.

10537. Des Prinzen Karl v. Ligne militärische Werke, ins Deutsche übersetzt vom Major Grafen Alb. Pappenheim, 1r und 2r Bd. Sulzbach, 1814.

10538. Reflexions politiques sur l'influence funeste de la guerre sur la littérature, les sciences et les arts, à Paris, 1814.

10539. Honneur aux militaires, ou examen impartial de cette question: Buonaparte est-il un héros? par L. Ledrut, à Paris, 1814.

10540. Sur le système continental, par A. W. Schlegel, à Paris, 1814.

10541. Reflexions sur le congrès de Vienne, à Paris, 1814.

10542. La paix de l'Europe avec la France, par Gueau de Reverseaux, à Paris, 1814.

10543. De l'esprit de conquête, par B. Constant, à Paris, 1814.

10544. Essai sur la force nationale, par Eugène de Bray, à Paris, 1814.

10545. Buonaparte et la dernière constitution, par G. Allain, à Paris, 1814.

10546. De Bonaparte, des Bourbons etc. par A. de Chateaubriand, à Paris, 1814. (Deutsch Straßburg, 1814.)

10547. Reflexions sur Napoléon Bonaparte, par J. L. Rivière, à Paris, 1814.

10548. Le pour et contre sur Buonaparte, à Paris, 1814.

10549. Les adieux à Buonaparte, par Michaud, à Paris, 1814.

10550. Wie könnte die Militär-Konskription dem Volke beliebter und dem Staate vortheilhafter gemacht werden? Landshut, 1814.

10551. Récueil de pièces officielles destinées à détromper les Français sur les événemens, qui se sont passés depuis quelques années, par Frédéric Schoell, à Paris, 1814. 16 livraisons.)

10552. Le Robespierre de Hambourg demasqué, à Paris, 1814.

10553. Mémoire du maréchal Davoust, prince d'Eckmühl, au roi, à Paris, 1814.

10554. Stein à Davoust, ou réplique au prince d'Eckmühl, par une de ses victimes, à Paris, 1814.

10555. Que deviendra Napoléon? mourra-t-il? ne mourra-t-il pas? à Paris, 1814.

10556. Aventures extraordinaires de Bonaparte, depuis l'époque de sa decheance jusqu'à celle de son arrivée à l'isle d'Elbe; son horoscope, prédictions du fameux Nostradamus; installation de Robinson dans son isle; reflexions d'un cosaque sur les écrits du jour, le tout suivi de la poule au pot, ou l'age d'or des Français, à Paris, 1814.

10557. Robespierre et Buonaparte, ou les deux tyrannies, à Paris, 1814.

10558. Prédictions très remarquables, faites le 20. et 23. janvier 1628, qui annoncent d'une manière fort claire la chute de Bonaparte etc. ou extrait d'un livre allemand, imprimé en 1632, trad. par Fr. Mar. de Mougé, à Paris, 1814.

10559. Pièces officielles relatives au 31. mars 1814 etc. à Paris, 1814.

10560. Les grands événemens de France, prévus et devoilés par un sage espagnol dès l'an 1813, etc. à Paris, 1814.

10561. Le tyran, les alliés et le roi, par le marquis de Coriolis d'Espinouse, à Paris, 1814.

10562. Heinsius, Preußens Trauer und Glanz, eine hist. Uebersicht des Zeitraums von 1806—1814. Berlin, 1815.

10563. Ist es nützlich und ausführbar, Hamburg zur Festung zu machen? Hamburg, 1815.

10564. A. v. Landsberg, Anweisung zum Militair-Styl im Geiste der neueren Zeit, Dresden, 1815. 2te Aufl. 1817.

10565. Dr. H. G. Tzschirner, über den Krieg, ein philosophischer Versuch, Leipzig, 1815.

10566. Der Begriff des wahrhaften Kriegs. Vier Vorlesungen von F. G. Fichte, gehalten im Kriegsjahr 1813. Tübingen, 1815.

10567. Bonapartes Brieftasche, gefunden zu Charlerol am 18ten Juni 1815. Köln, 1815. Auch Leipzig, 1815. Aus dem Franz.

10568. Leop. Chlmani, der junge Krieger, ein militärisches Lesebuch für die deutsche Jugend, Wien, 1815.

10569. Görres, Napoleons Abschied von den Völkern Europas, 1815.

10570. Aux armées: il fut; que sera-t-il? par J. Delarue, à Paris, 1815.

10571. Des Bourbons, et des puissances étrangères, à Paris, 1815.

10572. Retour de l'empereur, par Hypolite de Livry, à Paris, 1815.

10573. Mars, mille huit cent quinze, par Willemin de Wallier, à Paris, 1815.

1074. Les puissances alliées et leurs moyens, la France et les siens, par Eduard Martin, à Paris, 1815.

10575. Reflexions d'un officier supérieur, à Paris, 1815.

10576. Neuvième révolution, à Paris, 1815.

10577. Considérations sur le rétour de Napoléon, par J. B. Truchy, à Paris, 1815.

10578. Adresse des Fédérés parisiens à tous les Français, à Paris, 1815.

10579. Lettre d'un général à son fils, à Paris, 1815.

10580. Causes de la chute de Louis XVIII. à Paris, 1815.

10581. La fin de la tyrannie, par A. Simon C...., à Paris, 1815.

10582. Quatorze juillet, 1815; par Senancour, à Paris, 1815.

10583. De Napoléon, par Senancour, à Paris, 1815.

10584. Le quartier des braves (signé Alexandre Roger), à Paris, 1815.

10585. Lettre sur la révolution de 1815, par Victor Augier, à Paris, 1815.

10586. Opinions sur les mesures à prendre contre la coalition, par H. Saint-Simon et A. Thierry, à Paris, 1815.

10587. Correspondance politique de deux officiers français, par A. Jacques, à Paris, 1815.

10588. Reflexions sur l'arrivée de Buonaparte à Paris, par Goyer Duplessis, à Paris, 1815.

10589. De la rentrée de Buonaparte, à Paris, 1815.

10590. Addresse à tous les souverains de l'Europe, par Lewis Goldsmith, à Paris, 1815.

10591. De l'influence du système maritime de l'Angleterre sur le repos de l'Europe, par G.... à Paris, 1815.

10592. Du rétablissement de l'académie de marine, par Ch. Dupin, à Paris, 1815.

10593. Du congrès de Vienne, par M. de Pradt, à Paris, 1816.

10594. Un mot sur le Vendéens, à Paris, 1816.

10595. Le manuel des révolutions, à Paris, 1816.

10596. Mélange politique par de Chateaubriand, à Paris, 1816.

10597. De l'Angleterre et des Anglais, par J. B. Say, à Paris, 1816.

10598. Adresse aux souverains de l'Europe, à Paris, 1816.

10599. Carnot, Gen. Lieut. Darstellung seines politischen Betragens seit dem 1sten Juli 1814. a. d. Franz. von S. Ponge, Berlin, 1816. Auch von L. Wehle, Leipzig, 1816.

10600. J. v. Habach, der Soldatenstand, oder die Würde des Kriegers, Wien, 1816.

10601. Heinr. Schmidt, die großen Tage des Junius 1815, ein Heldenlied in 6 Gesängen, Berlin, 1816.

10602. Ein Wort über die heutige Kriegsmanier. 1) Von der Einquartierung, 2) Von Lieferungen, 3) Von Frohnden, Frankfurth, 1816.

10603. Fr. Ludw. Jahn, und Ernst Eiselen, die deutsche Turnkunst, zur Errichtung der Turnplätze dargestellt, Berlin, 1816.

10604. Hauptmann Klenk, militärisches Tagebuch meiner Reise durch Frankreich, des Feldzugs in Spanien, und Rückreise durch Frankreich nach Deutschland u. s. w. in den Jahren 1808—1810, Frankfurth, 1816.

10605. Dr. K. v. Rotteck, über stehende Heere und Nationalmiliz, Freiburg, 1816.

10606. Anleitung zu den Unterhaltungsstunden mit Unteroffizieren und gemeinen Soldaten, mit 12 Abhandlungen über verschiedene dienstliche und sittliche Gegenstände, Leipzig, 1817.

10607. F. W. von Barnewitz, Anleitung zur Abfassung aller Arten militärischer Aufsätze und Briefe, 2te Aufl. Leipzig, 1817.

10608. Briefe eines Preußischen Offiziers während seiner Kriegsgefangenschaft in Frankreich, 1813 und 1814. Köln, 1817.

10609. Gutsmuths, Turnbuch für Söhne des Vaterlands, Frankfurth, 1817.

10610. F. L. Jahn, deutsches Volksthum. Neue Aufl. Leipzig, 1817.

10611. Theorie des Geschäfts-Styls, mit besonderer Hinsicht auf Militair-Dienstschriften, München, 1817.

10612. Kriegsgeschichtliche und kriegswissenschaftliche Monographieen aus der neueren Zeit, seit 1792, 3 Bde. Altenburg und Leipzig, 1817—19.

10613. F. v. Brinken, der Soldat in Bezug auf seinen Stand und Dienst, Berlin, 1817.

10614. Beiträge zur Kriegskunst, in Fragmenten über verschiedene Gegenstände der Artillerie, Fortification und Taktik. In Heften, Königsberg, 1817.

10615. Eickenmayer, Abhandlungen über verschiedene Gegenstände der Staats- und Kriegswissenschaften, Frankfurth, 1817.

10616. Ueber Landwehr. Von einem Königl. Würtembergschen Offizier, Stuttgardt, 1817.

10617. Betrachtungen über die verschiedenen Formen der bewaffneten Macht, von einem vormaligen Landwehr-Offizier, Leipzig und Altenburg, 1817.

10618. Denkwürdigkeiten aus der Kriegskunst und Kriegsgeschichte, eine militairische Zeitschrift in zwanglosen Heften, von Aug. Wagner, Kön. Preuß. Major 1s und 2s Heft, Berlin, 1817 ff.

10619. Manuscrit, venu de St. Hélêne, à Londres, 1817.

10620. F. v. Liebenstein, über stehende Heere und Landwehr, mit besonderer Rücksicht auf die deutschen Staaten, Karlsruhe, 1817.

10621. Die Nacht von Ligny. Zur feierlichen Aufstellung der Ehrentafeln, am zweiten Gedächtnißtage unserer Gebliebenen, den Lebendigen eine Posaunenstimme, den Wunden eine Kühlung, den Todten ein Thränenopfer, Breslau, 1817.

10622. Chr. Niemeyer, die Schlachten des heiligen Krieges, in vierzehn Liedern, Leipzig, 1817.

10623. Mich. v. Piringer, Ungarns Banderien, und desselben gesetzmäßige Kriegsverfassung überhaupt, 2 Bde. Wien, 1817.

10624. Rühle von Lilienstern, Aufsätze über Gegenstände und Ereignisse aus dem Gebiete des Kriegswesens, 1r Bd. Berlin, 1817.

10625. Sir R. Wilson, a sketch of the military and political power of Russia in the year 1817. London, 1817.

10626. Joh. v. Nucé, Hauptm., interessante und nützliche Militair-Skizzen für Soldaten und ihre Freunde im österreichischen Kaiserthum, Wien, 1818.

10627. Chr. Hahn, der Soldat, in Hinsicht seiner Pflichten und Moralität zu seiner besseren Würdigung, Leipzig, 1818.

10628. A. Freih. von Landsberg, Vorschläge für junge Offiziers, die Stunden ihrer Muße im Frieden auf eine würdige und angenehme Art auszufüllen, Berlin, 1818.

10629. Die deutsche Legion, Grundzüge einer Wehrverfassung für Deutschland, von einem deutschen Offizier, Stuttgardt, 1818.

10630. Magazin for militair Videnskabelighed, 1ste Aargang. In Heften. Udgivet af J. A. Fibiger og H. Jahn, Kjöbenhavn, 1818 ff.

10631. Der Soldatenfreund, von einem Königlich Preußischen Schützen Offizier. (Hauptmann von Hülsen) Breslau, 1818.

10632. Les fastes de la gloire, monument éle aux défenseurs de la patrie etc. 4 Tom. à Par 1818—22. avec un atlas in 4to de 15 planches.

10633. Fxtrait de la lettre écrite de St. Hélèı par le marquis de Monchenu, commissaire du ı de France, à Paris, 1818.

10634. Militairische Rhapsodieen, gesammelt im W ter 1817, Colmar, 1818.

10635. Eloquence militaire, ou l'art d'émouv le soldat etc. 2 Tom. à Paris, 1818.

10636. Jeu de la guerre, en quatre cartes top graphiques, à Paris, 1818.

19637. Quelques vues sur l'équilibre politiq des nations, par J. H. Rey, à Paris, 1818.

10638. Détails intéressans sur la déclaration (puissances alliées, à Paris, 1818.

10639. Deux mots sur le congrès, par Lescu 1818.

10640. Congrès de 1818. De l'équilibre politiq de l'Europe, par Jouslin de Lasalle, à Paris, 18

10641. Evacuation du territoire etc., à Par 1818.

10642. L'Allemagne fédérative considerée da ses rapports avec l'Europe, par Lamezan, à I ris, 1818.

10643. Mémoire sur l'état naturel de l'Al magne, par M. de S...., à Paris, 1818.

10644. De l'influence anglaise, par Guiı Laoureins, à Paris, 1818.

10645. Rapport sur la formation d'un corps nageurs, arme nouvelle, par le baron Lefebure Saint-Ildephont, lieutenant, à Paris, 1818.

10646. Manuel à l'usage des écoles regiment res de l'infanterie, par E. Husson, capitaine, Paris, 1818.

10647. Eine ernste Untersuchung des Gebrauchs Kr zu führen, u. s. w. A. d. Engl. Pyrmont, 1819.

10648. Die kriegerische Beredsamkeit, herausgeg von einem Stabsoffizier, Leipzig, 1819.

10649. W. v. Schmeling, Die Landwehr, gegr det auf die Turnkunst, Berlin, 1819.

10650. Die rechte Wehrverfassung. Ein Versuch, auf die neuste für Deutschland entworfene Kriegsve sung Rücksicht nimmt, Stuttgardt, 1819.

10651. Welches sind die wahren und natürlichen Bundesfestungen, und ist Ulm eine solche? Von einem süddeutschen Offizier, Frankfurth, 1819.

10652. Wellmer, Entwurf eines neuen Militair-Einreihungsgesetzes für Baiern, Nürnberg, 1819.

10653. Manuscrit de l'isle d'Elbe. Des Bourbons en 1815. Publié par le comte ···· (Bertrand), à Londres et à Leipsic, 1819.

10654. De l'équilibre du pouvoir en Europe, trad. de l'anglais de Francis Leckie, par W. à Paris, 1819.

10655. Histoire des torts de l'Europe envers la France, à Paris, 1819.

10656. Projet d'une coalition générale contre l'empire des mers etc. usurpé par les Anglais, par S. Grenier, à Paris, 1819.

10657. Notice historique sur la piraterie, par Puymaurin, à Paris, 1819.

10658. Correspondance de Napoléon avec le comte Carnot, à Paris, 1819.

10659. Correspondance inédite, officielle et confidentielle de Napoléon avec les cours étrangers, les princes, les ministres etc. en Italie, en Allemagne, en Egypte, 5 Tom. à Paris, 1819.

10660. Bemerkungen über die Wehr- und Sicherheitsanstalten Deutschlands, von N. v. Szymborski, Obrist. Koburg, 1819.

10661. Ueber den Zweikampf, eine philosophische Abhandlung, Nürnberg, 1820.

10662. Die Kriegsschule in Wirtemberg, oder Skizze einer wirtembergschen Kriegsverfassung. Von einem Mitgliede der zweiten Kammer, Stuttgardt, 1820.

10663. Soldatenspiegel, ein Lesebuch für Unteroffiziere und Gemeine, sowie auch zum Gebrauch in Garnisonschulen, München, 1820.

10664. Des révolutions militaires, à Paris, 1820.

10665. Des devoirs de l'armée suivant la carte, à Paris, 1820.

10666. Quelques idées sur l'organisation de l'armée française, à Paris, 1820.

10667. Idées d'un jeune officier sur l'état militaire, à Paris, 1820.

10668. Beiträge zur Kriegskunst, (vom Obristen Seydel) 5 Hefte, Königsberg, 1820.

10669. Necessité d'une armée permanente, par Max. Lamarque, à Paris, 1820.

10670. Militairisches Lesebuch, zunächst für Militair-Schulen, von J. Bornehm, Passau, 1820.

10671. Der Mensch im Kriege, oder Heldenmuth und Geistesgröße in Kriegsgeschichten aus alter und neuer Zeit, von P. F. Wilmsen, Berlin, 1820.

10672. Moral für den Militairstand, von G. Wolf, Braunschweig, 1820.

10673. Pièces officielles et inédites sur les affaires de Naples, à Paris, 1820.

10674. Mémoires sur les cent jours, en forme de lettres, par Benj. Constant, 2 Tom. à Paris, 1820—21.

10675. Die fünf merkwürdigsten Tage Neapels, Uebersetzung der italienischen Originalschrift eines Karbonari, Altenburg, 1820.

10676. Forderungen an Würtembergs Rekrutirungsgesetz, von einem Mitgliede der zweiten Kammer, Stuttgardt, 1821.

10677. Betrachtungen über die Rekruten-Aushebung in Würtemberg, für die Jahre 1821, 1822, 1823. Stuttgardt, 1821.

10678. C. v. Decker, Lesebuch für Unteroffiziere und Soldaten des Preuß. Heeres in und außer dem Kompagnie- und Eskadrons-Schulen, 2te Auflage, Berlin und Posen, 1821.

10679. Freiherr von Hügel, Spanien und die Revolution im J. 1820, Leipzig, 1821.

10680. J. v. Xylander, die Erdbeziehung der Staaten, als Grundlage ihres politischen Lebens, München, 1821.

10681. Abschied Napoleon Bonapartes auf St. Helena an die Völker der Erde. A. d. Franz. Leipzig, 1821.

10682. C. Gerber, Griechenland und dessen zeitiger Kampf in seinem Ausgang und in seinen Folgen betrachtet, Schmalkalden, 1821.

10683. Dr. Heynig, Europas Pflicht, die Türken wieder nach Asien zu vertreiben, 2te Aufl. Leipzig, 1821.

10684. v. Lindenau, Anleitung zu Unterhaltungsstunden für Offiziere mit Unteroffizieren und dem gemeinen Mann u. s. w. 2te Aufl. Leipzig, 1821.

10685. Ueber Militärsysteme. Von G. Th. Stuttgart, 1821.

10686. Die Rettung Griechenlands, die Sache des dankbaren Europa, Leipzig, 1821.

10687. Die Sache der Griechen, die Sache Europas, Leipzig, 1821.

10688. Oeuvres de Napoléon Bonaparte, 6 Tom. à Paris, 1821—22.

10689. Souvenirs du Nord, ou la guerre, la Russie et les Russes, ou l'esclavage, par R. Faure, docteur en médecine, à Paris, 1821.

10690. Sur la troupe soldée, dite garnison du canton de Genève etc. par Fazy-Pasteur, à Paris et à Genève, 1821.

10691. Considérations sur les retraites des militaires, les pensions de leurs veuves etc. par le colonel Lecouturier, à Paris, 1821.

10692. Réflexions sur l'arriéré de la guerre, et sur la necessité d'une organisation, à Paris, 1821.

10693. Fr. Baron de la Motte Fouqué, Betrachtungen über Türken, Griechen und Türkenkrieg, Berlin, 1822.

10694. Dr. H. Hellwig, das Kriegsspiel, ein Versuch die Wahrheit verschiedener Regeln der Kriegskunst in einem unterhaltenden Spiele anschaulich zu machen, Braunschweig, 1822.

10695. Napoleons politisches Testament, Leipzig, 1822.

10696. Napoleons Urtheile während seines Aufenthalts auf St. Helena über Vergangenheit und Zukunft, herausgegeben von Dr. Lebret, Franz. und Deutsch, Stuttgard und Tübingen, 1822.

10697. Napoleon Bonapartes Werke, a. d. Franz. übersetzt, 1r Bd. Darmstadt, 1822.

10698. Poesie der Kriegskunst, oder Feldzug der Franzosen in Egypten. Ein Handbuch für Offiziere und Staatsmänner, Stuttgard und Tübingen, 1822.

10699. Freiherr Philipp Reichlin von Meldegg, über Kriegerbildung im Allgemeinen, mit einiger Anwendung auf Fußvolk und Reiterei, Wien, 1822.

10700. J. W. A. Streit, Konstantinopel im J. 1821, oder Darstellung der blutigen und höchst schauderhaften Begebenheiten, welche sich in dieser Hauptstadt seit dem Ausbruche des Krieges u. s. w. ereignet haben. Von einem Augenzeugen, 1822.

10701. J. v. Voß, die unfehlbare Besiegung der Ottomannen. Ein politisch-militairischer Plan. Berlin, 1822.

10702. Wieland, Oberstlieutenant, einige Worte über die Bildung der Eidgenossischen Streitkräfte, Basel, 182 .

10703. Ein Wort über Hamburgs Kriegspflichtigkeitsordnung, über die Ausführung und Folgen derselben, Hamburg, 1822.

10704. Zeitschrift für Völker- und Kriegsgeschichte der Vorzeit, 3 Bde. Erfurth, 1822.

10705. Forderungen der Zeit an Fußvolk und an die Offiziere unserer Heere, Hof, 1822.

10706. Rittig v. Flammenstern, milit. Geschäftshandbuch, enthält eine systemat. Anleit. zum Milit. Geschäftsstyl, 2 Bde. 3te Aufl. Wien, 1822.

10707. Herm. Beisler, Betrachtungen über Staatsverfassung und Kriegswesen, insbesondere über die Stellung des Wehrstandes zum Staate, Frankfurth a. M. 1822.

10708. G. Harry, Taschenbuch militairischer Gesänge, Hannover, 1822.

10709. Manuscrit de 1814 par Fain, sécrétaire intime de Napoléon, Berlin, 1822.

10710. Le livre des jeunes braves, ou étrennes militaires, récueil d'anecdotes rémarquables de beaux faits d'armes, de traits généreux etc. à Paris, 1822.

10711. La capitale de l'empire ottoman, considerée sons le point de vue militaire, à Paris, 1822.

10712. Voyage en Egypte et en Syrie, suivi de considérations sur la guerre des Russes et des Turcs, par C. F. Volney, 3 tom. à Paris, 1822—23 (5me édit.)

10713. W. Pepe, Bericht über die Ereignisse in Neapel, 1820 und 1821. A. d. Franz. von Krug, Ilmenau, 1823. (Englisch, Straßburg, 1823.)

10714. von Theobald, Entwurf einer Kriegsverfassung für die deutschen Staaten zunächst in Beziehung auf Würtemberg, Stuttgard, 1823.

10715 C. Heussir, ein Wort über das Duell, in akademischer und militairischer Hinsicht, Hadamar, 1823.

10716. Der wahre Ehrenmann oder der Soldat wie er seyn soll, von J. Ch. v. G. Nürnberg, 1823.

10717. Maréchal de Vauban, de l'importance, dont Paris est à la France, et le soin que l'on doit prendre à sa conservation. Mémoire inédite, à Strasbourg, 1823.

10718. von Brandenstein, die Kriegskunst nach den neusten Erfahrungen und Ansichten dargestellt, und zum encyklopädischen Lehrvortrage bearbeitet, Gotha, 1824.

10719. C. A. Le Coq, Entwurf zu Vorlesungen über Terrainlehre und Rekognoscirung, Dresden, 1824.

10720. Entwurf zur möglichst einfachen und mindest kostspieligen Organisation eines Heeres in einem deutschen Staate, besonders im preußischen, von einem preußischen Stabsoffiziere, Halle, 1824.

10721. Lehre der Militair-Verpflegung und ihrer Verbindung mit den Operationen, aus dem Werke: „über die Militair-Oekonomie" gezogen von C. v. Martens, Stuttgart, 1824.

10722. Lehrbuch für Unteroffiziere und Soldaten des großherzoglich badischen Armeekorps, Karlsruhe, 1824.

10723. R. Lyell, die russischen Militairkolonien, ihre Einrichtung, Verwaltung und gegenwärtige Beschaffenheit. A. d. Englischen, Leipzig, 1824.

10724. Napoleons Feldzug in Rußland, 1812, nach dem Französischen des Marquis de Chambray, von L. Blesson, Berlin, 1824.

10725. Poesie der Kriegskunst, oder Feldzug der Franzosen in Egypten, a. d. Franz. übersetzt von Lebret, mit Bemerkungen vom Grafen v. Bismark, Stuttgart, 1824.

10726. F. X. Rigel, die Belagerung von Valenzia durch die Franzosen, während des Befreiungskrieges der Spanier, Karlsruhe, 1824.

10727. v. Rohde, aphoristische Darstellung der Kriegsminen, Berlin, 1824.

10728. Saltzer, Versuche über das Schießpulver, Karlsruhe, 1824.

10729. v. Seidlitz, Tagebuch des kön. Preuß. Armeekorps unter dem Gen. Lieut. v. York im Feldzuge von 1812, 2 Bde. Berlin, 1824.

10730. Zur Kriegsgeschichte der Jahre 1813 und 1814; die Feldzüge der schlesischen Armee unter dem Feldmarschall Blücher, von C. v. W. 2 Bde. Berlin, 1824.

10731. J. A. L. Werner, Versuch einer theoretischen Anweisung zur Fechtkunst im Hiebe, Leipzig, 1824. (4to.)

d. Minore.

10732. M. Ant. Cornazano, arte militare in versi, Venezia, 1507. 12mo. (1536. 8vo.)

10733. Avisos para soldados, di Antonio, en Brusselles, 1597. 12mo.

10734. Le soldat et le chevalier français, 2 Tom. à Paris, 1606. 12mo.

10735. Le herault de guerre, ensemble de son office parmi les armées, à Paris, 1610. 12mo.

10736. Danaei aphorismi politici et militares, ex diversis autoribus graecis et latinis collecti, Lugd. Bat. 1619. 12mo.

10737. Neumair, militairische Regeln und Erinnerungen, aus Cäsars Kommentar vom französischen und innerlichen Kriege verfasset, Jena, 1637. 12mo.

10738. Les devoirs militaires des officiers d'infanterie et de cavalerie, à Paris, 1668. 12mo.

10739. Traité du Ban et Arrière-Ban, par de la Rocque, à Paris, 1676. 12mo.

10740. La conduite de Mars, à la Haye, 1685. 12mo.

10741. Verhalten eines rechtschaffenen Soldaten, Zittau, 1688. 12mo.

10742. De la valeur, à Cologne, 1689. 12mo.

10743. Posselt, tapferer und verständiger Kriegs-Offizier, Dresden, 1690. 12mo.

10744. Le parfait homme de la guerre, ou idée d'un héros accompli, à Paris, 1699. 12mo.

10745. Montecuccoli, mémorie militari, e massime politiche, con la di lui vita, Colonia, 1704. 12mo.

10746. Le héros de Gracian, traduit de l'espagnol, avec de remarques, à Rotterdam, 1729. 12mo.

10747. Instructions pour les gens de guerre, à la manière des Français, à Utrecht, 1730. 12mo.

10748. Reflexions militaires et politiques par M. le marq. de Santa-Cruz de Marzenado, trad. de l'espagnol, par de Vergy, 12 Tom. à la Haye, 1735 — 1739; 1771. 12mo.

10749. Mémoires du général Montécuculi, à Paris, 1735. 12mo.

10750. Le guerrier philosophe, par Jourdan, 2 Tom. à Paris, 1744. 12mo.

10751. Commentaire sur les enseignes de guerre, par Beneton de Peyrins, à Paris, 1747. 12mo.

10752. Essai sur l'éducation de la noblesse, 2 Tom. à Paris, 1748. 12mo.

10753. Essai sur le point d'honneur, par Blondeau, à Paris, 1748. 12mo.

10754. L'honneur considéré en lui même et ralativement au duel, par Champdevaux, à Paris, 1752. 12mo.

10755. Anecdotes historiques, politiques et militaires de l'Europe, par l'Abbé Raynal, 3 Tom. à Paris, 1753. 12mo.

10756. Ecole du gentilhomme, ou entretiens sur l'héroisme et le héros, par Maubert, à Lausanne, 1754. 12mo.

10757. Le citoyen philosophe, ou examen de la noblesse militaire, à Paris, 1756. 12mo.

10758. La noblesse militaire, ou le patriote français, par le chev- d'Arcq, à Liège, 1756. 12mo.

10759. Reflexions sur l'établissement de l'école militaire, par le comte d'Espie, à Paris, 1756. 12mo.

10760. Le parfait capitaine, ou abrégé des commentaires de César, à Amsterdam, 1757. 12mo.

10761. Traité politique de la guerre, par Danthville, à Paris, 1757. 12mo.

10762. Journal militaire et politique, par Garrigues de Froment, à Paris, 1758.

10763. De l'utilité de l'éducation des armes par de la Rivière, à Paris, 1758. 12mo.

10764. Détails militaires, par Durival, à Paris, 1758. 12mo.

10765. Le militaire citoyen, ou l'emploi des hommes, par Jacquet de Malzet, à Paris, 1759, 12mo.

10766. Cautions and friendly advices to officers of the army, particularly subalterns, by an old officer, London, 1760. 12mo.

10767. Bibliothèque militaire, contenant le général d'armée, le campagnes de Condé, le cours du Rhin, 3 Tom. à Paris 1760. 12mo.

10768. Essai sur l'éducation d'un militaire, à Paris, 1769. 12mo.

10769. Essai sur le vrai mérite de l'officier, par Desrivières, à Paris, 1769. (Aussi sous le titre: le guerrier d'après l'antique et les bons originaux modernes, 1771.) 12mo.

10770. Essai de principes d'une morale militaire, et autres objets, par de Zimmermann, à Amsterdam, 1769. 12mo.

10771. Essai d'une morale relative au militaire français, par de Varènes, à Paris, 1771. 12mo.

10772. Les loisirs d'un soldat du régiment des gardes françaises, à Paris, 1775. 12mo.

10773. Projet d'un établissement militaire, utile à la société, avantageux à l'état militaire, et glorieux pour le souverain, par de Quereille, à Paris, 1776.

10774. Manuel, ou journée militaire, à Paris, 1776. 12mo.

10775. Catinat, ou le modèle des guerriers, discours à mes camerades, à Paris, 1777. 12mo.

10776. Cours d'études, à l'usage des élèves de l'école militaire, à Paris, 1777. 12mo.

10777. Militärisches Taschenbuch auf das Jahr, 1780. Leipzig, 16mo.

10778. Modèles de l'héroisme et des vertus militaires, 2 Tom. à Paris, 1780. 12mo.

10779. Commentaire des mémoires de Mr. le comte de S. Germain, à Londres, 1781. 12mo.

10780. Seamans Vademecum, by Mountaine, London, 1783. 12mo.

10781. Recherches sur les carousels anciens et modernes, à Paris, 1784. 12mo.

10782. Ecole historique et morale du soldat et de l'officier, par Berenger, 3 Tom. à Paris, 1788. 12mo.

10783. Oesterreichischer Militair-Almanach, Wien, 1791 u. f. f.

10784. Ecole du soldat, ou choix de traits mémorables, propres à former l'homme de guerre, 3 Tom. à Paris, 1794. 12mo.

10785. Militair-Kalender, Berlin, 9 Jahrgänge, 1797—1803 und 1805—6, 12mo.

10786. Le militaire expérimenté, ou instruction du général Wimpfen à ses fils, et à tout jeune homme destiné au métier des armes, à Paris, 1798. (Deutsch, Dresden, 1799.) 12mo.

10787. Les vertus du soldat, ou héroisme militaire, contenant les plus beaux traits de valeur et de courage de l'histoire ancienne et moderne, 3 Tom. à Paris, 1798. 12mo.

10788. Militairisches Taschenbuch für das Jahr 1801. Berlin, 12mo.

10789. Advice to the officers of the british army, a satire, London, 1801. 12mo.

10790. Le guide du jeune militaire, ou instruction d'un père à son fils sur l'art militaire, ses devoirs, les vertus et les talens qu'il exige, par le Baron d'A***, nouv. édit. augm. par Dubroca, à Paris, 1802. 12mo.

10791. Taschenbuch für Soldaten, von Hoyer, Tübingen, 1803. 1804. 1805. 12mo.

10792. The military mentor; being a series of letters, recently written by a general officer to his son, on his entering the army etc. 2 Tom. London, 1804. (2d edit.) 12mo. (new edit. 1809.)

10793. On the military energies of Britain, by Cartwright, London, 1804. 12mo.

10794. Wiener Taschenbuch für Soldaten und ihre Freunde, von einem K. K. Offizier, Wien, 1806. 12mo.

10795. Kriegskalender, oder Taschenbuch der Kriegsbegebenheiten, für gebildete Leser aller Stände, Leipzig, 1r—3r Jahrg. 1809—1811. 12mo.

10796. J. J. Lipowsky, Nationalgarde-Almanach für das Königreich Baiern, Landshut, 1812. 12mo.

10797. Velthusen, Taschengesangbuch im Felde und auf Reisen, fünfte Aufl. Bremen und Aurich, 1812. 16mo.

10798. The military mentor, being a serries of letters recently written, by an officer to his son, 2 Tom. London, 1813. 12mo.

10799. Souvenir de campagne, à Paris, 1813. 12mo.

10800. Das Jahr 1813, oder der Kampf der Freiheit. Ein Heldengedicht in 4 Gesängen, Berlin, 1814. 12mo.

10801. Le jeu de stratégie, ou les echecs militaires, par le comte de Firmas-Periès, maréchal de camp, à Paris, 1816. 12mo.

10802. Le coin du feu des braves, ou manuel des militaires français rentrés dans leurs foyers, à Paris, 1818. 18mo.

10803. Le jeu de la guerre de terre et de mer, et les derniers chapitres de Tristram Shandy, trouvés dans les papiers de Yorick, à Paris, 1818. 12mo.

10804. La Tour d'Auvergne et les grenadiers de France, ou le Panthéon des braves etc. à Paris, 1821. 18mo.

10805. Gebetbuch für den Militärstand, ohne Unterschied des Glaubensbekenntnisses, Ulm, 1821. 32mo.

10806. A. v. Lenz, Vorpostendienst für Unteroffiziere, und angehende Militairs, Stuttgart, 1824. 12mo.

Alpha=

Alphabetisches Verzeichniß der Bücher
nach den Sprachen geordnet.

Table alphabétique des livres
d'après les différentes langues.

I. Libri graeci et latini.

II. Deutsche Bücher.

Krieg

Samm-

III. Livres français.

Cam-

Traité

IV. English books.

V. Libri italiani.

VI. Libros españoles.

VII. Livros portuguezes.

VIII. Hollandsche Boeken.

IX. Danske Boger.

X. Svenske Böcker.

Alphabetisches Verzeichniß der Verfasser.

Table alphabétique des auteurs.

(Die Uebersetzungen sind folgendermaßen bezeichnet:)

(Voici comme on a indiqué les traductions:)

Dän.	bedeutet	dänisch,	signifie	danois.
Dtsch.	—	deutsch,	—	allemand.
Engl.	—	englisch,	—	anglois.
Franz.	—	französisch	—	français.
Holl.	—	holländisch	—	hollandais.
Ital.	—	italienisch	—	italien.
Lat.	—	lateinisch	—	latin.
Port.	—	portugisisch	—	portugais.
Schwed.	—	schwedisch	—	suedois.
Span.	—	spanisch	—	espagnol.

de

Kolibri 360 GmbH
Ferdinand-Jühlke-Straße 7
99095 Erfurt, Deutschland
produktsicherheit@kolibri360.de